"十四五"职业教育部委级规划教材

浙江省高职院校"十四五"重点立项建设教材

染色技术

项　伟◎主　编

濮坚锋　董淑秀◎副主编

中国纺织出版社有限公司

内 容 提 要

本书系统介绍了染色技术的核心理论与工艺实践，共分为八个项目：认识染料（染料分类、性能与应用）、探索颜色密码（颜色测量、配色原理及计算机测配色技术）、染色基本过程与染色牢度（染色机理、工艺参数及各项牢度评价）、纤维素纤维染色（棉、麻等活性/直接/还原染料染色）、蛋白质纤维染色（羊毛、蚕丝等酸性/媒染染料染色）、合成纤维染色（涤纶、锦纶等分散/阳离子染料染色）、成衣染色（工艺设计及特殊效果处理）以及荧光增白剂（作用原理与应用方法）等。

全书以现代染色技术为基础，融入数字化与绿色环保理念，注重理论与实践结合，适合高职高专院校数字化染整技术、纺织品设计、皮革、精细化工等专业教学使用，也可供相关行业工程技术人员及管理人员参考，助力培养具备扎实染色技能与创新能力的应用型人才。

图书在版编目（CIP）数据

染色技术/项伟主编；濮坚锋，董淑秀副主编.
北京：中国纺织出版社有限公司，2025.8. --（"十四五"职业教育部委级规划教材）（浙江省高职院校"十四五"重点立项建设教材）. --ISBN 978-7-5229-2917-0

Ⅰ.TS193

中国国家版本馆 CIP 数据核字第 20258QN194 号

责任编辑：朱利锋　　责任校对：高　涵　　责任印制：王艳丽

中国纺织出版社有限公司出版发行
地址：北京市朝阳区百子湾东里 A407 号楼　邮政编码：100124
销售电话：010—67004422　传真：010—87155801
http://www.c-textilep.com
中国纺织出版社天猫旗舰店
官方微博 http://weibo.com/2119887771
三河市宏盛印务有限公司印刷　各地新华书店经销
2025 年 8 月第 1 版第 1 次印刷
开本：787×1092　1/16　印张：19
字数：412 千字　定价：68.00 元

前言

　　《染色技术》是一本具有鲜明职业教育特色的校企"双元"新形态教材。教材以学生综合职业能力培养为目标，对接职业标准和岗位能力需求，以纺织龙头企业的真实生产项目、典型工作任务及案例等为载体组织教学单元，将知识、能力和正确价值观的培养有机结合。配套在线开放课程2020年被认定为浙江省精品在线开放课程，有完善的网络教学资源。

　　"十四五"时期是我国纺织工业迈向世界科技强国前列的重要时期，《工业领域碳达峰实施方案》要求印染行业要积极推行绿色制造，全面提升清洁生产水平。高品质面料染色技术、高效染化料应用和废旧纺织品循环利用等是实现低碳转型、绿色发展的重要路径。全书教材紧扣产业升级和数字化改造，对接主流生产技术，聚焦低能耗染色装备、低温染色、小浴比染色、低盐低碱染色和再生面料染色等先进工艺，注重吸收行业发展的新技术、新工艺、新规范。

　　本书编写坚持立德树人、以生为本，融课程思政于教材的设计理念。一方面，关注染色技术过程中注重培养严谨认真、精益求精的工匠精神，树立绿色、低碳和可持续发展的理念，培养职业技能、职业思维、职业精神等综合职业能力。另一方面，遵循职业教育发展规律，结合国家职业技能标准"纺织染色工"和职业技能竞赛标准，将课程内容提炼出认识染料、探索颜色密码、染色基本过程与染色牢度、纤维素纤维染色、蛋白质纤维染色、合成纤维染色、成衣染色以及荧光增白剂等八个项目。

　　本书由浙江工业职业技术学院和浙江越新科技股份有限公司联合开发，行业协会专家给予技术支持与指导。本书由项伟任主编，濮坚锋和董淑秀任副主编，杨宏林、高丽贤、李志刚等教师也参与相关资料的收集与整理，在此一并表示感谢。

　　本书编写过程中参考了大量文献资料，在此向这些文献资料的原作者表示诚挚的感谢。

　　由于作者水平有限，书中难免存在疏漏之处，敬请各位专家、读者批评指正。

编　者

2024年11月

目录

项目一　认识染料 ·· 001
　【学习目标】 ·· 001
　【学习任务】 ·· 001
　　任务一　染料的概念 ·· 001
　　任务二　染料的分类及命名 ······································ 002
　　任务三　天然染料 ·· 006
　　任务四　染料与颜料 ·· 013
　【实践操作】 ·· 016
　　测定染料可见光吸收光谱曲线 ···································· 016
　【技能训练】 ·· 018
　　染液吸光度—染液浓度工作曲线的绘制 ···························· 018
　【拓展项目】 ·· 019
　　传统手工印染技艺 ·· 019
　【思考题】 ·· 021

项目二　探索颜色密码 ·· 022
　【学习目标】 ·· 022
　【学习任务】 ·· 022
　　任务一　颜色基本理论 ·· 022
　　任务二　颜色混合规律与仿色方法 ································ 027
　　任务三　计算机测色与配色 ······································ 032
　【实践操作】 ·· 039
　　纺织面料色差的评定 ·· 039
　【技能训练】 ·· 042
　　纺织品色差的测定 ·· 042
　【思考题】 ·· 043

项目三　染色基本过程与染色牢度 ······································ 044
　【学习目标】 ·· 044
　【学习任务】 ·· 044
　　任务一　染色原理 ·· 044

任务二　染色过程 ··· 062

任务三　染色牢度及其测定方法 ··· 068

【实践操作】 ··· 077

纺织面料耐皂洗色牢度的测定 ··· 077

【技能训练】 ··· 080

技能训练一　染液的配制及染料可见光吸收光谱曲线的绘制 ············· 080

技能训练二　纺织品耐摩擦色牢度的测定 ····································· 081

【思考题】 ·· 082

项目四　纤维素纤维染色 ·· 083

【学习目标】 ··· 083

【学习任务】 ··· 084

任务一　纤维素纤维及其染前准备 ··· 084

任务二　直接染料染色 ·· 094

任务三　活性染料染色 ·· 104

任务四　还原染料染色 ·· 135

任务五　硫化染料染色 ·· 159

【实践操作】 ··· 167

纯棉织物活性染料浸染工艺 ·· 167

【技能训练】 ··· 169

技能训练一　纯棉织物直接染料染色工艺 ····································· 169

技能训练二　植物靛蓝染料隐色体浸染工艺 ·································· 171

技能训练三　活性染料固色率的测定 ··· 172

【思考题】 ·· 174

项目五　蛋白质纤维染色 ·· 175

【学习目标】 ··· 175

【学习任务】 ··· 175

任务一　蛋白质纤维及其染前准备 ··· 176

任务二　酸性染料染色 ·· 178

任务三　酸性媒染染料与酸性含媒染料染色 ·································· 190

【实践操作】 ··· 198

实践操作一　羊毛面料防缩水整理 ··· 198

实践操作二　羊毛针织物酸性染料染色疵病分析 ····························· 200

【技能训练】 ··· 202

技能训练一　桑蚕丝织物酸性染料染色 ·· 202

技能训练二　蚕丝织物草木染 ··· 203

【思考题】 ·· 205

项目六　合成纤维染色 206

　【学习目标】 206

　【学习任务】 206

　　任务一　合成纤维及其染前准备 207

　　任务二　分散染料染色 212

　　任务三　阳离子染料染色 230

　　任务四　双组分纤维染色 247

　【实践操作】 257

　　涤纶织物分散染料高温高压染色 257

　【技能训练】 259

　　技能训练一　涤纶织物分散染料热熔染色工艺 259

　　技能训练二　腈纶纱阳离子染料浸染工艺 261

　【思考题】 262

项目七　成衣染色 263

　【学习目标】 263

　【学习任务】 263

　　任务一　扎染 264

　　任务二　吊染 276

　【实践操作】 278

　　实践操作一　纯棉 T 恤的扎染 278

　　实践操作二　纯棉 T 恤的吊染 280

　【思考题】 282

项目八　荧光增白剂 283

　【学习目标】 283

　【学习任务】 283

　　任务一　荧光增白剂的增白机理 284

　　任务二　荧光增白剂的分类 286

　　任务三　荧光增白剂的应用 291

　【思考题】 293

参考文献 294

项目一　认识染料

【学习目标】

知识目标：

1. 理解染料的概念、分类方法及命名原则。
2. 掌握各类染料的主要应用对象及其应用特点。
3. 了解颜料的概念及其特点，明确颜料与染料的区别。

能力目标：

1. 根据纤维类型选择适用的染料类型。
2. 会计算染料浓度并能熟练使用可见光分光光度计测定染料的吸光度值。
3. 会利用计算机软件绘制染料溶液吸收光谱曲线和标准工作曲线。

思政目标：

1. 培养学生对中华传统文化的认知与热爱之情。
2. 培养学生规范操作、精益求精的匠心意识。
3. 培养学生创新思维方法和环保意识。

情感目标：

1. 提升学生团队协作与沟通能力。
2. 培养学生终身学习的能力。

【学习任务】

纺织技术的起源可以追溯到公元前 5000 年左右，纺织品的印染加工工艺也随之得到进一步发展。从古至今，人类对美的追求从未停止，巧妙利用自然界中丰富的资源来美化环境、装饰自己、增进交流，巧妙地利用蓼蓝、红花、栀子等植物染料和朱砂、赭黄、雄黄、黄丹等矿物颜料对纺织品进行染色或绘制花纹，这两类色素就是染料与颜料。

任务一　染料的概念

染料是指采用适当的方法或者在一定的介质中，能使其他物质获得鲜艳、牢固颜色的一类有机化合物。染料一般能够溶解或分散于水形成染液而上染纺织纤维。染料通常具备三大要素。其一，对可见光谱中某一部分波长有强烈的选择吸收作用，显现明确的表观色泽；其二，作为纤维染色用染料，必须对纤维具有相当的亲和力和酸碱稳定性，不破坏纤维组织且无毒无害；其三，所染纺织品色牢度良好，经水洗、日晒、摩擦及树脂整理等外界因素的作用色调不变化，不褪色。

党的二十大报告指出，从现在起，中国共产党的中心任务就是团结带领全国各族人民全面建成社会主义现代化强国、实现第二个百年奋斗目标，以中国式现代化全面推进中华民族伟大复兴。现代化产业体系是现代化国家的物质技术基础，加快建设以实体经济为支撑的现代化产业体系，关系我们在未来发展和国际竞争中赢得战略主动。高品质染料的发展为纺织行业的高质量发展提供了基础，纺织行业是我国国民经济和社会发展的支柱产业、解决民生与美化生活的基础产业、国际合作与融合发展的优势产业。染料主要用于纺织纤维及其制品的染色，如棉、麻、丝、毛等天然纤维，黏胶、铜氨等再生纤维以及涤纶、锦纶、维纶、腈纶等合成纤维，也可广泛应用于印刷、造纸、塑料、油墨、墨水、橡胶制品、油脂、照相材料、食品、医药等不同领域。有研究资料显示，染料在医药领域可作为细胞的染色物质，近年来，它还被应用于阐明蛋白质结构、探索酶的活性等方面，具有较好的发展前景。

任务二　染料的分类及命名

一、染料的分类

染料通常按化学结构和应用进行分类。前者依据染料的共轭发色体系的结构特征进行分类，即根据染料分子的基本结构或共同基团进行分类；后者依据染料的使用方法和使用范围来进行分类，适用于染料应用性的相关研究。同一种结构类型的染料，只要某些结构发生改变，如可溶性基团和长链烷基等基因的生成，就会拥有不同的染色性能，从而变成不同应用类别的染料。同理，同一应用类别的染料也可以具有不同的共轭发色体系，如偶氮、蒽等结构特征。所以，染料的性能往往与染料的分子结构密切相关。

（一）按染料的应用分类

根据染料的应用对象、染色方法以及与纤维的结合形式等，应用于纤维及纺织品的染料大致可分为以下几类。

1. 直接染料（direct dyes）

直接染料是一类可溶于水的合成染料，在水中以阴离子形式存在。该类染料无须其他助剂就能上染纤维，主要用于纤维素纤维及其制品的染色，部分染料也适用于蚕丝与皮革的染色。直接染料具有色谱齐全、色泽鲜艳、价格低廉、染色工艺简单等优点，但是直接染料染色制品的湿处理

1-1　直接染料

牢度较差，一般可以通过固色后整理来提高染色制品的水洗牢度和湿摩擦牢度。近年来出现的直接交联染料和直接铜盐染料，使织物染色牢度有一定程度的提升。

2. 活性染料（reactive dyes）

活性染料分子结构中含有反应性基团（又称活性基团），在适当条件下，能与纤维素纤维上的羟基、蛋白质纤维及聚酰胺纤维上的氨基等发生键合反应，故活性染料又称反应性染料。活性染料具有色泽鲜艳、染色牢度优良的特点，其应用领域广阔，活性染料主要用于纤维素纤维的染色，还可应用于蛋白质纤维、聚酰胺纤维的染色。一般来说，活性染料染色制品的耐水洗色牢度和摩擦色牢度较好，耐光色牢度会随染料母体结构不同而变化，会随染色浓度的提高而有所改善。大多数活性染料的耐氯漂色牢度较低，蒽醌结构的蓝色品种有烟气褪色现象。

1-2 活性染料

3. 还原染料（vat dyes）

还原染料是纺织品印染加工的重要染料之一，又称士林染料。这类染料色谱齐全、色泽鲜艳，在纤维上染色牢度较高，适用于纤维素纤维及其混纺的纱线、织物的染色，也可用于维纶等合成纤维的染色。该类染料通常不溶于水，染色时在碱性条件下受还原剂作用，染料被还原成可溶性的隐色体钠盐，对纤维素纤维具有亲和力，可直接上染纤维。隐色体上染纤维后再经氧化，会再次转变为不溶于水的还原染料而固着在纤维上，最终实现纤维染色。

4. 硫化染料（sulphur dyes）

硫化染料不能溶解在水中，可在硫化钠溶液中被还原成隐色体而溶解。硫化染料隐色体对纤维素纤维具有亲和力，上染纤维后再经氧化处理可重新生成不溶性的硫化染料而固着在纤维上。硫化染料主要应用于棉、麻、黏胶及维纶等纤维及织物的染色，价格低廉且耐皂洗色牢度较高。硫化染料的色谱有限，品种多为黄、橙、蓝、绿、棕、酱红、黑等颜色，缺少鲜艳的红、紫色。这类染料染淡色时色牢度较差，故硫化染料主要用于染深浓色，应用最多的是硫化蓝、硫化黑等品种。

5. 酸性染料（acid dyes）

酸性染料是一类含有酸性基团的水溶性染料，主要用于羊毛、真丝等蛋白质纤维和聚酰胺纤维的染色和印花。早期的这类染料都是在酸性条件下染色，故称酸性染料。酸性染料具有色谱齐全、色泽鲜艳的特点，其耐日晒色牢度和耐湿处理色牢度随染料品种不同而存在较大差异。和直接染料相比，酸性染料结构简单，缺乏较长的共轭双键和同平面性结构，所以对纤维素纤维缺乏直接性，不能用于纤维素纤维的染色。

6. 酸性媒染染料（acid mordant dyes）

酸性媒染染料可溶于水，能在强酸性染浴中上染蛋白质纤维，其本身不能与纤维牢固结合，但染料和金属媒染剂可以在纤维上作用生成络合物，使染色制品具有很高的耐湿处理色牢度和耐光色牢度。酸性媒染染料是羊毛染色的重要染料，主要用于散毛染色和条染，以深色为主，常用的媒染剂是重铬酸盐。由于其工艺较为复杂，且色泽较暗，一般很少用于蚕丝和锦纶的染色。

7. 酸性含媒染料（pre-metallized acid dyes）

酸性含媒染料又称金属络合染料，是分子中已含有金属螯合结构的酸性染料，即合成时将金属离子引入染料中，所含金属离子多为铬离子，少数为钴离子。酸性含媒染料的色泽鲜艳度介于酸性染料和酸性媒染染料之间，优点是染色简便，具有较高的耐洗、耐日晒色牢度和耐缩绒性。这类染料是羊毛和蚕丝染色常用的染料，在锦纶染色中也有较多应用。

8. 分散染料（disperse dyes）

分散染料是一类水溶性较差的非离子型染料，染色时借助分散剂的作用以微小颗粒状均匀分散在染液中，故称为分散染料。分散染料具有色谱齐全、品种繁多、性能优良、用途广泛的优点，是化学纤维，特别是聚酯纤维（涤纶）染色和印花的主要染料品种。

9. 阳离子染料（cationic dyes）

阳离子染料在水中可以电离出阳离子及简单的阴离子，是一类色泽浓艳的水溶性染料。阳离子染料是含酸性基团的腈纶的专用染料，此外也可对部分改性涤纶、锦纶及芳纶等纤维和织物进行染色。阳离子染料具有色谱齐全、色泽鲜艳、强度高、耐光色牢度好等优点，但匀染性较差。

（二）按染料的化学结构分类

该类方法是以染料分子中相同的基本化学结构或共同的基团以及染料相似的合成方法和性质来进行分类的。

1. 偶氮染料

偶氮染料是指含偶氮发色团的芳环偶氮化合物，根据偶氮基的数目可分为单偶氮、双偶氮和多偶氮染料。这类染料是合成染料中品种最多的一类，占全部染料的 50% 左右，包括活性、酸性、酸性媒染、酸性含媒、分散以及阳离子染料等。偶氮染料品种俱全、色彩丰富，其中以黄、橙、红、蓝最为鲜亮浓艳。由于部分偶氮染料合成时的中间体是致癌芳香胺，德国政府于 1994 年 7 月公布了 118 种禁用染料，其中大多数为偶氮染料，所以染料生产厂家及使用者应谨慎使用。

2. 蒽醌染料

蒽醌染料是指结构中有两个羰基的蒽醌类化合物。有色的蒽醌衍生物在自然界广泛存在，如植物染料茜草，其所含的茜根素和羟基茜素等就是蒽醌类化合物。该类染料是在使用数量上仅次于偶氮类的一类重要染料。其色谱齐全、染色性能良好，主要覆盖酸性、酸性媒染、还原、分散及阳离子等染料。

3. 靛族染料

靛族染料是还原染料的一种，其结构为 3-吲哚酚-1,2-二氢吲哚-3-（3H）-酮的衍生物，常见有靛蓝和硫靛染料。

4. 硫化染料

该类染料是某些有机化合物与多硫化钠或硫黄经过焙烘或熬煮形成的产物，分子结构中含有比较复杂的含硫结构。硫化染料中黑色和蓝色品种占很大比例。

5. 酞菁染料

该类染料是指含有酞菁金属络合结构的一类染料，为四苯基四氮杂卟啉结构的同类物。其色泽鲜艳，主要有翠蓝和翠绿两个品种。

6. 菁类染料

该类染料为腈纶用阳离子染料的主要结构类别，又称为次甲基或多次甲基染料，结构特点是分子结构中含有次甲基，主要品种有阳离子染料，少数为分散染料。

7. 芳甲烷染料

芳甲烷染料实际上是具有芳亚甲基和三芳亚甲基结构的染料，其结构上常含对称的氨基或烷氨基等取代基。在染料索引（Color Index，C.I.）中其被归类为碱性染料，或者是阳离子染料类别。

二、染料的命名

绝大多数染料属于分子结构复杂的有机化合物，其化学名称不仅极为烦琐冗长，而且化学结构尚未完全明确，同时也无法体现其颜色与应用性能。此外，市场上售卖的商品染料通常为同分异构体、填充剂、盐类及分散剂等的混合物，故而难以采用化学名称对染料进行命名。为便于生产与应用，染料需具备专用名称。在染料品种较少的发展初期，往往直接用染料的颜色代替染料的名称，常见的品种有孔雀绿、枣红、荧光黄等，但这种命名方式现已无法适应染料品种日益增多的现状和趋势。国际上采用染料索引命名，该染料名称由类别、颜色和数字三部分组成，如 C.I. 分散红 60。1965 年，化学工业部参考染料索引，试行《染料产品名词命名草案》，国产商品染料采用三段命名法命名，即染料的名称由冠称、色称和尾称三部分组成。

1. 冠称

冠称用于表征染料的应用分类，例如直接、活性、还原、酸性、酸性含媒、酸性媒染、分散、阳离子等。

2. 色称

色称用于表征染料的色泽，是染料主要应用价值的重要体现。国产商品染料的色称采用 29 个标准词汇：嫩黄、黄、深黄、金黄、橙、大红、红、桃红、玫瑰红、品红、红紫、枣红、紫、翠蓝、湖蓝、蓝、艳蓝、深蓝、艳绿、绿、黄棕、红棕、棕、深棕、橄榄、橄榄绿、草绿、灰、黑。有时还以自然界中动植物的色彩来命名，如孔雀蓝、玫瑰红、柠檬黄、果绿、姜黄、槐米等。

3. 尾称（词尾）

尾称一般表示商品染料的色光、形态、牢度、染色条件、特殊性能以及其他性能，以特定的符号与数字表示，也有用一个或几个大写的拉丁字母来表示。

（1）表示染料的色光以及颜色的品质，常见以下符号。

B（blue）表示带蓝光或青光；

R（red）表示带红光；

G（green）表示带黄光或绿光；

F（fine）表示色光纯；

D（dark）表示色泽稍暗，适用于染色；

T（tallish）表示深色；

V（violet）表示带紫光；

J（janue 法文）表示带黄光；

Y（yellow）表示带黄光；

O（orange）表示带橙光。

（2）表示染料的品质及用途，常见以下符号。

Bw 表示棉用；

C 表示耐氯及棉用，不溶性偶氮染料的盐酸盐等；

E 表示浓，匀染性好；

EX（extra）表示染料浓度高；

F 表示坚牢度高及鲜艳；

FF 表示色光亮；

I（Indanthrene）表示还原染料的牢度；

J 表示荧光；

K 表示还原染料冷染法或反应性染料中热固型染料。

（3）表示染料力份的尾称。染料力份指的是染料强度，是依一定浓度的染料作标准而比较出来的，通常将标准染料的力份定为100%，常标注在名称的词尾，染料力份常以百分数表示。有时表示染料力份的词尾也可以冠于整个染料名称之首。例如 150%活性艳红 M-8B，"150%"表示染料力份的词尾冠于整个染料名称之首。"活性"为冠称，表示活性染料；"艳红"为色称，表示染料在纺织材料上染色后所呈现的颜色是鲜艳的红色；"M-8B"是字尾，其中"M"指 M 型活性染料，"B"指染料的色光偏蓝，"8B"指"B"蓝的多少，说明该是蓝光很重的红色染料。

（4）表示染料的物理状态，常见以下符号。

Pdr. 表示粉状；

Micro Pdr. 表示细粉状；

M. d. 表示分散细粉；

S. f. 表示超细粉；

Gr. 表示粒状；

P. f. f. d. 表示染色用细粉状；

P. f. f. p. 表示印花用细粉状；

Paste 表示浆状；

Liquid 表示液状。

任务三　天然染料

天然染料有别于化学合成类的染料，一般是指从自然界中可以直接或间接获得、没有或很少经过化学加工形成的染料。根据其来源，通常可以分为植物染料、动物染料和矿物染料，其中以植物染料为主。早在新石器时代，古人就开始使用天然植物染料和矿物染料进行着色。

19世纪中叶后，合成染料异军突起。由于其色彩缤纷、色谱齐全、耐洗耐晒、价格便宜等特点，逐步取代了天然染料，成为纺织品主要的着色剂。随着人类健康、生态意识的增强，重新评估、开发、应用天然染料的趋势逐渐明朗，目前已成为国际上的热点话题。由于大多数天然染料无毒无害，对皮肤无过敏性、无致癌性，且具有较好的生物可降解性和环境相容性，因此在高档真丝制品、内衣、家纺产品、装饰用品等领域拥有广阔的发展前景。

中国是天然植物染料应用最早的国家，其历史可以追溯到夏商时期。西周丝织工艺的发展不断推动着染色的兴起，《诗经》提到：西周初期岐山一带（现陕西省境内）养蚕、制丝、染色的生产很兴盛。根据《周礼》和《礼记》等文献记载，当时已经设有管理染色的官员，被称为染人，主要负责管理染丝、染绸。楚国专门设立了主持生产靛蓝的"蓝尹"工官，以及秦代的染色司和唐宋的染院，都足见我国古代的染色已颇具规模。

一、天然植物染料的分类

天然植物染料的分类有多种方法，按化学组成一般可分为：叶绿素类、类胡萝卜素类、姜黄素类、靛蓝类、蒽醌类、萘醌类、类黄卤酮类七大类。按染色性能可分为：直接染料、酸性染料、还原染料、媒染染料、阳离子染料等，其中大多为媒染染料。如以栀子等为代表的直接染料，以黄檗为代表的阳离子染料，还有以靛蓝为代表的还原染料，明代宋应星的《天工开物》和李仁溥所著的《中国古代纺织史稿》最具代表性。

（一）还原染料

古人称蓝颜色为青，荀子曰："青出于蓝而胜于蓝。"这里的蓝指的就是靛蓝。靛蓝是从靛草（又称蓝草）根以上的茎、叶中提取出来的，靛草是一种豆科植物，以菘蓝、蓼蓝（又称小蓝）、马蓝和木蓝等为代表（图1-1），其中，蓼蓝被视为蓝草中最优秀的品种。南通的"如皋靛"一直是明

1-3 靛蓝染料

清时期的皇家贡品，是皇宫中染色、化妆以及药用的顶级蓝靛。《天工开物》中写道："凡蓝五种，皆可为靛，茶蓝即菘蓝，插根活；蓼蓝、马蓝、吴蓝皆撒子生；蓼蓝小叶者，俗名苋蓝，种更佳。"

制作靛蓝始于浸泡蓝草使其发酵。先将蓝草加到窖、桶或缸中，加入清水，一般需要浸泡3~6天（由天气的好坏决定蓝草蜕变时间的长短）。数天后，当蓝草变黑接近腐烂时，便发酵完成了。然后，捞出蓝草，在水中加入石灰，用木棍进行搅拌，这个过程称为打靛。《天工开物》中也有记载："凡靛入缸，必用稻灰水先和，每日手执竹棍搅动，不可计数。"打靛完成后，靛蓝已经形成，并与水相互交融。待靛蓝沉淀后，将其与水分离，靛蓝浓度逐渐增加，最终呈黏稠状，便可作为还原染料使用。染色后经空气暴晒氧化，靛蓝会恢复为原先的不溶性染料而发色，"瓮染染料"的名称一直沿用至今。

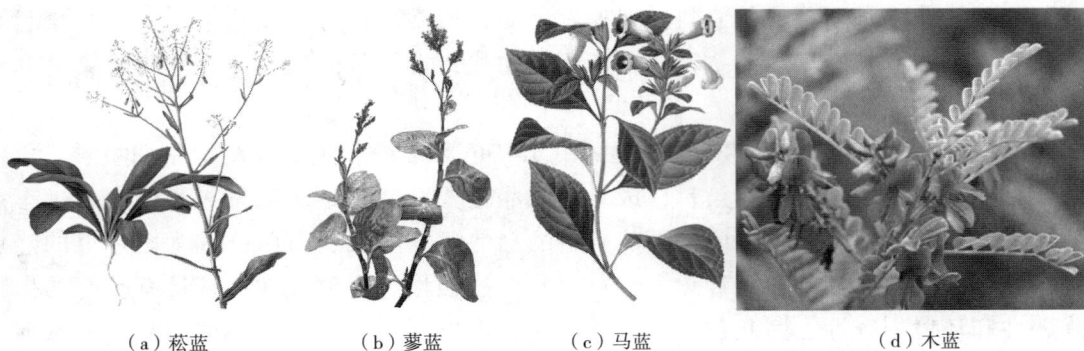

|（a）菘蓝 | （b）蓼蓝 | （c）马蓝 | （d）木蓝 |

图 1-1　靛草

目前，天然靛蓝种植主要集中在我国西南贵州、云南的苗族、布依族等少数民族聚居的地方和印度一些地区，但产量不足，难以满足市场需求。中国合成靛蓝的发展速度很快，已成为世界上合成靛蓝最大的生产国之一。此外，研究人员正通过模拟天然生物合成的微生物工程，建立由糖类化合物合成靛蓝的生产基地，同时也在进行细菌基因改良的研究，以期更高效地生产靛蓝。但是，目前生物合成靛蓝的成本仍远远高于传统合成靛蓝。

（二）直接染料

天然直接染料如图 1-2 所示。

|（a）栀子 | （b）番红花 | （c）郁金 |

图 1-2　天然直接染料

1. 栀子

栀子，也称栀子黄，属茜草科的常绿灌木，周朝之前就开始被用作染料。秦汉以后，栀子黄被广泛运用于黄色植物性染料。染色用的原料是栀子花的果实，主要组分为藏红素和藏红酸，冷水浸泡后煮沸，可得黄色染液，反复提取两次，白布浸入提取液中，降温至 40～45℃，加米醋调节 pH 到 5 左右，可染得灰黄色，然后水洗浮色。栀子染色早在汉代就已存在，用它可直接染为鲜黄色，加铜盐媒染为嫩黄色，加铁盐媒染为暗黄色，也可以加铝盐明矾进行媒染。

2. 番红花

番红花，又称藏红花，主要成分与栀子相似，制取 1kg 的染料约需 10 万枝花，是天然植物染料中价格最高的一种。藏红花为多年生草本植物，地下有球茎，花生长于茎的顶端。藏红花主要以药用为主，具有祛瘀生新、活血通经的功效。其染色方法与栀子黄相同。

3. 郁金

郁金属姜科，多年生草本植物，地下有块根，我国南方和西南地区都有生长。其根中含有黄色的姜黄素，使其可以对其他物质进行染色。由于郁金与栀子黄相似，都是线状分子，并具有共轭双键的结构，类似于直接染料，其染色方法也与栀子黄相似。

（三）阳离子染料

1. 黄檗

黄檗，又称黄柏，属芸香科落叶乔木，是我国长白山和小兴安岭林区的主要阔叶树种之一。其树皮中可以提取黄色素用作染料，既可用于染丝绸，又可用于纸张防虫蛀。在药用方面，黄檗可用于肠胃药。黄檗的主要成分为小檗碱，又称黄连素，具有独特的抗菌性。

黄檗皮在水中煮沸得到提取液，然后加热浓缩提取液，降温至 40~50℃后用米醋调节 pH 至 5 左右，染色后进行水洗。

2. 黄连

黄连属毛茛科，多年生草本植物，地下长有根状茎，分布于我国西部、中部和东部山区。其根中含小檗碱、甲基黄连碱等多种生物碱，性寒、味苦，有泻火、解毒、清热燥湿的功能。黄连的提取和染色方法与黄檗相同。

3. 凤仙花

凤仙花属于凤仙花科，一年生草本植物，夏季开花，花色不一，以桃红色为主，原产于中国、印度和马来西亚，供观赏用，可用作桃红色染料。

（四）媒染染料

1. 茜草

茜草（图 1-3）是具有代表性的媒染染料，属茜草科多年生攀缘藤本。其根呈黄红色，茎为方形，通常每节轮生四叶，叶片呈卵形（日本产多为六叶）。茜草在我国长江流域都有分布，其根含茜素。

茜草染料常用的媒染剂是明矾，Al^{3+} 与茜素结合呈红色。媒染剂染色有预媒法和后媒法两种。预媒法是先将茜草根用热水处理，在碱性条件下用明矾于 80℃处理 0.5h 左右，再以碱水洗涤，然后在煮沸的茜草提取液中染色。后媒法是先用热水处理茜草，然后于煮沸的条件下染色 0.5h 左右，再加入明矾碱性水溶液于 80℃进行媒染得色。媒染剂染色方法适用于染棉、丝绸和羊毛。后媒法的染色效果优于预媒法，染得的颜色更深浓。

图 1-3 茜草

茜草中色素的提取比较简单，加水煮沸，取其滤液，重复 2~3 次，滤液即可用于染色。常用的媒染剂为金属化合物，金属离子在染料与纤维之间产生桥梁作用，使纤维上染颜色。以明矾作为媒染剂可得红色染料，如用硫酸亚铁作为媒染剂，Fe^{2+} 作为中心离子，染得的织物呈棕黑色。

2. 荩草

荩草，别名黄草、马耳草，禾本科一年生草本植物。其茎叶中含黄色素，主要成分是荩草素，也有文献报道是木犀草素。可直接上染丝、毛织物。荩草染黄色的历史最早可追溯至春秋战国时期。《唐本草》云："荩草，叶似竹而细薄，茎亦圆小。生平泽溪涧之侧，荆襄人煮以染黄，色极鲜好。"荩草色素可用直接法染棉、毛、丝，得鲜艳的黄色。古代采用得最多的还是以铜盐媒染得到绿色，因此荩草早期又称"菉竹"（菉为绿的通假字）。

3. 槐（槐花）

槐属豆科，为落叶乔木，枝条为绿色，羽状复叶，小叶卵形至卵状披针形，夏季开花，蝶形花冠，黄白色，圆锥花形，分布于我国各地。槐花与槐树果实均具凉血、止血的功效，且花可作为黄色染料，是我国古代重要的黄色染料。槐花花蕾加水和米醋煮沸 1h，提取 2 次，在 pH 约为 5.7 的弱酸性条件下染色，水洗后加明矾发色，得到亮黄色。

4. 紫苏和甘蓝

红紫苏和红甘蓝均含有花青素色素，属于多色性植物染料，因此其最大吸收波长不易准确测定，可能位于紫外光区内。提取液染色后用明矾或亚硫酸铁媒染发色，可得到不同颜色。

5. 紫草

紫草属紫草科多年生草本植物，全株有粗糙硬毛，根部粗壮，外表呈暗紫色，断面为紫红色，夏季开花，花白色，我国东北地区产量较多。紫草根含紫色结晶物质乙酰紫草素，可作紫色染料。紫草根为油可溶性，其油液可以治疗烫伤。将白绸布经热水处理后置于紫草根提取液中，加米醋调节 pH 至 6.0 左右的微酸性，常温染色 0.5h，水洗去除浮色，然后将绸布脱水，pH 约控制在 9.6，降温至 45℃进行媒染剂固色。染色后晾干，重复此过程 3 次，即可染成紫色绸布。

1-4 柿染

6. 薯莨

北宋科学家沈括的《梦溪笔谈》中记载："《本草》所论赭魁（薯莨），皆未详审。今赭魁南中极多，肤黑肌赤，似何首乌。切破，其中赤白理如槟榔。有汁赤如赭，南人以染皮制靴。"薯莨纱，又名香云纱或莨纱，它是将薯莨（图 1-4）的汁液作为天然染料，对坯绸进行反复多次浸染，染得棕黄色的半成品后，再用富含铁质的黑色塘泥单面涂抹，然后置于烈日下暴晒（图 1-5）。待泥质中的铁离子和其他生物化学成分与薯莨汁液中的鞣酸充分反应，生成黑色的鞣酸亚铁后，抖脱塘泥，清洗干净，便制成了面黑里黄、油光闪烁的香云纱。其中，黑色的成分主要为鞣酸亚铁，棕色成分是氧化变性的鞣酸。用单宁媒染出的黑色与传统丝绸产品薯莨纱中的黑色素成分相同，都是铁盐的单宁络合物。二者的区别在于薯莨纱采用的是涂层加工，含铁离子的河泥仅涂抹在织物的一面，另一面则保留了单宁的本色棕红色。

图 1-4　薯莨　　　　　　　　　　　　　图 1-5　晒莨

二、天然动物染料

天然动物染料，是指从动物躯体中提取的、能使纤维和其他材料着色的有机物质。其在天然染料中占比较少，主要有胭脂虫、紫胶虫等。早在公元前 13 世纪至 15 世纪中期，古代腓尼基人就已经发现了海贝鳃下腺分泌的黄色液氧化后，可以变成紫色的染料，这种染料被称为"贝紫"。公元 383 年，罗马帝国发布了禁止贝紫染色的商业和民间行为的命令，因此得名"帝王紫"。然而，由于天然贝紫染色过程中会产生臭味，且很长时间才能消散，加之贝壳取之不易，贝紫染色技术逐渐走向衰落，被胭脂虫和紫胶虫所取代。

1. 胭脂虫

胭脂虫（图 1-6）是一种介壳虫，属于珍贵的经济资源昆虫。其原产于秘鲁、墨西哥等美洲国家，喜欢寄生在仙人掌上，通常呈集聚状态，被白色蜡粉和丝线状物覆盖，非常明显，每年可收获两次。胭脂虫体内富含洋红酸（胭脂红酸），约占虫体的 20%。将胭脂虫收集起来晒干、捣碎，然后在水中溶化，最后提炼得到胭脂红。胭脂红素是一种无毒无害的天然染料，耐光性好，目前被广泛应用于食品、药品、化妆品、高档面料的着色中，价格也日渐趋高。

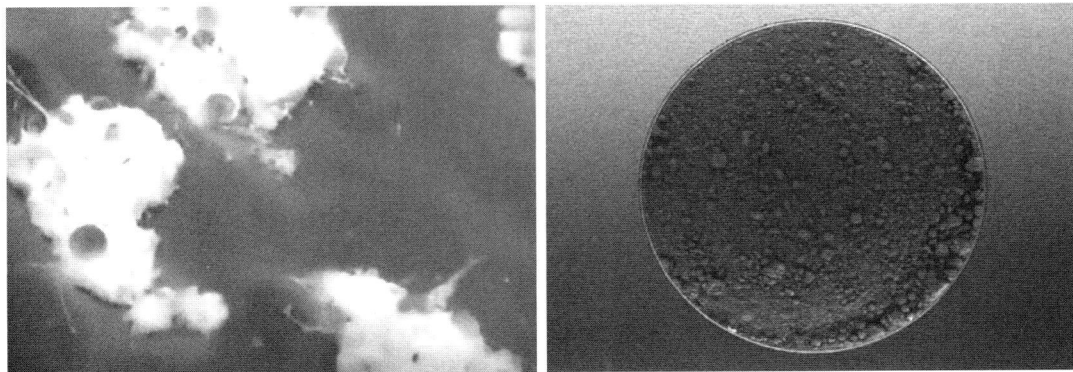

图 1-6　胭脂虫

胭脂红素对丝绸或棉织物进行染色的常用方法为：首先，选择媒染剂（如金属离子钛、铁、铝、锌等），以 0.5~2g/L 的浓度在 50℃ 条件下对织物预处理 30min；然后，利用胭脂红素对织物进行染色，染色浓度为 1%~5%（owf），溶液 pH 控制在 4~6，染色温度为 80℃，染色时间约为 45min，浴比为 1：50；最后进行漂洗和烘干，染色面料具有一定的耐水洗色牢度。此外，也可以选择媒染剂和胭脂红素同浴对织物进行染色，或用季铵盐等阳离子对织物预先进行改性，再进行染色，其具体工艺条件也被广泛研究。

2. 紫胶虫

紫胶虫（图1-7）也是一种重要的资源昆虫，原产地是印度、斯里兰卡、泰国等东南亚国家，主要寄生在乔灌木上（以豆科的黄檀为主），通过吸取植物汁液为生。雌虫可以通过腺体分泌出一种紫红色的含胶物质来覆盖其虫体而保护自己，这种物质是一种纯天然树脂，即紫胶，其主要成分为羟基脂肪酸和倍半萜烯酸，还含有紫胶色素和紫胶蜡质等成分。在生产紫胶的过程中，需要将色素从中析出，这些析出的紫色素可以作为紫胶生产的副产品，作为天然染料使用。我国紫胶的最大产区在云南省。

图1-7　紫胶虫

紫胶虫色素结构中含有较多的羟基、酚羟基和羧基，在不同酸碱条件下会因其结构的变化呈现出黄色、橙黄色、红色和紫色等多种颜色，一般在酸性条件下相对稳定。首先，将脱去虫胶的染料粉末加入水中，调节染液 pH 为 3~4；然后，加入丝绸或棉质面料，搅拌均匀后加热至 65℃；最后，将染色后的面料分别放入明矾水溶液中，可获得不同色度的红色。

3. 五倍子

五倍子（图1-8），又名百虫仓、百药煎、棓子，是由寄生于漆树科植物"盐肤木"及其同属其他植物的嫩叶或叶柄上的虫瘿，经烘焙干燥后所得。五倍子在工业和医药领域有着重要用途。由于其单宁含量大于其他植物，常作为天然染料使用。

五倍子作为中国传统的天然黑色染料，常与皂矾媒染剂配合使用，用于丝绸、羊毛、棉

图 1-8 五倍子

等纤维的着色。染色时，一般先将五倍子加水煮沸 20~30min，然后过滤提炼染液。按照染液与水为 1 : 2 的比例配制适当的染色溶液，将织物浸入其中并均匀搅拌 20min，然后加入媒染剂（皂矾或醋酸铁等）继续浸染 20~30min，最后将染色织物取出漂洗干净即可。

三、天然矿物染（颜）料

天然矿物染（颜）料，是将有色矿物研磨成细粒后制成的染（颜）料，古称"石染"。天然矿物染料在我国利用历史悠久，早已成为中国历史文化的表现形式，早在几万年前的山顶洞人时期，人类的祖先就已经用天然的赤铁矿粉涂染串珠、贝壳和筋绳。赤铁矿是最早利用的矿物染料之一，到了春秋战国时期，其仍被用来涂染麻质衣物，当时称作"赭衣"。朱砂是另一种常用的矿物颜料，主要用于染红。在《考工记》中曾记载丹就是朱砂。由于朱砂颜色红赤纯正，经久不褪色，一直到西汉时期，仍旧用它作为涂染贵重衣料的颜料。此外，敦煌壁画、故宫珍藏的五代《韩熙载夜宴图》、景泰蓝、唐卡、瓷器等众多中国传统艺术品中的色彩，都来自有着悠久历史的中国传统矿物颜料。

天然矿物染料尽管存在成本高昂、加工烦琐、使用难度大等问题，但因其具有优异的色牢度和发色效果，至今仍被广泛应用于纺织品、涂料、油墨、塑料、陶瓷、玻璃等多个领域。

任务四　染料与颜料

着色物料泛指具有着色性质的物质，染料与颜料都属于着色物料。

一、颜料的概念

颜料是一类不溶于水和一般有机溶剂的有色化合物，经适当处理后能机械地黏附在物体表面，或以微小颗粒状高度分散于着色物中。颜料广泛地用于油墨及油漆等领域，用量约占颜料产量的1/3；其次为用于橡胶、塑料以及合成纤维原液着色和皮革着色；此外，其在纺织工业中也有广泛的应用，如纺织品的染色及印花，又称涂料染色和印花。

由于颜料本身对纤维没有亲和力和直接性，所以染色时需借助黏合剂的成膜作用，将颜料的微小颗粒黏附在纺织纤维表面，或者作为色母料高度分散在高分子材料中。这种染色方法对纤维无选择性，适用于各个种类的纺织纤维及面料，其产品具有色彩鲜艳、染色牢度高、工艺流程短、少用水的优点。随着纺织工业节能减排的发展要求，涂料染色和印花技术越来越受到业内重视。

二、涂料（颜料）染色的特点

染料与颜料应用于纺织面料上都能呈现出深浓的颜色和较高的化学稳定性，且能以较简便的方法对织物进行染色或印花，并达到一定坚牢度。纺织纤维的颜料染色通常称为涂料染色，它与染料染色相比，具有以下特点：

1. 适用范围广

涂料对纤维没有亲和力，不存在上染过程，只存在黏附或着色过程，因此除了适用于棉、麻、丝、毛、涤、锦、黏胶等纤维外，还适用于玻璃和金属等纤维材料的着色。

2. 工艺流程短

涂料染色工艺简单，流程短。主要过程一般包括浸染、烘干或焙烘等步骤，对加工设备要求低，生产效率高，节能节水，有利于清洁生产。

3. 色谱齐全

由于涂料与纤维不存在亲和力，所以染色过程中不存在竞染和配伍问题，可以选用不同发色体系的有色物质进行共用或拼用，可以生产出各种颜色的纺织品，色谱齐全，重现性好，便于小样放大样，颜色易于控制。

4. 特殊效果

涂料容易获得染料在面料上无法得到的颜色和效果，例如闪光、珠光、金银色等特殊印染效果，满足市场对纺织品多样化、个性化的需求。

三、颜料的结构及特点

用于纺织品染色与印花的颜料常称为涂料。市场上销售的涂料通常是由颜料和适当的乳化剂、润湿剂、稳定剂等助剂混合后研磨制成的浆状物质，又称颜料浆。按照化学组成不同，颜料可分成有机涂料和无机颜料两大类。

在无机颜料中，常用的主要有炭黑、钛白、铜粉（仿金）、铝粉（仿银）等几个品种。

在纺织品印染领域，常用的颜料绝大多数是有机颜料。有机颜料根据化学结构不同主要分为以下几大类：

1. 偶氮类

（1）单偶氮类。单偶氮颜料分子结构简单，以黄色和橙色品种较多，制造工艺比较简单，具有较好的耐日晒色牢度。该类品种主要用于一般品质的乳胶漆、印刷油墨及办公用品等。

（2）双偶氮类。该类型颜料色谱有黄色、橙色、红色，生产工艺相对复杂，耐日晒色牢度较差。该类品种主要用于一般品质的印刷油墨和塑料制品，较少用于涂料。

2. 酞菁类

酞菁颜料的色谱以蓝色和绿色为主，具有优异的耐光、耐热、耐化学品性和高的着色力，适用范围广。

3. 硫靛类

该类型颜料具有高的着色力及良好的耐光性、耐热性和耐化学品性，颜色鲜艳，色谱主要包括红色和紫色。常用于汽车漆及高档塑料制品。由于这类颜料毒性相对较小，故又可作为食用色素使用。

4. 蒽醌类

蒽醌颜料是指分子中含有蒽醌结构或以蒽醌为原料的一类颜料。该类型颜料色谱范围很广，最初可作还原染料使用，色牢度较高。但由于生产成本较高，价格相对昂贵。

此外，有机颜料还包括金属络合、三芳甲烷和杂环结构的多种类别。与染料相比，颜料是以颗粒状态均匀吸附在物质表面或内部，而染料则是以分子状态均匀分布在纤维的内外。因此颜料的颗粒状态、分子结构以及晶体特性等物理状态与其应用性能息息相关。将颜料应用于纺织品染色时，要根据染色对象和染色方式，合理调控颜料的物理化学性能，以实现最佳的染色效果。

四、涂料染色

涂料在纺织品的染整加工中，常见于印花工艺。20世纪60年代以后，有关涂料染色的研究逐渐增多。党的二十大报告中指出，必须牢固树立和践行绿水青山就是金山银山的理念，站在人与自然和谐共生的高度谋划发展。与纺织品染料染色工艺相比，涂料染色不受被染物类别的限制，可以大大缩短和简化混纺面料的印染加工流程，甚至还可以将树脂后整理和涂料染色同浴进行。由于工艺过程中几乎无须水洗，使涂料染色还具有节能、节水、环保的特点。但是涂料染色也存在明显的不足之处，由于染色过程使用了黏合剂，会造成面料手感发硬，并且耐摩擦色牢度也不尽如人意。目前，涂料常应用于棉以及涤/棉混纺等面料的中/浅色产品的染色，并在连续轧染上得到了推广与应用。

1. 轧染

染色时，首先将织物浸轧含有涂料、黏合剂、润湿剂、交联剂、防泳移剂、柔软剂等组分的涂料染浴，再经过预烘、焙烘获得涂料染色纺织品。

涂料轧染的一般工艺过程为：浸轧涂料染浴→烘干→焙烘。

涂料染色时，染液会对整个纺织品进行着色，故黏合剂用量不宜太高，要求黏附性强、稳定性高、成膜性好。为了进一步增强涂料对纺织面料的黏附性，有时可添加少量交联剂。若浸轧时染液在纺织面料中的渗透时间短，可添加润湿剂促进染液渗透。涂料本身对纤维无亲和力，为了防止涂料在烘干时发生泳移，需要添加适量防泳移剂。涂料染色时，颜料依靠黏合剂成膜后黏附于纺织品上，但黏合剂、交联剂以及防泳移剂的存在都会使纺织面料手感发硬，可以添加适量的柔软剂改善手感，还具有提高耐摩擦色牢度的作用。

2. 浸染

涂料浸染是在阳离子改性技术应用的基础上发展起来的。由于涂料对纺织纤维没有直接性，所以未改性的纺织纤维很难直接用涂料浸染。涂料浸染的特点在于其适合小批量加工，特别适合成衣，例如牛仔服染色，因为涂料浸染较容易产生石洗、漂白等效果。此外，浸染还适用于纱线、针织物的染色，所以近年来发展较快。

涂料浸染的染液主要包含涂料、黏合剂、交联剂、润湿剂及柔软剂等。

涂料浸染的一般工艺流程为：纺织纤维阳离子化改性→水洗→涂料浸染→水洗→烘干。

阳离子化改性的目的是在纺织纤维上接枝上阳离子基团，使改性后纤维带有正电荷，增强涂料与纤维间的结合力。涂料浸染的工艺条件会随着所用黏合剂类型的不同而有所变化。对于交联型的黏合剂，需要加入适量催化剂或 pH 控制剂。染色温度、交联剂用量等均需根据具体涂料性能、黏合剂性能综合考虑。

【实践操作】

测定染料可见光吸收光谱曲线

·典型案例

某印染企业化验室新购置一批活性染料，在进行打样及染色生产前要测定该批次染料的染色性能及染色工艺。该企业的化验室工作人员人手紧张，请某学院帮忙进行检查，要求测定该批染料的吸收光谱曲线，提供给企业参考使用。

1-5 分光光度计的使用及染料溶液吸光度测定

·任务描述

通常可以使用分光光度计来测定染料在可见光范围内的吸收波长，绘制染料的吸收光谱曲线。染料的吸收光谱曲线可以直观地反映染色的颜色特征，有助于对染料最大吸收波长与染料颜色之间关系的形成认知。

·方案设计

染料可见光吸收光谱的测定包括染料的称量、溶解及稀释等操作，同时还涉及移液管、

容量瓶、量筒等玻璃仪器的使用，所需具备的知识和技能以及实验室现有试剂、材料及设备见表1-1。

表1-1 实践准备

主要试剂	活性染料
主要仪器	可见光分光光度计（721型）、擦镜纸、比色皿、量筒、烧杯、刻度吸管、容量瓶等
应知	染化料基础知识、环境保护知识
应会	移液管、容量瓶、量筒等玻璃仪器的使用；电子天平、分光光度计的使用

· 操作步骤

利用分光光度计分别测定400nm、450nm、500nm、550nm、600nm、650nm、700nm及750nm波长（λ）下染料溶液的吸光度（A）。其中，最大吸光度所对应的波长为染料的最大吸收波长。然后在最大吸收波长附近，以5~10nm的波长为间隔，进一步测定染料溶液的吸光度值。

· 结果与讨论

1. 原始记录单

将不同波长下染料溶液的吸光度值填写于表1-2中。

表1-2 可见光波长与吸光度值对应值

可见光波长（λ）								
吸光度值（A）								

2. 绘制染料溶液吸收光谱曲线

以可见光波长（λ）为横坐标，吸光度值（A）为纵坐标绘制染料溶液吸收光谱曲线。

· 任务评价

按表1-3中各项指标对该任务进行评价。

表1-3 任务评价表

项目	指标	要求	分值	自我评价	教师评价
准备工作	面料分析	能够准确分析织物规格	5		
	测试标准	选择准确的国标方法	5		
	原因分析	精准判断面料缩水的主要原因	10		
过程	操作步骤	准确且条理清晰	10		
	实践器材	规范使用	5		
	试剂	能阐述其作用，并精准量取	5		

续表

项目	指标	要求	分值	自我评价	教师评价
结果	原始记录单	报告记录完整	10		
	数据记录	规范、清晰	10		
	结论	准确、合理	20		
职业素养	态度	遵守课堂纪律、学习态度积极	10		
	团队合作	能相互配合，顺利完成任务	5		
	7S 管理	台面清洁无杂物、规范等	5		

【技能训练】

染液吸光度—染液浓度工作曲线的绘制

一、实验准备

（1）主要仪器。可见光分光光度计（721 型）、移液管、容量瓶、烧杯、玻璃棒、洗瓶、洗耳球、电子天平等。

（2）染化料。活性染料或直接染料。

二、实验步骤

（1）用移液管分别移取 1mL、2mL、4mL、5mL、10mL 染料母液（2g/L）置于 100mL 容量瓶中，对应染液分别稀释 100 倍、50 倍、25 倍、20 倍、10 倍，加水至规定刻度线定容，并按 $1^\#$~$5^\#$ 顺序编号。计算 $1^\#$~$5^\#$ 染液的浓度（单位 g/L）。

（2）利用分光光度计，以最大吸收波长 λ_{max} 测定 $1^\#$~$5^\#$ 试样的吸光度 A。

（3）将 $1^\#$~$5^\#$ 试样的浓度与吸光度一一对应，填入表中，并以浓度为横坐标、吸光度为纵坐标绘图。

三、注意事项

以去离子水为测试空白液。

四、结果与讨论

（1）染液浓度与测得的吸光度 A 记录于表 1-4 中。

表 1-4 染液浓度与吸光度 A 对应表

试样	1$^{\#}$	2$^{\#}$	3$^{\#}$	4$^{\#}$	5$^{\#}$
稀释倍数	100	50	25	20	10
染液浓度/（g/L）					
吸光度 A					

（2）根据表 1-6 中数据绘制染液吸光度—染液浓度工作曲线。

（3）根据染液吸光度—染液浓度工作曲线分析染液浓度与吸光度之间的关系。讨论若染料相对浓度发生变化，是否影响它们之间的关系。

【拓展项目】

传统手工印染技艺

1-6 手工印染发展历史

· **典型案例**

"RGB 非遗文创"是某高校的大学生创新创业社团，项目负责人为数字化染整技术与纺织专业的学生，由 2~3 名教学及管理经验丰富的专任教师担任指导教师。社团主要有"草木染"和"蓝染"两大研究方向，并设有三类创新活动项目：一是研发、制作手工印染类服装及服饰用品，包括发圈、帽子、丝巾、帆布包、T 恤等产品，并进行展示与宣传；二是开展非遗相关类项目的免费培训与指导，与当地社区、青少年宫、图书馆等服务机构开展非遗体验活动，如扎染体验、蓝染体验等，旨在宣传非遗，弘扬中华优秀文化软实力；三是开展系列手工印染艺术活动，招收并培训学员进行纺织品的扎染、蓝染、型染、拓染等，旨在提升学生人文素养和职业精神，增强中华民族文化自信和民族自豪。目前，社团基础设施齐备，有两项工作任务需要完成。一是购置扎染所需的染料、助剂及材料；二是撰写扎染的制作方法及步骤。

· **任务描述**

要求采购管理岗的学生在两周内完成染化料、助剂及材料的购买，并做好库管记录；要求产品研发岗的学生在两周内编写完成扎染的制作方法及步骤，并印刷成精美手册，以方便使用。

· 设计方案

首先，确定扎染所需织物的类型，如棉、麻、丝或混纺材料，再确定染料及助剂类型，如活性染料、直接染料、植物染料等；其次，上网查找资料，制订扎染的工艺条件及工艺流程。

· 操作步骤

根据被染纤维或面料的性能选择适合的染料及助剂，如棉、麻纤维使用活性染料或植物染料，丝或毛纤维选用酸性染料。列出采购产品的名称、型号、数量及单价等信息。根据染料及被染物的性质写出详细的扎染工艺流程及条件。

· 结果与讨论

（1）将采购的染料及助剂列于表1-5中。

表1-5 手工印染艺术社团耗材采购清单

染化料名称	型号	单价	数量	时间

（2）列出扎染工艺流程及条件。

· 任务评价

按表1-6中各项指标对该任务进行评价。

表1-6 任务评价表

项目	指标	要求	分值	自我评价	教师评价
准备工作	面料分析	能够准确分析织物规格	5		
	测试标准	选择准确的国标方法	5		
	原因分析	精准判断面料缩水主要原因	10		
过程	操作步骤	准确且条理清晰	10		
	实践器材	规范使用	5		
	试剂	能阐述其作用，并精准量取	5		

续表

项目	指标	要求	分值	自我评价	教师评价
结果	原始记录单	报告完整	10		
	数据记录	规范、清晰	10		
	结论	准确、合理	20		
职业素养	态度	遵守课堂纪律、学习积极	10		
	团队合作	能相互配合，顺利完成任务	5		
	7S	台面清洁无杂物、规范等	5		

【思考题】

1. 简述染料和颜料的异同点。
2. 染料的命名原则是什么？举例说明。
3. 根据染料应用分类，简述应用于纤维素纤维制品的染料及其特点。
4. 天然的直接染料有哪些？举例说明其特点。
5. 简述纺织品涂料浸染的工艺流程。
6. 简述纺织品涂料轧染染液的组成成分。

项目二　探索颜色密码

【学习目标】

知识目标：

1. 了解颜色的概念，掌握光的特点、颜色的分类及其属性。

2. 掌握加法混色与减法混色的原理，熟知仿样的全过程。

3. 理解同色异谱的概念，清楚计算机测色配色的流程。

能力目标：

1. 会根据纺织印染企业来样的特点分析样品的材质和染料性能。

2. 会熟练操作计算机测色仪测定染色纺织品的 K/S 值。

3. 会利用计算机配色系统分析、比较纺织品颜色信息，得出样品颜色数据。

思政目标：

1. 培养学生开发绿色、环保、艺术纺织产品的创新思维。

2. 培养学生树立规范操作、精益求精的匠心意识。

3. 培养学生树立安全操作和环保意识。

情感目标：

1. 提升学生团队协作与沟通能力。

2. 培养学生终身学习的能力。

3. 培养学生对美的感受力和理解力。

【学习任务】

在生活与学习过程中，人们不可避免地会接触到与图像、图片以及视频等与视觉相关的色彩元素，有时还会涉及色彩的搭配与纺织面料色泽深浅的判定，对纺织相关专业的学生和从业者而言，掌握色彩及颜色的基本知识是十分必要的。

任务一　颜色基本理论

2-1　国外手工印染发展概况

一、颜色的概念

颜色是什么？根据国家标准 GB/T 5698—2001《颜色术语》的定义，颜色是光作用于人眼引起除空间属性以外的视觉特性。人们眼睛感知到的颜色，主要来源于光与物体之间的交互作用。

　　党的二十大报告指出，必须坚持系统观念。万事万物是相互联系、相互依存的。只有用普遍联系的、全面系统的、发展变化的观点观察事物，才能把握事物发展规律。物质的颜色受到照射光源、物质本身的物理与化学性质，以及人类视觉系统的共同影响，所以通常将光源、物体及观察者视为颜色感知的三要素。当光线照射到物体上时，由于物体内部结构的差异，它们对光的反射、透射、折射和吸收的情况与程度各不相同，这些因素共同决定了我们眼睛看到的物质颜色。因此，颜色是光波作用于人眼视觉系统后所产生的一系列复杂生理和心理反应的综合效果（图 2-1）。纺织纤维或织物均属于不透明的物质，当光照射在不透明物质上时，只存在光的反射、折射和吸收，主要是反射和吸收，没有透射。纺织品呈现的颜色是反射光的颜色，也就是吸收光的补色。例如，我们看到红色的纺织面料，说明该物质吸收的青光，反射的红光。

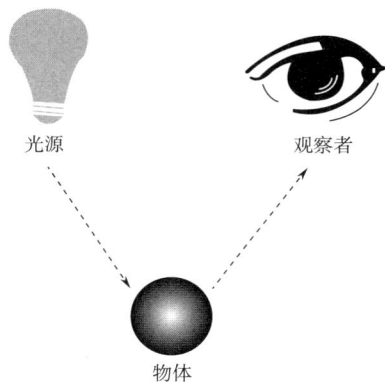

图 2-1　颜色感知三要素

二、光的物理特性

光通常具有以下物理特性。

（一）光具有波的性质

　　光是一种电磁波，能够引起人的视觉系统产生明亮和颜色感受的电磁波称为可见光或可见电磁辐射，其波长 λ 一般为 380~780nm。$\lambda<380nm$ 或 $\lambda>780nm$ 的电磁波肉眼不可见，所以称为不可见光波。不可见光波包括紫外线（$\lambda<380nm$）、红外线（$\lambda>780nm$）、X 射线、微波、无线电波等，如图 2-2 所示。

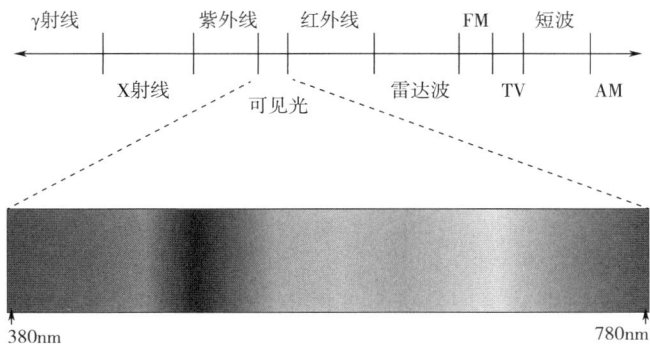

图 2-2　光的波长范围

　　光具有波动性，同时还具有一定的频率。光线在媒介中传播时有一定的波长和速率，它们之间的关系可用下式表示：

$$c = \lambda \cdot f$$

式中：λ 为光的波长；c 为光的速度；f 为光的频率。

（二）光的色散

通常人们把太阳光等光源按波长展开的现象称为光的色散。例如，一束太阳光通过具有折射功能的棱镜，肉眼可观测到红、橙、黄、绿、青、蓝、紫七种颜色，各种颜色之间并无明显界限，是一个连续谱带，这就是光的色散，也称为光谱。人们日常看到的光通常是白色的，但这种光其实是复色光，是由全部波长有色光线混合而成，并且具有不同的折射系数。

将白光中不同颜色的光彼此分开，可以得到不同波长的单色光，并且这些单色光会呈现出特定的颜色。例如，一束白色光通过具有折射功能的棱镜，肉眼可观测到红、橙、黄、绿、青、蓝、紫七种颜色，且各种颜色之间并无明显界限，是一个连续谱带，称为光谱。雨后的天空出现的彩虹，就是空气中的雨滴对光的折射而呈现的彩色光谱。一束白光通过棱镜折射后的七色光谱如图2-3所示。不同颜色的可见光具有特殊的波长，其近似波长范围见表2-1。

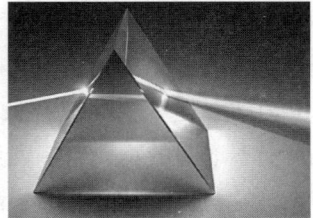

图2-3 白光通过棱镜折射后的七色光谱

表2-1 各种颜色的可见光的近似波长范围

光的颜色	波长/nm	光的颜色	波长/nm	光的颜色	波长/nm
红	620~760	绿	500~560	紫	400~430
橙	590~620	青	480~500		
黄	560~590	蓝	430~480		

通常把太阳光等复色光按波长大小展开形成单色光的现象称为光的色散。光谱中每一种相同波长的有色光称为单色光。太阳光和其他光源的光都是由单色光组成的复色光。

（三）光具有粒子性

光不仅具有波的性质，同时又具有粒子性。这意味着，光并不是连续的波，而是由一个个微小的粒子所组成，这些微粒被称为光子或量子。

三、颜色的属性

自然界中的颜色的色相、明度、饱和度（又称彩度、纯度、艳度）各有不同，所以色相、明度、饱和度是表征颜色的三要素，在色彩学上又称色彩的三属性。

（一）色相

色相是一种颜色区别于其他颜色最显著的特性。在可见光谱中，不同波长的辐射表现为视觉上的各种色相，如红、黄、绿、蓝、青等都代表一种具体的色相。图2-4为12色及24色色相环。由图2-4可知，在12色色相环中，红、黄、蓝三原色所在位置可形成一个等边三角形，紫、绿、橙二次色也具有相似的位置关系。24色色相环由原色、二次色和三次色组合而成，二次色由三原色两两混合而成，三次色由三原色与二次色混合而成。色相对比指的是因色相不同而形成的色彩对比。以色相环为依据，颜色在色相环上的距离远近决定色相对比的强弱。距离越近，色相对比越弱；距离越远，色相对比越强。

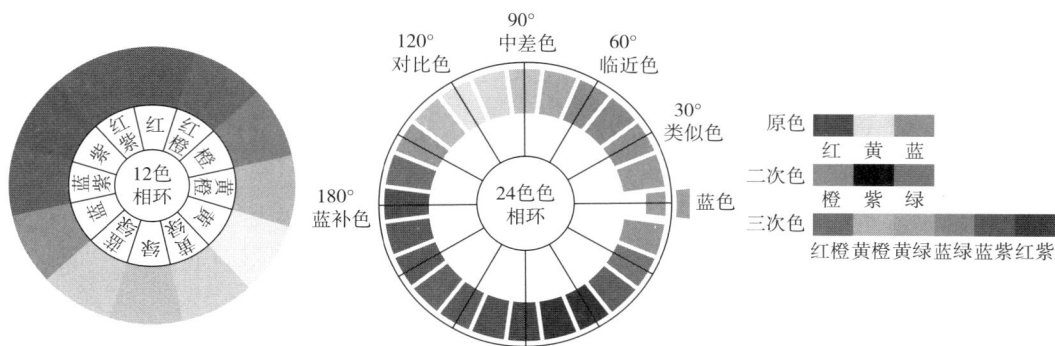

图2-4　12色及24色色相环

物体表面色的色相取决于三个方面。其一是照亮物体的光源的光谱组成；其二是物体对光的吸收和散射特性；其三就是不同的观察个体和观测条件。最后一点是一个容易被忽略而又不容易察觉的因素，因为在一般条件下，很难发现人与人之间的视觉差别以及在不同观察条件下颜色视觉上的差异。

（二）明度

明度指的是色彩的明暗程度，是表示物体颜色明亮程度的一种属性，与颜色的浓淡相关，有时也可称为亮度或深浅度。在所有的颜色中，无彩色中的白色明度最高，黑色明度最低。在有彩色中，任何一种色相中都具有一个明度特征。不同色相的明度也不同，黄色为明度最高的色，紫色为明度最低的色。任何一种色相如果加入白色，明度则提高，白色成分越多，明度也就越高；任何一种色相若加入黑色，明度则降低，黑色成分越多，明度越低，如图2-5所示。

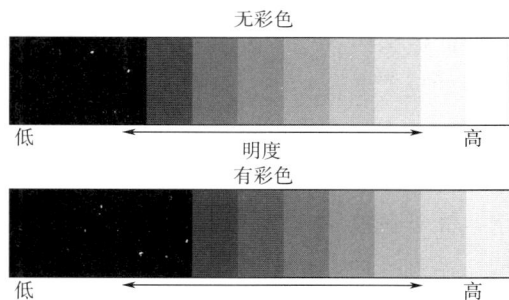

图2-5　无彩色和有彩色明度推移变化

（三）饱和度

饱和度是一定色相表现的强弱程度，指色彩的强度或纯净程度，又称彩度、艳度或色度。饱和度的大小可以理解为光谱色与白光的混合比例。任意一个颜色都可以看成白光与光谱色混合后得到的，若白光所占比例越大，则饱和度越低；若白光所占比例越小，饱和度则越高。通常来说，明度取决于有色物质的浓淡，色相取决于有色物质的颜色，饱和度则与颜色的鲜艳度有关。然而，在实际中，颜色的三个特征是各自独立的，但又是互相制约的。人们常用三维空间模型来表示颜色的这三个特征，如图 2-6 所示。图中纵坐标表示黑、白系列明度的变化，上端是白色，下端是黑色，中间是过渡的各种灰色；围绕纵坐标的圆圈平面表示色相（色调）；离开纵轴的距离则表示饱和度。

由图 2-6 可知，圆圈上的各点代表可见光谱中各种不同的色相（红、橙、黄、绿、青、蓝和紫），圆圈的中心为灰色，其明度和圆圈上的各种色相的明度相同。从圆心向左右两侧，颜色的饱和度逐渐增加。在圆圈平面上的各种颜色饱和度达到最大，而当颜色由圆圈向上（白）或向下（黑）的方向变化时，颜色的饱和度会逐渐降低。在颜色立体的同一水平面上，颜色的色相和饱和度的改变不影响颜色的明度。

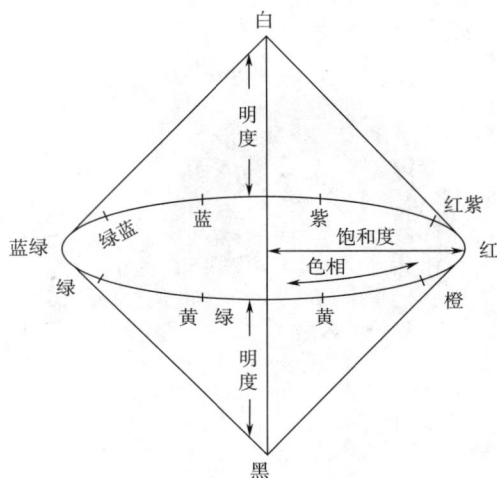

图 2-6 表示颜色三个特征的三维空间模型

四、颜色的分类

自然界中有千千万万种颜色，人们通常把物质的颜色分为两大类：无彩色和有彩色。

（一）无彩色

无彩色一般指的是从白到黑，以及无数介于白黑之间的灰色。在色度学中，理想白色和绝对黑色也都被归类于无彩色之列。白色、黑色和灰色等也称为非彩色或中性色、消色。一般来说，我们可以做如下粗略的区分：对 380～780nm 范围内各个波长的光，若反射率都在 80% 以上，那么该表面色常表现为白色；若各个波长的反射率都在 4% 以下，那么该表面色常表现为黑色。颜色是人的一种主观感受，所以每个人对黑白的判断有很大差别，很难用一个统一的界线来划分。所以，也可以把无彩色看成在整个可见光范围内，对任意一个波长的光都没有明显选择吸收的颜色。

无彩色按照一定的变化规律，可以排成一系列。由白色渐变到浅灰、中灰、黑色，色度学上称为黑白系列。我们可以用一条水平轴，一端为白，一端为黑，中间有各种过渡的灰色来表示黑白系列，如图 2-7 所示。

图 2-7 黑白系列色卡

（二）有彩色

有彩色是指物质对可见光选择性吸收形成的颜色，也能理解为除去无彩色以外的所有颜色。例如，蓝色可吸收 590～620nm 波长的光，而对短波一侧和长波一侧的可见光的吸收较少。所以，人们常利用分光反射率曲线来对物体的颜色特征进行准确的描述，也有人把物体的分光反射率曲线称为物体颜色特征的"指纹"。

有彩色的物理色彩通常有 6 种基本色，分别是红、橙、黄、绿、蓝、紫。有彩色的颜色是由光的波长和振幅决定的，波长决定色相，振幅决定色调。

按照颜色形成的物理机制的不同，颜色又可分为光源色、物体色及荧光色。自发光物体形成的颜色一般称为光源色；物体自身不发光，依靠其他光源照明在物体表面形成的颜色称为物体色；物体受到光源照射激发所产生的荧光以及由于反射或透射形成的颜色称为荧光色。

五、色彩的感觉

实际中，人们往往通过一些生活经验和印象积累来感知颜色，太阳给人以温暖，所以看到红色、橙色，会让人产生温暖和愉快的感觉；海水或月光会给人带来清爽的感觉，所以看到蓝色，人们会感觉凉爽与冰冷。从色彩心理学的角度来看，红、橙被定义为暖色，蓝、绿被定义为冷色。紫色是由暖色的红色和冷色的青色混合而成，所以紫色和绿色常被称为温色，而白、黑、银、灰、金等颜色被称为中性色。值得注意的是，色彩的冷暖感知是相对的。例如，与有彩色相比，黑、白等无彩色通常更冷；而在无彩色系列中，黑色又比白色显得更温暖。有彩色系列中，同一色彩中如果含红、橙、黄成分较多时，则显得较暖；而含青、蓝的成分较多时，则显得较冷（图2-8）。

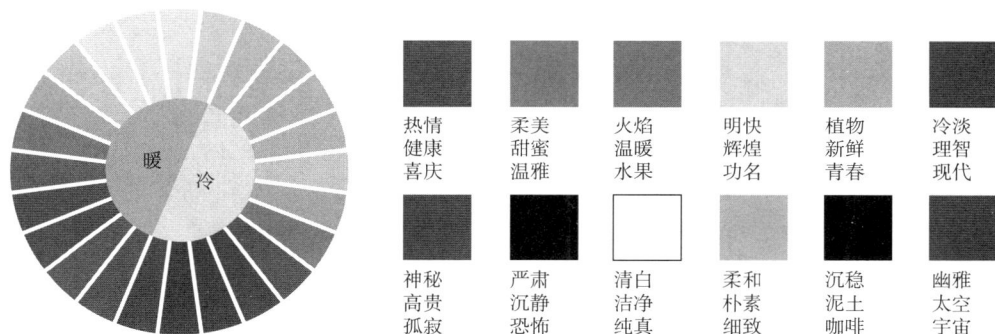

图2-8 冷暖色及色彩的感觉

任务二 颜色混合规律与仿色方法

纺织印染企业中的仿色，通常是指根据客户给出的标样色泽，制订出染色工艺处方与工艺流程，并完成染色的过程。纺织行业，传统的仿色与打样主要依靠配色技术人员的主观判断，其关键在于快捷、准确地判断出混合染料的颜色，并在纺织面料上实现这种颜色的表达。为了解决仿色实践中存在的问题，打样人员首先要理解颜色混合的规律与方法，其次要全面掌握染化料及纺织品的性能，尤其要充分地了解仿色所用染料的性能（包括色光、力份、染深性等）及仿样原则，并对各类染料的三原色混色效果有足够的认识，以便准确地确定染料用量，调整色光，减少小样与大样之间的误差，快速、准确地投入生产。

一、颜色混合的规律

颜色的混合分为色光的混合和色料的混合两种，前者称为加法混色，后者称为减法混色。在颜色混合实验中，我们把用于颜色混合以产生任意颜色的三种颜色称为三原色。充分理解三原色及其混合规律有助于打样人员调整染色工艺处方，快速、准确完成仿样。

（一）加法混色

加法混色是指各种不同颜色的光的混合。当两种或两种以上的色光混合时，在极短的时间内连续刺激人的视觉器官，会使人产生一种新的色彩感觉。光的三原色分别为红、绿和蓝。若等量三原色混合，就会得到白光。若三原色色光逐渐等量减少，则会得到一系列由浅渐深的灰色，也可以理解为是由明逐渐转暗的白光。若三原色色光不等量混合，则会呈现出丰富多彩的颜色（图2-9）。像我们生活中的彩色电视机等主动发光的产品就是遵循加法混色原理。

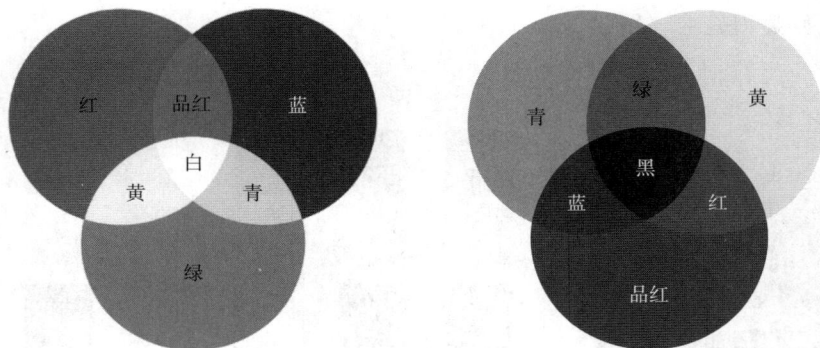

图2-9 光的三原色（左）与有色物质的三原色（右）

加法混色的基本规律是由格拉斯曼（H. Grassmann）在1854年提出的，又称格拉斯曼颜色混合定律，其基本内容主要包含以下几个部分。

1. 中间色律

中间色律是指任何两种非补色光混合产生的中间色，其颜色取决于两种色光的相对能量，而鲜艳程度取决于两者在色相顺序上的远近。利用中间色律，可以用少量的几种颜色复制出自然界成千上万种绚丽的色彩。

2. 补色律

每一种色光都有一种与之相应的补色光。如果某一种色光与其补色光以适当的比例混合，便会产生白光；如果按照其他比例混合，则会产生偏向于占比大的色光的新的颜色。这种规律被称为补色律。两种混合后可以得到白光的色光被称为互补色光，而这两种颜色被称为补色。最基本的互补色有三对，分别是红与青、绿与品红、蓝与黄。

3. 连续变化律

由两种或两种以上的色光组成的混合色中，如果其中一种色光连续变化，混合色的外貌也会发生连续变化。例如，红光与绿光混合形成黄光，如果保持绿光不变，红光的强度逐渐减弱，可以看到混合色由黄变绿的各种过渡色彩；相反地，如果红光保持不变，绿光的强度逐渐减弱，则会观察到混合色由黄变红的各种过渡色彩。

4. 代替律

代替律即颜色相同的光，不管它们的光谱成分是否一样，在色光混合中都具有相同的效果。这意味着，凡是在视觉上相同的颜色都是等效的，即相似色混合后仍相似。

5. 亮度相加律

色光的亮度相加律是指由几种色光混合组成的混合色的总亮度等于组成混合色的各种色光亮度的总和。这一规律体现了色光混合时的能量叠加关系，反映了色光加色法的实质。

纺织面料的荧光增白处理就是光的加法混色在纺织印染加工中的典型应用。经练漂后的织物，由于织物的反射光中缺少蓝紫色的光，所以仍带有一定的黄色。荧光增白剂本身无色，但在织物上不仅能反射可见光，而且还能吸收日光中的紫外光并发射出紫色荧光。这种紫色荧光与练漂后的织物反射的黄色光互为补色，从而增加织物的白光，使得织物白度提高。因此，所得增白织物反射光的总亮度会增大。荧光增白剂是利用光的补色作用进行增白，因此也被称为光学增白剂。

（二）减法混色

减法混色中有色物质的三原色分别为青（Cyan）、品红（Magenta）、黄（Yellow）（图2-9）。在纺织品的仿样打样染色过程中，染料的混合属于减法混色。在减法混色中，有色物质的三原色以不同比例混合，当一束白光照射到有色物质上时，有色物质会吸收白光中的一种或几种单色光，从而呈现出另外一种颜色。若三原色染料或颜料等有色物质以相同比例混合时，它们会吸收所有波长的光，呈现黑色（理想状态，实际可能呈现出深灰色或接近黑色的颜色）。

将两种不同颜色的染料以不同的比例混合，则会得到一系列渐变的颜色。例如，黄色与青色染料混合，等量混合时可得到绿色；若保持黄色染料的量不变，逐渐减少青色染料的量，可得到油绿、草绿、黄绿、浅黄绿、黄色等一系列的颜色；若保持青色染料的量不变，逐渐减少黄色染料的量，则可得到绿、翠绿、青绿、青色等多种颜色。通常，混合色的颜色总是倾向于占比大的原色染料的颜色。

1. 特点

减法混色的显著特点就是混合后有色物质的明度会降低，这与加法混色恰恰相反。例如，黄色料和品红色料混合后得到红色，其明度就比黄色和品红色都要暗。这是因为减法混色时，两种及以上有色物质（染料等）会分别吸收各自应吸收的单色光，混合后的色光能力降低，所以颜色变得暗沉。减法混色实质就是有色物质对光的选择性吸收，混合色光能量减弱，明度降低。总之，有色物质（染料等）的混合会导致颜色变暗。

2. 间色、复色和互补色

间色是指由两种有色物质三原色混合得到的颜色，又称第二次色。比如，品红与黄进行等量混合理论上得到红色，黄与青混合理论上得到绿色（图2-9）。复色是指三原色混合形成的颜色，又称第三次色。当三原色等量混合时，会得到黑色或灰色。减法混色中，若两种有色物质混合后得到黑色，那么这两种颜色则为互补色。从图2-9有色物质的三原色中可以看出，品红和绿、青和红以及黄和蓝均为互补色。

二、仿样的原则

实际生产中，印染企业通常把客户送来的有色布样称为客户来样，仿样就是仿制客户来样。仿样过程以纺织品的染色打样为基础，其中染色处方的准确性是指导与控制生产的关键。通过对客户订单染色处方的有效管理，可以提高返单生产速度及其产品质量，提高一次性染色成功率。这与党的二十大报告中"问题是时代的声音，回答并指导解决问题是理论的根本任务"的理念相契合。

在标准色卡或计算机测配色系统中，选择与客户来样颜色接近、织物规格相同或相近的色样配色，然后用客户的坯布作为小样染色的织物，并按照该色样的染色工艺进行染色实验，这个过程称为打样。在打样过程中，制订染色工艺处方以及设定染色工艺流程是首要任务，其次应考虑染色设备、染料、助剂、吸料、染色和烘干等影响因素。仿样过程中选择染料应遵循以下原则。

（1）拼色染料数量应尽可能少。染料的拼色混合主要是按减法混色原理进行的，每增加一种染料，都将从照射光中减去更多的光谱色成分，导致反射光的强度降低，而且反射光的性质也会发生变化。所以拼混时染料的只数越多，所得的颜色越灰暗。因此，拼色时染料只数不是越多越好，一般不超过三只。

（2）就近选择基础染料。在拼色时，应选择最接近于来样颜色的染料作为基础染料，在此基础上加以适当调整，以减少拼色染料的只数，便于颜色的调整。比如，拼一种绿色，应尽可能选择一只绿色的染料加以调整，而不必选择黄色染料和青色染料来拼混绿色，然后再进行调整。之所以不选择拼混色为基础染料，一方面颜色调整难度增加；另一方面拼色染料越多，所得颜色就越灰暗。在缺乏与来样颜色相同的基础染料的情况下，对于用来拼色的染料的色光也应注意。如拼果绿色时，黄染料宜选择带绿光的黄色染料与青色染料相拼，而拼大红色时，则一般选择带红光的黄色染料与品红染料相拼。

（3）色光的调整注意采用余色原理和补色原理。若两种不同的颜色相混得黑色，则这两种颜色互为余色，该现象称为余色原理。若两种不同光相混得白光，则这两种光的颜色互为补色，该现象称为补色原理。

三、仿样的方法

1. 对色

在实际仿样前，打样人员必须先比对与判断客户来样与标准色卡上色样之间的浓淡差别和色光差异，遵循"先看浓淡，后看色光"的原则。或者在仿样打样前利用计算机测配色系统来确定仿样工艺处方。对普通人而言，色相上的差别会比浓淡上的差异更为明显，但是对于专业打样员来说，应先判断浓淡差别，再看主色，最后看色光。

在仿色的过程中，首先要合理选择染料及染色设备；其次，用规定的织物在实验室内进行仿色或者打小样，使染出的色泽与标样相同，确定小样的染色处方；最后再根据小样处方与大样处方之间的关系，将小样处方换算成大样处方，并进行大样试验。

仿样的过程一般包含以下步骤。

2. 仿样

仿样也称打样，一般包含制订工艺处方、选择基布、化料、染色及烘干等步骤。

（1）撰写染色工艺处方。一般按照蓝、黄、红的顺序，在化验室打样单上由上而下写出如下染色工艺处方。

灰色

瑞华素活性超级藏青 RW	0.33%	（owf）
瑞华素活性超级橙 RW	0.22%	（owf）
瑞华素活性超级红 RW	0.18%	（owf）

（2）坯布的选择。打样用的坯布规格也尽可能与客户布样一致，织物的原料、组织、厚度、密度等对染色成品的颜色都会有影响。一般来说，平纹组织的染色产品看上去颜色浅一些，斜纹组织的产品看上去会深一些。另外，为了保证产品的稳定性，坯布在染色打样前必须进行前处理。

（3）称料、化料。染料的称量、化料以及染液移取在仿样过程中都是非常重要的环节，可以由人工完成或者使用自动滴液系统。

（4）染色。打样时染色工序相对简单，在印染企业中通常在红外线染色小样机中完成。随着染色设备自动化程度的不断提高，升温速度、保温温度、保温时间和降温速度等工艺均可通过程序的设置来完成。打样时，需注意样布的折叠要自然、蓬松，折叠过于紧密或层数过多容易造成小样染色的色花现象。小样仿样试验时与生产实际操作的差别越小，颜色的准确性及重现性就越高。

（5）烘干。小样染色后烘干的方式较多，如烘箱烘干、蒸汽熨斗烫干以及定形机烘干等。分散染料染色的涤纶织物小样在高温干热下易因染料的升华而发生色变现象，故熨烫温度和烘干温度不宜过高。使用熨斗熨烫小样时，须在小样上下垫放干净的衬布或纸张，避免熨斗与小样直接接触导致小样表面发亮，影响颜色的准确性。

3. 确认

仿样结束后进行色差评定，可采用人工目测或计算机测定，色差小于客户要求可确认仿样工艺。仿样后的每个小样颜色在生产之前，一定要得到客户的确认。客户对小样颜色确认以后，双方应共同签字制定标准色卡并妥善保管，以便作为生产过程中颜色控制和产品颜色检验的依据。

4. 复样

织物仿样确认后，需再次从染料库取料，配制工作液，进行复样。复样完成后在中样机上进行中试，以验证染色效果。最后在染机上放大样进行染色，确保小样（仿样）、中样、大样之间染色质量的稳定性及重现性。

5. 大批量生产

放大样后，将确认的染料处方编号输入计算机保存。以上工作完成之后，即可大批量投产。若织物原料换批号，在投染该织物之前，化验室必须提前复样，保证产品的色差符合要求；若染料换批号，在染料使用之前，化验室对该批染料必须进行染化料分析，如染料的固色率、提升力，染料对温度、促染剂、碱剂、pH 值的敏感性，对浴比的依存性，以及染料的力份、色光等指标。然后写出染化料检测报告，调整相应的染色处方，再进行中试和放大样，最终进行大批量投产。

任务三　计算机测色与配色

纺织品颜色的测量是纺织行业最重要的工程应用之一，它不仅依赖于颜色本身的光谱特性，还与照明光源的种类和测量的几何条件等因素密切相关。**党的二十大报告中指出，坚持面向世界科技前沿、面向经济主战场、面向国家重大需求、面向人民生命健康，加快实现高水平科技自立自强。**现代纺织品的染色加工引入计算机技术进行纺织品的测色与配色后，工作效率显著提高，生产成本有效降低。全国颜色标准化技术委员会以及国际照明委员会（以下简称 CIE）均推荐了相关的测色标准，以确保颜色测量参数和各测色仪器制造商的产品能够满足不同环境的需求。

一、光源

光源是颜色形成的重要的因素，其种类直接影响着人们对颜色的判断。在商场购物时人们常常会发现，同一件衣服在室内日光灯下的颜色和穿着效果与室外日光下不完全相同，这就是光源的影响。因此，为了统一颜色测量的标准，CIE 推荐了标准照明体和标准光源。光源可分为两种，一种是自然光，以太阳光为主；另一种是人造光，例如电灯光、蜡烛光、煤油灯光等。

1. 常见光源

理论上来说，光源发出的可见光一般包含 380~780nm 范围内的所有波长的单色光，由它们组合而形成白光。但实际上，光源发出的可见光在不同波长的能量分布并不均匀，或者会缺少某一波长的光，所以这样的复合光不纯，往往会带有一定的色彩，被称为光源色。各种光源色并不一定都是白光。例如，日光灯中所含蓝绿光成分较多，红橙光成分较少，被照射的物质看起来会发蓝；而白炽灯（钨丝灯）含的红橙光较多，而蓝光较缺乏，物质在白炽灯下看起来会偏红。自然界中只有太阳光在各波长范围内能量分布比较均匀，基本呈白色，因此日光灯、白炽灯下所看到的物质颜色与日光下是有差别的。

2. 标准照明体

在 GB/T 3978—2008《标准照明体和几何条件》中规定，照明体，是指在影响物体颜色视觉的整个波长范围内所定义的相对光谱功率分布，同时还规定了色度学标准照明体，是指由 CIE 用相对光谱功率分布定义的照明体 A 和照明体 D$_{65}$。在普通色度学中，规定使用以下五种标准照明体。

照明体 A：应为完全辐射体在绝对温度 2856K 时发出的光，其相对光谱功率分布根据普朗克辐射定律计算，是典型的商用或家用白炽灯光源。

照明体 C：代表相关色温大约为 6774K 的平均日光，光色近似阴天天空的昼光。

照明体 D$_{50}$、D$_{65}$、D$_{75}$：分别代表色温为 5003K、6504K 和 7504K 时相关状态的昼光。其中 D$_{50}$ 可以模拟中午天空光，在形象艺术中颜色品质、一致性好；D$_{65}$ 可以模拟平均北方天空日光，光谱值符合欧洲、太平洋周边国家视觉颜色标准；D$_{75}$ 可以模拟北方天空日光，光谱值符合美国视觉颜色评定标准。

3. 标准光源

在 GB/T 3978—2008《标准照明体和几何条件》中规定，色度学标准光源是指由 CIE 规定的人工光源，其相对光谱功率分布近似于 CIE 标准照明体的相对光谱功率分布。

由于光源不同就有不同的光源色，所以在谈及或比较物体的颜色时，首先要明确指出规定的光源。目前国际上通用的标准光源有 A、B、C、E 和 D$_{65}$、D$_{55}$、D$_{75}$ 等。CIE 标准照明体 A、B、C 等是由标准光源 A、B、C 等实现，后者是通过具有一定光谱功率分布的灯或加滤光器的灯来产生。当某一标准照明体能用相应的标准光源实现时，两者的相对光谱功率应接近一致。CIE 规定的标准照明体 D 为重组日光，并推荐了 D$_{50}$、D$_{65}$、D$_{75}$ 的相对光谱功率分布作为代表日光的标准照明体。

二、纺织品的表面色深

1. 表面色深的概念

表面色深是指纺织面料表面颜色的深度。纺织面料上染料量的多少与表面色深有一定关系，但染料的实际含量并不能直接反映织物的表面色深，必须有一个准确且全面的表达方式。纺织品表面色深对于染料和颜料的生产及应用具有重要的实际意义。颜色的深浅不仅直接关系到着色剂的用量，也是染料、颜料着色强度（即染料强度）分析的基础。

2. 表征方法

库贝尔卡-蒙克（Kubelka-Munk）函数常用来推导、研究涂布颜料在某种基质上的表面色深与涂布颜料浓度之间的关系，常用 K/S 函数表示。这也是计算机配色中系统中配方预测的理论基础。

2-2　K/S 值测试方法

库贝尔卡-蒙克函数简化公式如下所示：

$$K/S = (1-\rho_\infty)^2/2\rho_\infty = kC$$

式中：K ——被测物体的吸收系数；

S ——被测物体的散射系数；

ρ_∞ ——被测物体为无限厚时的反射率系数，即分光反射率 $R\%$；

k ——比例常数；

C ——固体试样中有色物质的浓度。

在纺织品的测色配色系统中，直接计算 K/S 比值，K/S 值越大，表示纺织面料颜色越深；K/S 值越小，表示颜色越淡。

注意：作为纺织品的 K/S 值，比较不同样品的表面色深时，应确保样品具有相同的色相，即具有相似的最大吸收波长。一般测定最大吸收波长处的 K/S 值。

三、同色异谱及色差

1. 同色异谱

同色异谱是指两个色样在特定的标准观察者和特定的光源下呈现相同的颜色，但是在可见光谱内的光谱分布却存在差异。与之相对的是同色同谱，指的是两个色样在任何光源下对特定的标准观察者都呈现相同的颜色，这现象也称为无条件等色。

由于人们无法通过肉眼分辨光的组成及其具体波长，所以同色异谱现象在生活中十分常见。比如一束由波长 660nm 的红光与波长 493nm 的绿光组合而成的白光，与一束由波长 572nm 的黄光和波长 470nm 的蓝绿光组合而成的白光，肉眼的视觉效果是一样的。在纺织印染企业的生产与贸易环节中，通常把两个色样因光源不同而产生的颜色变化现象称为光源色变，俗称"跳灯"。客户的来样是某种特定材质、特定染料染色的纺织品，而印染企业使用的纺织品材料、染料、助剂等往往与来样不完全相同，因此两个纺织品的分光反射率曲线也不尽相同。在特定的条件下，两者可能会出现条件等色，但是一旦光源发生改变，就会出现颜色不一致的情况。同色异谱现象可通过不同波长光源下反射率的不同来表现，如图 2-10 所示。图中标准样与批次样在特定光源下具有相同颜色，但是在 400~700nm 波长范围内两者具有不同的反射率。

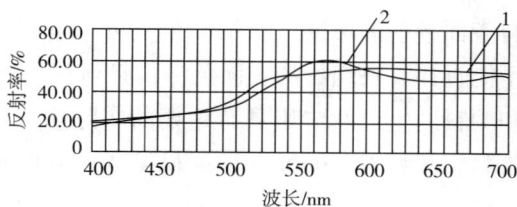

图 2-10　同色异谱现象反射率曲线
1—标准样　2—批次样

2. 色差

色差是两个颜色样品在综合色彩上的差异，包括明度差、色相差和彩度差三个方面。纺织印染加工中广泛涉及色差的概念及其测定方法。例如，客户来样与仿样的色差、生产样与标准样的色差、批次样之间的色差等。评定色差也是纺织品印染加工、检验与贸易中的一项重要工作。

通常用计算机测色仪测定标样与仿样之间的色差，用 ΔE 值来表示总色差。多数情况下，以 ΔE 值小于 1 作为允许色差的标准。色差界限值是指由客户预先确定的一个双方认可产品合格的 ΔE 值。例如，国际市场上，纺织品的 CMC（2：1）色差值 ΔE 通常控制在 0.6~1.0。

计算机测色配色系统中，色差合格与否也是根据设定的色差界限值来进行判断的。

四、计算机测色

颜色的测量包括发光物体与不发光物体的颜色测量，其中不发光物体颜色测量又进一步分为非荧光物体颜色测量和荧光物体颜色测量。在生产实践中，非荧光物体颜色的测量方法主要有目视测量和仪器测量两大类。

在计算机测色出现之前，人眼一直是传统的测色手段。人眼具有敏锐的识别物体微小色差的能力，在长期生产实践中，纺织印染企业，使用人眼目测来辨别颜色或控制产品的颜色质量。但是，受到人为主观因素的影响，人眼测量存在结果稳定性差、效率很低等缺陷。随着科学技术的发展，计算机测色逐渐代替人眼测色，纺织印染企业也向着数字化、智能化转型升级。

（一）分光光度测色法

物体颜色的测量过程主要包括物体反射或透射光度特性的测定，再通过计算求得物体的各种颜色参数。这里主要介绍分光光度测色法。

分光光度测色法属于仪器测量，其基于颜色的测量技术，是一种客观的颜色测量方法。

1. 测色原理

分光光度法采用光栅等分光元器件对入射光线进行分光，然后通过传感器探测样品空间的全部光谱能量分布信息，精确测量物体的反射率，并将反射率转换为各种颜色参数，提供足够的精确度和重复性。分光光度法可根据光谱信息采集方式的不同分为光谱扫描法和光电摄谱法。光谱扫描法是单通道测色方法，其优点是测量精度较高，但是光路和结构较复杂，对光源的稳定性要求较高，且测量效率低、系统重复性差。光电摄谱法通过线性光电传感器同时采集待测物的全波段光谱信息，具有测量时间短、信噪比高、对光源稳定性要求低等优点适用于瞬态的光谱颜色测量。目前纺织行业使用的分光光度测试仪大多采用光电摄谱法，测色准确且测色过程自动化。

2. 常见的测色仪器

根据体积大小，常见测色仪可分为台式和便携式两类。台式分光光度仪体积较大，常用于实验室测色，精度较高；便携式分光光度仪虽携带方便，但测色性能不如台式分光光度仪。

（1）瑞士 DataColor 公司产品。SF-600X 型分光光度仪采用真双光束方式和 D_{65} 脉冲氙灯照明，内有自动紫外校正装置，5 个照射孔径自动对焦，以 2nm 的波长精度进行测量，仪器分辨率为 0.003%。

（2）美国 MACBETH 公司产品。COLOR-EYE 7000A 型分光光度仪为真双光束分光光度仪，采用脉冲氙灯做照明光源，波长范围 360~750nm 连续扫描，间隔 3nm 取样，测样时间少于 1s，仪器分辨率为 0.001%。

（3）美国 X-rite 公司产品。SP68 型便携式分光光度仪采用卤素钨丝灯照明，波长范围 400~700nm 连续扫描，间隔 10nm 取样，测量时间大约 2.5s，光度测量范围为 0~200% 反射率。

（4）中国 3nh 公司产品。包括台式 TS8299、TS8298 以及手持式 TS7830 等规格型号。其中，手持式分光测色仪 TS7830 为自主核心技术开发，400~700nm 光谱范围内扫描，间隔

10nm 取样，测量时间大约 2.5s，标准偏差 0.18% 以内。

以上几类测色仪器都是基于点测量的分光光度计，受到测量孔径大小的约束，每次只能采集测量孔径内的物体平均反射率，且多数为单色测量，所以对于含有复杂多色图案的提花或印花纺织品，很难提供准确的测量数据。

（二）其他计算机测色方法

近年来，国内外各大厂商陆续开发出升级产品，可用于多色复杂图案纺织品颜色的测量。

1. 在线分光测试技术

国内纺织印染行业对产品的测色方法多采用测色仪器进行检测，或由经验丰富的技术人员进行目视测色，无法满足高质量产品的生产要求。因此在线分光测试系统应运而生。该系统将颜色测量仪器安装于生产线上，对产品的颜色进行实时测量。在测量过程中，产品随生产线连续运动，采用非接触式测量，极大地节约时间和人力成本。在线分光测试系统可以实时监测生产线上产品的质量情况，及时获得产品颜色信息，有利于减少生产浪费并提高生产效率。

党的二十大报告中提出，到 2035 年，要建成现代化经济体系，形成新发展格局，基本实现新型工业化、信息化、城镇化、农业现代化。信息化、数字化、智能化是当今以及未来纺织印染行业发展的关键性因素。尽管在线分光测试技术在准确性方面会受到环境光线、物体运动、布面平整度及抖动等多种因素的影响，且根据颜色测量结果对染化料的实时反馈与调节尚不完善，但是它将是未来计算机测色的发展趋势。目前，美国 X-rite 公司、美国 HunterLab 公司以及瑞士 Gretag Macbeth 公司等已研发出在线式分光测色系统。

2. 数码摄像测色技术

数码摄像机是一种利用 CCD 或 CMOS 等图像传感器将光信号转化为数字信号进行图像采集的设备。数码摄像测色是一种利用数码摄像机成像原理与图像处理算法实现物体表面颜色测量的技术，具有高精度、快速、适应性强等优点。在得到样品的标准色度数据前，必须调整好数码相机的光圈大小、曝光速度及感光度等参数，并在此条件下生成颜色校正文件。随后，利用这样固定参数的数码摄像机测定样品的 RGB 值，再经过数据计算，最终得出被测量物体的颜色信息。

数码摄像测色技术可以实现对纺织品的颜色精准测量与质量控制，减少了传统人工目测和机器测量的误差。数码摄像测色技术可在高分辨率的图像中通过多种取色方式，对非常小或者不规则的物体进行测量，特别适用于毛巾布、地毯等毛圈类表面不规则的纺织品颜色的测量。由于这种非接触式的测量方式得到的是颜色数据加上图像轮廓与阴影综合的结果，所以其测量方法不改变纺织品表面原有状态，测试结果更真实和准确。

在纺织印染行业，应用比较多的数码测色系统有英国 VeriVide 公司开发的 DigiEye，也叫作数慧眼。研究发现，相对于纸质色卡颜色测量，数码测色系统 DigiEye 和分光光度计 DataColor SF600 颜色评价结果基本一致。然而，在非平整表面的染色纺织品颜色评价时，二者会出现一定的差异；而在交织混色纺织品的颜色评价时，二者色彩差异则更为显著。视觉评判分析表明，DigiEye 系统的测量结果更符合视觉观察结果，在染色纺织品色差评价中具有较高的可行性和实用价值。有研究发现，数码摄像测色技术还可应用于纺织品色牢度检测。广州检验检测认证有限公司自主研发了用于纺织品色牢度检测的基于数字图像技术的评级系统。该研发系统依据 GB/T 39648—2020《纺织品　色牢度试验　数字图像技术评级》对纺织品试样、贴衬织物进行测量，并通过相关计算公式转化得到纺织品的变色灰卡等级和沾色灰卡等级。

五、计算机配色系统

纺织印染企业传统配色的方法主要是依靠有经验的打样技术人员进行染化料的调配，费时、费力且不够精确。随着科学技术的发展，计算机配色系统已经广泛应用在纺织印染、涂料、油漆、油墨、印刷、化妆品以及陶瓷等行业的调色配色。计算机配色系统一般由使用计算机测色仪测定被染物的颜色特征或吸收光补色组分，再按照一定色差计算公式与已储存的染色织物基础数据资料比对，计算出符合色差要求的染料色光，并从数据库中做出合理选择的过程。

（一）计算机配色系统的特点

（1）快速提供较优的染色工艺处方（降低生产成本，节约双色仿样时间，提高效率）。系统能快速给出成本较低、不同光源下色差值最小的、最合理的工艺处方。

（2）快速精准的修色功能。根据仿样结果快速、准确调色，避免人工调色误差，系统给出修正工艺处方，并可累积大量颜色数据，统计出实验室小样与生产大样之间的差异数值，或不同生产机台之间的差异数值，进而直接现场提供染色工艺处方，提高对色率及产量。

（3）科学化、海量纺织品颜色数据存储与管理。系统能将以往所有测过的颜色数据及其工艺处方信息存入数据库，当有相同颜色面料订单时，可立刻调取使用。

计算机的测色配色系统还可以辅助企业进行数字化的品质管理与智能化的设备管理。一方面，系统可根据染色工艺处方关联产品染色牢度、白度评估、染料相容性、染缸残液等信息，并存入数据库，供企业管理者进一步分析与参考。另一方面，通过局域网络和云平台，系统可将测色配色系统与染料自动称量系统连接，减少称量误差；或与染色小样机相连，可提高打样的准确性；或与在线监测系统相连，大大提高产品质量与生产效率。

（二）配色方式

计算机配色方式大致分为三类：色号归档检索、反射光谱匹配、三刺激值匹配。

1. 色号归档检索

将以往生产的品种按色度值分类编号，并将染色处方、工艺条件等汇编成文件后存入计算机内。当有需要配色的来样时，可测定来样的颜色，然后输入计算机或直接输入代码，计算机配色系统会将色差值小于某范围的处方全部输出。

这种配色方法与人工配色原理相似，既避免了纺织品实物试样长期保存引起的颜色变化，又解决了人工配色效率低的问题。实际上，许多新的色泽只能提供近似的配方，遇到此种情况仍需专业技术人员凭经验调整。

2. 反射光谱匹配

这种配色方法是根据来样的反射光谱的匹配度来选择最佳工艺配方。反射光谱波长一般在 400~700nm 范围内，每隔 10~20nm 取一个数据点。测色系统给出工艺配方染出小样，其反射光谱与来样的反射光谱相匹配，又称无条件匹配。这种配色方式适用于染样与来样的颜色以及纺织材料均相同，在实际生产中仍有一定难度。

3. 三刺激值匹配

这种配色方法是根据来样的三刺激值的匹配度来选择最佳工艺配方。计算机配色结果在反射光谱上与来样并不相同，但它们的三刺激值相等，故仍可得到等色。由于三刺激值须由一定的施照态和观察者色觉特点决定，因此所谓的三激值相等，事实上是有条件的。反之，如施照态和观察者两个条件中有一个与达到等色时的条件不符，等色即被破坏，从而出现色差，这种配色方法又被称为条件等色配色。

（三）计算机配色过程

1. 建立基础数据库

首先，将使用的各个种类染料进行编号。一般应考虑染料的价格、相对力份、染料的色牢度以及染料的相容性等，同时兼顾选用染料配出的色域范围。染料编号后，将其力份和单价输入计算机。其次，要确定选择用哪种染料及哪些颜色，再考虑配方中染料的种类及数目，一般配方染料支数以 3 个为主，也有选 4 个或 5 个染料的配方，通常染料数目最多不超过 20 个。最后，确定计算机配色给出的仿样与来样的色差容许范围。

2. 测量样品

使用电脑测色仪测定空白染色的小样（即不加染料，只用助剂溶液在同样的染色条件下进行染色），将其 K/S 值录入计算机中；然后使用电脑测色仪对来样进行测量，将其 K/S 值也录入计算机中。

3. 预测配色结果

计算机配色系统将根据设置好的条件在选定的颜色数据库中进行合理的匹配，快速生成一个或多个配色结果，一般会包含染料名称、染料编号、染料浓度、工艺处方、成本以及在不同照明条件下的色差等信息。用户可以根据实际情况，综合考虑染料价格、生产成本、匀染性及染色牢度等指标，从中选择最优的工艺配方进行小样试色。

4. 小样试色

计算机配色系统预测的染色处方难以实现一次性 100% 的准确率，因此在进行大样生产之前，需进行小样试色染色工序。在实验室染色小样机中进行小样试色，测定仿样的 K/S 值等颜色性能，然后通过计算机测色仪测定仿样与来样的色差值，从而做进一步修正。

5. 修正配方

如果小样与来样的色差值较大，不符合客户要求，需要调整处方重新染色。小样试染得到的试验色样在同一台计算机测色仪上进行测量，然后运行计算机配色系统进行修正。一般而言，预报处方在小样试染后再经过一次修正就能得到实用的色料处方，但在某些情况下也有不需要修正，或者需要两次甚至多次修正的配方。

如果实际色差满足用户要求，则该新处方就是本次配色操作的实际染色处方；否则，还需重复修正，直到获得符合要求的染色处方，或者认定处方无效而放弃。

6. 存档数据

通过计算机配色系统进行配色后，染色处方就可以存档，如果后期还有同样的配色需求，就可以更加准确地复现该种颜色。

在计算机配色系统的应用过程中，为了减少误差、提高生产效率和一次成功率，还应注意以下几点：

（1）计算机配色应由专人负责，以减少人为误差。

（2）基础数据库中样品的测量应使用同一台电脑测色仪进行多点测定，取平均值，以保证良好的重现性。

（3）基础数据库中样品的染色应在同一台小样染色机上进行。

（4）所用纤维材质组织一般选用产量大且具有代表性的。

（5）所用染色浓度的档次视各染料情况而定，一般在实际使用范围内选定若干不同浓度（一般6~12个），浓度在0.01%~5%。

（6）实验室小样与大生产的染色方法条件应尽可能一致。

（7）小样染色应在连续的一段时间内完成，可重复进行两三次，以求结果准确。

计算机配色系统的应用建立在丰富的颜色数据库基础上，随着来样产品的原料、组织结构及染化料等不断更新，颜色数据库也随之不断补充。利用计算机配色系统可以较快地得到染色工艺处方，并可根据提供的工艺处方合理选择染化料，一定程度上可以降低生产成本。党的二十大报告中提到，要建设现代化的产业体系。目前，纺织业正迎来数字化、智能化革新，随着色彩体系与数字化不断融合与创新，色彩体系的划将也更加全面和细致，科技的发展推动纺织工业向着高附加值、可持续、开放协同的方向迈进。

【实践操作】

纺织面料色差的评定

·情景案例

某一印染企业接到客户订单，订单详情如下：全涤面料，颜色为米色和黑色，克重为215g/m^2。要求15天内交货4700m，对色光源需使用飞利浦 D_{65}，色差控制在$\Delta E \leqslant 0.8$。化验室接到该订单，在仿色过程中要求测定仿色批次样与标样之间的色差。

·任务描述

对客户来样进行小样打样其实就是仿样的过程。要根据客户的要求、来样织物的用途和特点进行分析,选择合适的染化料和染色方法,并设计染色工艺以及选择染色设备,在规定的时间内完成仿样,满足客户要求。设计方案时,尽可能提高一次性染色成功率,可以提高返单生产速度及其产品质量。

·方案设计

应包括实验工艺处方以及具体工艺条件等。实验室现有助剂、材料及检测设备,以及实验人员所需具备的知识和技能见表2-2。

表2-2 实验所需试剂、仪器及实验人员应知应会

主要试剂	无
主要仪器	计算机测色配色仪
应知	色光及色差知识、检验标准
应会	安全操作、计算机测色仪的使用

·操作步骤

(1) 计算机测色仪进行校准。

(2) 使用计算机测色仪进行标样测定,再测定批次样。

(3) 读取并记录批次样的色差值。

·结果与讨论

填写表2-3所示工艺配方卡,测定纺织品色差。

表2-3 工艺配方卡

单位: 年 月 日

客户		组成			批号		色泽	
染化料名称		%(owf)	g/L		工艺条件			
					标准样(来样)			
匀染剂					缸号			
冰醋酸					打样员			
元明粉								

续表

仿样 1	仿样 2	仿样 3
色差（ΔE）	色差（ΔE）	色差（ΔE）

· **任务评价**

按表 2-4 中各项指标对该任务进行评价。

表 2-4 工作任务评价表

项目	指标	要求	分值	自我评价	教师评价
准备工作	仪器准备	仪器校准与调零	5		
	测试标准	选择准确的国标方法	5		
	样品准备	标样与批次样调湿	10		
过程	操作步骤	完整、规范	10		
	工具和仪器	规范使用	5		
	色差测定	测量与读取	5		
结果	原始记录单	报告完整	10		
	数据记录	规范、清晰	10		
	结论	准确、合理	20		
职业素养	态度	遵守课堂纪律、学习积极	10		
	团队合作	能相互配合，顺利完成任务	5		
	7S	台面清洁无杂物、规范等	5		

【技能训练】

纺织品色差的测定

一、实验准备

（1）仪器设备。DataColor 测色仪。

（2）实验材料。标样和仿色批次样。

二、实验步骤

（1）检查电源适配器是否连接正常并插入电源，接通电源后打开仪器，预热 15~30min。设置测试光源为 D_{65}。

（2）分别使用黑筒、白瓷板和青瓷板对仪器进行校准。

（3）点击标准样测试，测试标样正反面 4 个点，单击确定；点击批次样测试，测试批次样正反面 4 个点，单击确定。

（4）测试完成后在计算机上选择查看颜色数值及色差值。必要时保存及导出数据。

三、注意事项

（1）请按照使用手册操作，避免仪器损坏或错误测量结果。

（2）尽量避免在强光下使用，以免光线干扰。

（3）保持样品与测量面板充分接触，避免空气等因素影响。

（4）定期校准和维护仪器，确保测量结果的准确性和稳定性。

四、结果与讨论

将批次样色差数值记录在表 2-5 中，分析是否合格。

表 2-5　仿色批次样色差数值记录表

标样名称_____

批次样	ΔE	L	a	b
1				
2				

续表

批次样	ΔE	L	a	b
3				
⋮				

【思考题】

1. 颜色的三个基本属性是什么？简述其特点。
2. 什么是减法混色？简述其特点。
3. 简述纺织品表面色深的概念及其应用。
4. 什么是"跳灯"现象？简述其产生的原因。
5. 简述仿样过程中选择染料遵循的原则。
6. 简述纺织印染企业仿样的具体过程。
7. 简述纺织印染行业中计算机配色的过程。

项目三　染色基本过程与染色牢度

【学习目标】

知识目标：

1. 理解染色的概念，掌握染料在水中的状态及对染色的影响。

2. 理解盐效应的概念，掌握纤维吸湿膨胀以及界面双电层对染色的影响，知晓中性电解质的促染及缓染的机理。

3. 熟知平衡上染百分率、上染百分率、半染时间（$t_{1/2}$）、匀染及透染的概念，通晓染色的三个阶段以及每个阶段对染色的影响。

4. 熟知染色牢度、耐皂洗色牢度、耐摩擦色牢度的概念，掌握耐皂洗色牢度、耐摩擦色牢度的测定方法。

能力目标：

1. 会判断常用染料的类型及其在水中的状态。

2. 会分析纤维在水中的带电情况，准确判断中性电解质在染色过程中发挥的作用。

3. 会熟练使用织物耐摩擦色牢度仪测定染色纺织品的耐摩擦色牢度。

思政目标：

1. 培养学生规范操作、精益求精的匠心意识。

2. 培养学生创新思维和环保意识。

3. 树立学生的文化自信和非遗传承意识。

情感目标：

1. 培养学生团队协作与沟通能力。

2. 培养学生终身学习能力。

3. 培养学生美育素养。

【学习任务】

任务一　染色原理

3-1　染色的概念

　　从赤身裸体到身有所覆，从树叶兽皮到葛麻衣裳，一部纺织史就是一部人类文明的发展史。纺织行业不仅关乎人类的健康，更是远古文化礼制的基石。纺轮，作为纺纱的专用工具，其作用是使散纤维加捻形成纱线。最早的纺轮发现于 8000 年前的裴李岗文化和磁山文化，其形状如图 3-1 所示。在浙江，跨湖桥文化时期已出现纺轮的踪迹，至河姆渡文化时期，纺轮则大量涌现。到了良渚文化时期，纺轮已经十分常见，主要有陶纺轮，也有部分为石纺轮，后来还出现了具有礼仪性质的玉纺轮，其形状如图 3-2 所示。

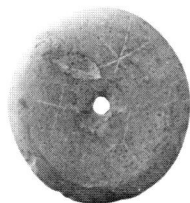

（a）陶纺轮

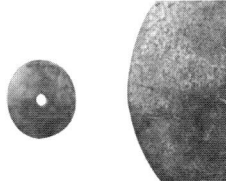
（b）石纺轮

图 3-1　陶纺轮　　　　　　　　图 3-2　陶纺轮和石纺轮（河姆渡文化时期）

纺织品是最早开展全球贸易合作的领域之一，在互联网出现之前，人类已经用纱线编织起了全球商贸网络，丝绸之路更是成为文明对话、合作共赢的代名词。如今，纺织行业关系着民生幸福与价值创造。而纺织品染色作为纺织工业链条中重要的一个环节，其直接关系到纺织产品的品质与市场竞争力。

一、染色的概念

染色是一个动态的过程，主要涉及染料、纤维和水三种物质的相互作用。染色是指染料从染液中自发地转移到纤维的表面，并在纤维的表面和内部分布色泽均匀，最终形成色泽均匀、坚牢且鲜艳的过程。在这个动态的过程中，染料溶解于水中形成染液，纤维在水中润湿，然后通过介质水，三种物质相互作用，最终将纤维染色。衡量染色的指标主要有色泽均匀性、坚牢度和鲜艳度。染料在纤维上分布越均匀，则染色匀染性越好，否则将会出现色差或色花。染料与纤维的结合力越大，染色坚牢度越高，否则染色织物会出现褪色或变色。色泽鲜艳度又称色泽的饱和度或纯度，是指色泽中染料光谱色含量的大小，含量越大，色泽越鲜艳，否则色泽萎暗。

二、水的作用

纺织印染工业生产流程离不开水，从化纤原料的生产、纺纱、织造到纺织面料的染色、印花及后整理等各道工序都需要大量用水，尤其是纺织品的染色加工对水的需求量极大。据中华人民共和国工业和信息化部网站发布的信息，2022 年纺织行业年取水量约 30 亿立方米，居工业行业前四位，废水排放量、化学需氧量（重铬酸盐指数 COD_{Cr}）和氨氮排放量在全国工业中均居第二位。纺织行业用水效率偏低，水重复利用率不到 70%。其中，纺织印染子行业取水量占全行业 70% 以上，水重复利用率仅为 40%。由于需要消耗大量水资源，印染行业被我国列为严格限制的高耗水行业。

2020 年 9 月 22 日，习近平在第七十五届联合国大会一般性辩论上宣布，中国二氧化碳排放力争于 2030 年前达到峰值，努力争取 2060 年前实现碳中和。党的二十大报告中提出，必须牢固树立和践行绿水青山就是金山银山的理念，站在人与自然和谐共生的高度谋划发展。因此，在经济发展的同时，我们要注重环境资源的保护，倡导绿色、环保、低碳的生活方式。少水节水染色、低浴比间歇式染色、数码喷墨印花、工艺水分质回用、印染废水分质处理和技术集成应用、喷水织机废水高效处理和回用等成为纺织印染行业研究热点。

（一）水源与印染用水指标

在纺织品的染整加工过程中，水是染料及助剂最理想的溶剂和载体，也是目前使用最广泛、最廉价的染色介质。水的质量直接影响印染产品的质量、助剂的消耗和染色设备的使用效率。

1. 水源

可大量且稳定利用的天然水包括地面水和地下水。地面水主要是指江、河、湖水等，其悬浮杂质含量较高，矿物质含量相对较少，受气候、雨量和地质环境影响较大。地下水多指泉水与井水，不同地区的地下水各有特点，含悬浮性杂质较少，但含有一定量的碳酸盐和其他矿物质。自来水是经过加工后的天然水，用于印染时要考虑水中残留的氯对染料或助剂的可能影响，并使这种影响尽量减少。

党的二十大报告中提出，我们坚持绿水青山就是金山银山的理念，坚持山水林田湖草沙一体化保护和系统治理，全方位、全地域、全过程加强生态环境保护，经过不懈努力，生态文明制度体系更加健全，污染防治攻坚向纵深推进，绿色、循环、低碳发展迈出坚实步伐，生态环境保护发生历史性、转折性、全局性变化，我们的祖国天更蓝、山更绿、水更清。鉴于我国水资源比较缺乏，从节水节能、环境保护的角度出发，印染企业应将废水处理后进行回用，提高工业用水的重复利用率。

2. 印染用水指标

为确保染色纺织品的质量，印染用水的水质需满足以下要求：无色、无臭、透明溶液，pH 在 6.5~7.4，总硬度控制在 0 ~ 60mg/kg，铁离子浓度小于 0.1mg/kg，锰离子浓度小于 0.1mg/kg，碱度范围控制在 35~64mg/kg，溶解的固体物质浓度为 65~150mg/kg，印染工业用水指标见表 3-1。

表 3-1 印染工业用水指标

水质项目	指标	水质项目	指标
透明度/cm	>30	铁含量/（mg/L）	≤0.1
色度（铂钴度）	≤10	锰含量/（mg/L）	≤0.1
pH	7~8	悬浮物含量/（mg/L）	<10

续表

水质项目	指标	水质项目	指标
耗氧量/（mg/L）	<10	硬度	①水硬度<1.5mmol/L，可全部用于生产 ②1.5mmol/L＜水硬度＜3mmol/L，大部分可用于生产，但染料溶解应使用硬度≤0.35mmol/L的水，皂洗及碱液用水的硬度最高为1.5mmol/L

印染用水的色度、浊度、pH、硬度、盐铁含量等指标有严格的要求。其中硬度是主要监测指标，主要表示水中钙、镁等盐类杂质含量的多少。盐类杂质含量越多，硬度则越高。天然水一般分为暂时硬度和永久硬度。暂时硬度是指经过煮沸，水中的钙、镁等盐类杂质能以沉淀的形式而析出。永久硬度是指这些盐类杂质不能用煮沸的方法去除，必须经过化学处理才能除去。硬度的表示方法通常是以一百万份水中所含碳酸钙的份数来表示，一般用 mg/L表示，或简称 ppm。

水的硬度过高会对染色纺织品产生不良影响。如钙、镁离子能与肥皂或某些染料结合形成沉淀物，一方面增加助剂的消耗量，另一方面沉淀物会沉积到织物表面，对织物的色泽、均匀度、鲜艳度及手感等产生不良影响。此外，水中的氯化物也会造成某些染料染色纺织品色牢度的降低。

3. 印染工业回用水水质指标

《纺织染整工业回用水水质》（FZ/T 01107—2011）标准中规定了回用水的术语和概念，指的是废水被处理后能够被重新循环利用的那部分水资源，又称污水再利用。同时，标准中还规定了纺织染整工业回用水的应用范围、水质控制要求及水质指标测定方法。

FZ/T 01107—2011 中关于回用水的应用和水质控制要求如下：

（1）根据生产工艺要求，回用水可用于一般漂洗工序或杂用，但最后一道水洗要慎用，不宜用于配料、溶解染料、助剂或打小样等。

（2）回用方式。将回用水直接用于部分生产工序和杂用，掺一定比例净水后使用。

（3）根据生产工艺、产品质量要求和回用水实际水质，应经过小试、生产性试验后，确定回用量和回用方式。

（4）回用水水质指标及其限值应按表 3-2 要求控制。

表 3-2 纺织染整工业回用水指标及其限值

水质项目	指标	水质项目	指标
pH	6.5~8.5	铁含量/（mg/L）	≤0.3
化学需氧量（COD）/（mg/L）	≤50	锰含量/（mg/L）	≤0.2
悬浮物/（mg/L）	≤30	总硬度（CaCO_3计）/（mg/L）	≤450

续表

水质项目	指标	水质项目	指标
透明度/cm	≥30	电导率/（μS/cm）	≤2500
色度（稀释倍数）	≤25		

注　透明度可以通过浊度的测定进行换算，换算关系见 FZ/T　01107-2011 附录 A。

印染企业用水水质指标随纤维原料、产品色泽以及生产工艺等不同而有所差异，因此，在制订回用水水质指标时，应综合考虑印染企业的产品、工艺、工序、水量、染料和助剂种类等因素，以及企业的供排水系统和污水再生回用系统。

（二）水的软化

硬度较高的水不适宜直接用于印染加工，一般需先进行软化处理。软化硬水的方法通常有沉淀法、络合法、离子交换法和其他方法。

沉淀法常使用石灰和纯碱作为处理剂，使水中的钙、镁离子分别形成碳酸钙和氢氧化镁沉淀而从水中除去，降低水的硬度。

络合法利用无机型或有机型络合剂，如六偏磷酸钠、胺的醋酸衍生物（EDTA）等，水中钙、铁、铜等离子与其反应生成水溶性螯合物而被除去，降低水的硬度。

离子交换法通过离子交换树脂，将硬水中的钙、镁离子吸附在树脂上，同时释放出钠离子，从而降低水的硬度。常用的离子交换剂有泡沸石、磺化煤和离子交换树脂三种。其中由于离子交换树脂具有机械强度好、化学性质稳定及使用周期长等优点，成为工业中常用的软水助剂。

随着科技的发展，逐渐出现了新型软化硬水的方法，如电渗析法和磁化法等。电渗析法利用外加电场的作用，使水溶液中的阴、阳离子会分别向阳极和阴极移动，若中间再加上一种交换膜，就可实现分离钙、镁离子的目的。磁化法是利用磁化器将水中的硬度物质磁化处理，从而达到软化水的目的。这种方法无须使用任何化学物质，对环境没有污染，同时也不会改变水的化学成分，具有广泛的应用前景。

三、染料在水中的状态

染色时首先要将固体染料配制成一定浓度的染液。在水中，染料可存在电离、溶解、分散和聚集四种状态。

3-2　染料在染液中的状态

（一）染料的电离

电离是指电解质在水溶液或熔融状态下离解成带相反电荷并自由移动离子的一种过程。某些离子型染料在水溶液中会发生电离，从而使染料母体带上电荷。其中，阴离子型染料电离后，染料母体带负电荷，这些负电荷基团通常为磺酸基、硫酸酯基、羧基等，而离解下来的通常为钠离子。直接染料、活性染料、酸性染料、可溶性还原染料等都是此类染料的代表。酸性红 G 在水中的电离如图 3-3 所示。

阳离子型染料电离后，染料母体带正电荷，正电荷性基团通常为季铵离子，离解下来的

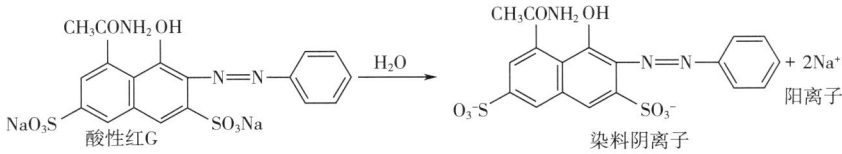

图 3-3 酸性红 G 在水中的电离

阴离子一般为氯离子或硫酸根离子。阳离子染料的电离通式如下：

$$DX \longrightarrow D^+ + X^-$$

式中：D^+ 为染料阳离子；X^- 为阴离子。

（二）染料的溶解

当染料投入水中，染料晶体结构因受水分子的极性作用而被破坏，染料能以单分子态与水化合而均匀地分布在水中，这一过程称为染料的溶解。形成的这一体系称为染料溶液，它通常是澄清、透明的。

影响染料溶解度的因素比较多，主要包括染料的结构、染料相对分子质量、染液 pH、温度、染液中加入的助剂等。染料分子结构复杂、相对分子质量大，具有同平面的共轭体系，当染料分子间的作用力强时，染料溶解度相对较低。一般而言，改变染液的 pH 若有利于染料的电离或离子化，则也有利于染料的溶解。随着染液温度提高，染料粒子运动速度加快，且由于染料溶解一般都是吸热反应，因此温度提高会增大染料溶解度。染液中加入电解质会降低离子型染料间的库仑斥力，使染料的溶解倾向显著降低，甚至出现沉淀。当染料浓度高时，单位体积内染料的数量相对较多，相互撞击概率大，聚集倾向增加，导致溶解度降低。染料的溶解度一般用每升水中所能溶解染料的克数表示（g/L）。

（三）染料的分散

当染料投入水中，染料晶体结构不受水分子的极化作用，染料只能以晶体状态的形式均匀分布在水中，这一过程称为染料的分散。所形成的体系称为染料分散液或染料悬浮液，它通常是混浊、不透明的。

分散染料、还原染料为难溶性染料，在水中的溶解度很小。染色时，这些染料在水中主要以分散状态存在，即染料颗粒借助分散剂（表面活性剂）的作用，与分散剂的疏水端相吸附，依靠分散剂的亲水基分散在溶液中，形成稳定的悬浮液。在染液中，一部分染料以细小的晶体状态悬浮在染液里，一部分染料溶解在分散剂的胶束里，还有小部分染料呈溶解状态，这三种状态保持一定的动态平衡。还原染料和分散染料染色时，必须保证染液的分散稳定性，若染液的分散稳定性下降，则染料粒子易沉淀，极易在布面形成染疵。染料的分散稳定性与染料颗粒的大小、染液温度、电解质、分散剂定性能等有关。若染料颗粒过大，容易发生沉淀，一般要求染料颗粒小于 $2\mu m$；染液温度升高，染液分散稳定性变差，甚至导致沉淀；染液中加入电解质，会使染液的分散稳定性降低；分散剂的分散性能对染液稳定性有很大影响。

（四）染料的聚集

电离后的单离子染料或溶解后的单分子染料可能会聚集在一起，形成染料的聚集态，这个过程称为染料的聚集。

在染液中，染料离子之间或染料离子与染料分子之间也存在作用力，使染料离子或染料分子发生不同程度的聚集，形成染料聚集体，从而导致染液稳定性下降。

染料的聚集是染料溶解的逆过程。一般情况下，染料在水中的溶解与聚集是一个可逆反应，因此，任何不利于染料溶解的因素均有利于染料的聚集。

实际染色过程中，染料在水中以多种状态存在。当染料以离子和单分子状态存在时，对纤维具有上染能力，有利于染色的进行。染液中染料离子、染料分子及其聚集体之间保持着动态平衡，即聚集与解聚的平衡。染色时，染料对纤维的上染是以单分子或离子状态进行的，随着染液中染料分子不断上染纤维，染液中单分子或离子状态的染料浓度会逐渐降低，染料聚集体则不断解聚，直至染色达到平衡。因此，提高染料的溶解度，控制染料的聚集程度，对染料的上染尤为重要。

四、纤维在水中的状态

当纤维投入染液中后，纤维的形态、性质将会发生一系列的变化，其中对染色影响较大的是纤维在染液中的吸湿膨胀和带电现象。

3-3　纤维的吸湿膨胀
及带电现象

（一）纤维的吸湿膨胀

纤维在结构中通常包含结晶区和非晶区两个部分。在纤维结晶区内，分子链排列较整齐，结构紧密，水及染料分子很难进入；在纤维非晶区内，分子链无规则排列，当纤维投入染液中时，水分子进入纤维非晶区，导致纤维吸湿发生膨胀，这种膨胀使纤维分子链间的微隙增大，有利于染料上染。

纤维的吸湿性直接影响纤维的染色性能。不同的纤维，由于其结构不同，其吸湿能力也不同。纺织纤维的吸湿能力可以用一定条件下纤维的回潮率来衡量，即纤维含水重量占纤维干重的百分比，公式如下：

$$回潮率 = （纤维湿重 - 纤维干重）/纤维干重$$

常见纺织纤维的公定回潮率及吸湿膨胀率见表 3-3。

表 3-3　常见纺织纤维的公定回潮率及吸湿膨胀率

纺织纤维	公定回潮率/%	吸湿膨胀率/%	
		横向（直径）	纵向
棉	8.5	20~23	1.1
苎麻	13	20~21	0.37
羊毛	15~16	14.8	1.2~2
桑蚕丝	11	16.3~16.8	1.3~1.6

续表

纺织纤维	公定回潮率/%	吸湿膨胀率/%	
		横向（直径）	纵向
黏胶纤维	13	35	2.7~7
涤纶	0.4	—	
腈纶	2	—	
锦纶	4.5	1.9~2.6	2.7~6.9
醋酯纤维	7	—	
维纶	4.5~5	—	

注　公定回潮率测试条件为温度20℃，相对湿度65%±3%。

　　纺织纤维在染液中除了会吸湿之外，还会发生膨胀。一般而言，亲水性纤维（如棉、黏胶纤维、桑蚕丝、羊毛等）易发生吸湿膨胀，而疏水性纤维（如涤纶、腈纶等）不易发生吸湿膨胀。常见纺织纤维在水中的吸湿膨胀率见表3-3。

　　纤维的吸湿膨胀有利于染料的上染，因此，在染色之前通常先对纤维进行温水浸渍或汽蒸处理，让纤维充分吸湿膨胀。这不仅能提高染料的上染量，还能提高染色制品色泽的匀染性和鲜艳度。

（二）纤维与水的作用

1. 纤维在水中带电的原因

　　将纤维投入水中时，其表面通常会带上一定量的电荷。在中性或碱性水溶液中，纤维表面一般带负电荷。表3-4列出了常见纺织纤维在水中的表面电位。纤维在水溶液中表面带有电荷的主要原因有三点：

　　（1）纤维分子中原有的羧基、磺酸基等基团在水溶液中发生电离（如腈纶），或纤维分子中因氧化（如在漂白过程中）而产生的羧基在染液中发生电离释放出氢离子，从而使纤维表面带有负电荷。

　　（2）纤维上的某些基团在极性水中发生极化，负极面向水，使纤维表面带有负电荷。

　　（3）由于纤维的介电常数小于染液的介电常数，由经验规则可知，在接触的两相之间，介电常数小的物质通常带负电，介电常数大的物质带正电，因此，在染液中纤维表面带负电。

表 3-4　常见纺织纤维在水中的表面电位

纤维	表面电位/mV	纤维	表面电位/mV
腈纶	−44	醋酯	−28
涤纶	−32~−40	锦纶66	−22
羊毛	−31	棉	−17

值得注意的是，羊毛、桑蚕丝等蛋白质纤维，属于两性纤维，其分子结构既含酸性基团（羧基），又含碱性基团（氨基）。蛋白纤维所带电荷的电性与染液的 pH 有关。当染液的 pH 高于纤维等电点时，纤维上的羧基电离，纤维带负电；当染液的 pH 低于纤维等电点时，纤维上的氨基离子化，纤维带正电；当染液的 pH 等于纤维等电点时，纤维的正、负电性相等，这时纤维呈电中性。

2. 界面动电现象和动电层电位

在染色体系中，染料和纤维在水中都带有一定的电荷。纤维与染料在染液中的带电离子分布情况如图 3-4 所示。图中曲线 a 表示与纤维表面电荷电性相反的离子，曲线 b 表示与纤维表面电荷电性相同的离子。

染料在染液中所带电荷与纤维所带电荷电性相反时，染料与纤维之间为静电引力，使带电离子有靠近纤维表面的趋势。越靠近纤维，染料浓度越高。染料在染液中所带电荷与纤维所带电荷电性相

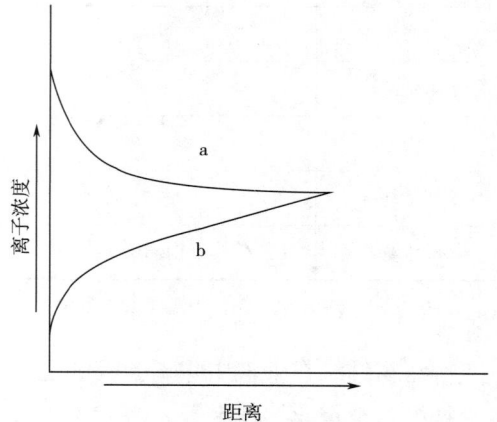

图 3-4　纤维与染料在染液中带电离子分布情况

同时，其为静电力斥力，使带电离子有远离纤维表面的趋势。距离纤维越远，染料浓度越高。同时，由于带电离子自身的热运动和染色时的搅拌作用，有使带电离子分布均匀的趋势。这两种作用力综合作用的结果，使带有与纤维表面电荷电性相反的离子，其浓度随着与纤维表面距离的增加而逐渐降低，直到和染液深处一样，如图 3-4 中曲线 a 所示。相反，带有与纤维表面电荷电性相同的离子，其浓度随着与纤维表面距离的增加而逐渐提高，直到和染液深处一样，如图 3-4 中曲线 b 所示。

进一步研究表明，染料在水溶液中带有不同性质的电荷，其上染纤维时，纤维界面会出现不同的电位变化，就会出现吸附—扩散双电层。

图 3-5 表示纤维在水中时的吸附—扩散双电层情况。纤维在水中通常带有负电荷，其表面能强烈地吸附部分带有与纤维表面电荷电性相反的离子，形成所谓的吸附层或固定层。吸附层以外的部分称为扩散层。当在外力的作用下，纤维和染液发生相对运动时，吸附层一般与纤维表面不发生相对位移，而扩散层与吸附层会发生相对位移。由此可见，纤维对外部相反离子的吸附形成了两层结构，即吸附层和扩散层，这就是界面双电层。

在外力作用下，吸附层和扩散层之间相对运

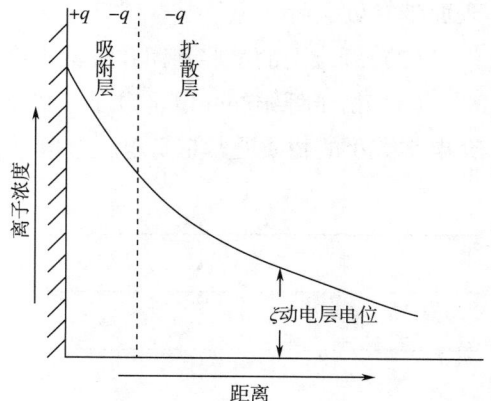

图 3-5　吸附层与扩散层

动的现象称为界面动电现象。由于吸附层随纤维运动,所以在外力作用下纤维和染液相对运动的滑动面并不是纤维与染液的界面,而是吸附层和扩散层间的界面。吸附层和扩散层之间形成的双电层又称为动电层。吸附层表面与染液深处间的电位差称为动电层电位,或称 ξ 电位。常见纤维的动电层电位见表3-5。

表3-5　常见纤维的动电层电位

纤维	动电层电位/mV	纤维	动电层电位/mV
棉	−40~−50	涤纶	−95
羊毛	−40	腈纶	−81
蚕丝	−20	维纶	−114~−125
锦纶6	−59~−66	丙纶	

3. 纤维带电现象对染色的影响

由染色的概念可知,染色是染料由染液中向纤维上自动转移的过程。染料这一转移过程取决于染料与纤维之间的吸引力,即亲和力。亲和力包括分子间力和静电力。其中,分子间力表现为引力,而静电力的性质(引力或斥力)则取决于纤维表面和染料所带电荷的电性。当纤维表面和染料带有异号电荷时,静电力为引力;当纤维表面和染

3-4　纤维带电现象
对染色的影响

料带有同号电荷时,静电力为斥力。另外,分子间力与静电力的作用距离也有较大的差异。由于分子间力的大小与分子间距离的六次方成反比,所以作用距离较近。而静电力的大小与分子间距离的平方成反比,所以相对于分子间力而言,作用距离较远。

当染料与纤维表面带有异号电荷时,由于纤维与染料间的分子间力和静电力均为引力,合力较大(如图3-6中下半部分所示)。此时,染料离子浓度随与纤维表面距离的增大而减小,与图3-7中曲线a趋势符合。在这种情况下,染料上染纤维较容易,上染速率较快,上染量较大。

当染料与纤维表面带有同号电荷时,由于纤维与染料间的分子间力为引力,静电力为斥力,合力较小(如图3-6中上半部分所示)。在纤维表面近距离内,分子间力起主导作用,即引力大于斥力,此范围内染料离子浓度大于染液深处的染料离子浓度。而在此范围外,静电力起主导作用,即斥力大于引力,染料离子浓度小于染液深处的染料离子浓度,与图3-7中的曲线b趋势符合。在这种情况下,当染料从染液中向纤维表面移动并靠近纤维时,染料分子就必须先克服静电斥力(电位壁垒)。因此,染料分子必须具有一定能量(相当于斥力的最大值),即染色活化能,才能成功上染。因此,染料上染较困难,上染速率较慢,上染量较低。

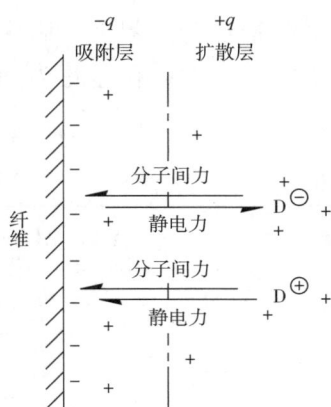

图 3-6 染料离子与纤维间作用力

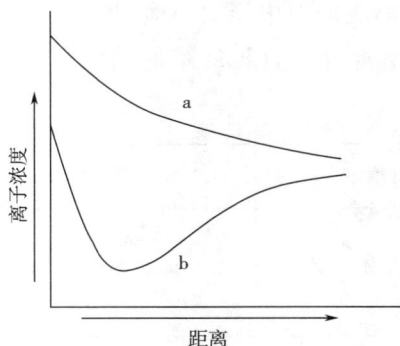

图 3-7 染料离子在纤维表面附近的浓度分布

因此，当染料与纤维带有异号电荷时，有利于染料的上染；当染料与纤维带有同号电荷时不利于染料的上染。因此，要借助其他方法克服壁垒促使染料上染，如加热升温、加入促染剂等。

五、助剂的作用

（一）盐效应

在染色过程中，为了提高染色速率和染料的利用率，通常会加入硫酸钠、氯化钠等为代表的中性电解质。在染色过程中加入中性电解质后对染料上染（如上染速率、上染百分率等）的影响就是盐效应。染色体系的盐效应一般分为促染与缓染两种。

3-5 染色的盐效应

促染效应是指在染色过程中加入中性电解质后能加速染料的上染过程，如直接染料、活性染料上染纤维素纤维。当纤维在水中带有负电荷，染料在水中也带有负电荷时，染料与纤维之间存在静电斥力，染料无法自动上染纤维，染料上染量少，上染速率慢。此时，在该染色体系中加入中性电解质，能增加染料的上染量，即促染效应。比如在上述染色体系中加入硫酸钠或氯化钠，染液中钠离子浓度提高，由于静电引力的作用，钠离子在纤维表面附近的溶液内的浓度较高，纤维对带有异号电荷的钠离子的吸引，中和了纤维所带的部分电荷，从而降低了动电层电位的绝对值，减小了染料离子与纤维表面间的静电斥力，即降低了染色活化能。同时纤维表面所带电荷量的下降也减弱了纤维表面的吸附力，使纤维表面的吸附层变薄，从而缩短了染料在纤维表面吸附层内的扩散时间，所以最终起到了促染的效果。

缓染效应是指在染色过程中加入中性电解质能延缓染料的上染过程，如阳离子染料上染腈纶。当纤维在水中带有负电荷，染料在水中与纤维带有正电荷时，染料与纤维之间存在静电引力，染料能自动上染纤维。但在短时间内染料快速上染极易发生染色不匀现象，可在该染色体系中加入中性电解质，延缓染料的上染，即缓染效应。加入中性电解质，比如硫酸钠或氯化钠后，染液中钠离子浓度提高，纤维对带有异号电荷的钠离子的吸引，中和了纤维所带的部分电荷，降低了动电层电位的绝对值，从而减小了染料离子与纤维表面间的静电引力，即降低了染色时纤维与染料间的吸引力。

在实际染色过程中，人们经常通过染色盐效应来调节、控制上染速率，从而达到提高上染率、匀染性的目的。当染料与纤维带有同号电荷时，通过盐的促染效应提高上染速率，可达到提高上染率的目的；当染料与纤维带有异号电荷时，通过盐的缓染效应降低染料的上染速率，可达到提高染色匀染性的目的。

在染色体系中，当纤维类型相同时，影响盐效应的因素主要有染料结构和盐的种类两个方面。其中，染料结构对染色盐效应的影响主要取决于染料相对分子质量的大小和染料结构中所含电性基团的数目。一般而言，染料所带电荷与质量之比（简称荷质比）越大，盐效应越明显。盐的种类对染色盐效应的影响主要取决于电解质中金属离子的化合价和离子半径的大小。实验表明，常见金属离子的促染效果的顺序为：$Na^+ < K^+ < Mg^{2+} < Ni^{2+} < Mn^{2+} < Zn^{2+} < Al^{3+}$。

（二）表面活性剂

表面活性剂是一类重要的染色助剂，种类繁多，主要有匀染剂、缓染剂、润湿剂、乳化剂、发泡剂、修色剂、增溶剂和分散剂等。其中对印染工业而言最为重要的是润湿剂、匀染剂和增溶剂。

表面活性剂分子包括非极性和极性两部分。非极性部分由脂肪烃、脂肪—芳香烃和芳香烃组成，极性部分由离子和非离子极性基团组成。非极性部分一般不溶于水，极性部分通常具有良好的水溶性，因此表面活性剂同时具有亲油和亲水两种特性。

常用表面活性剂大致可分为阴离子型、阳离子型、非离子型和两性型四大类。根据阴离子基团的不同可将阴离子型表面活性剂分为羧酸盐、硫酸盐、磺酸盐和磷酸盐等几类。其中以硫酸盐和磺酸盐类应用最多。阳离子型表面活性剂根据其种类可分为季铵盐、胺盐和双胍盐酸盐等，其中以烷基季铵盐类最为重要。根据分子结构不同可将非离子型表面活性剂可分为酯类、醚类、胺类和酰胺类等，其中以醚类最重要，例如聚氧乙烯烷基醚和聚氧乙烯烷芳基醚。两性型表面活性剂根据阴离子基种类可分为羧酸类、硫酸酯类、磷酸酯类和磺酸类。

党的二十大报告中提出，要加快发展方式绿色转型；推动经济社会发展绿色化、低碳化是实现高质量发展的关键环节。随着人民生活水平的提高，减少环境污染、保持生态平衡意识日益强烈。近年来绿色环保、易于降解的环境友好型表面活性剂越来越受重视，完全符合这一发展趋势。2022 年 12 月 29 日生态环境部、工业和信息化部、农业农村部、商务部、海关总署、国家市场监督管理总局发布了《重点管控新污染物清单（2023 年版）》（生态环境部令第 28 号），清单中明确了全氟辛基磺酸及其盐类和全氟辛基磺酰氟（PFOS 类）、全氟辛酸及其盐类和相关化合物（PFOA 类）以及壬基酚等多种新污染物的管控措施。其中规定禁止使用壬基酚生产壬基酚聚氧乙烯醚（APEO 类）。这种物质由于其毒性较大，生物降解性差，目前在纺织品中已经限制使用。

1. 表面活性剂在水中的状态

表面活性剂在水溶液中主要有单分子层膜、胶束、反胶束、微乳液、泡囊、聚合泡囊、双层类脂膜等状态，每个状态下表面活性剂结构不同，各具特点。

（1）单分子层膜。当表面活性剂浓度很低时，其溶解在水溶液中主要呈分散状态。由于表面活性剂的疏水部分不溶于水，所以疏水端伸向大气并聚集在水溶液表面，随着表面活性剂浓度增加，聚集倾向更加明显，使得水溶液表面的表面活性剂浓度远远高于水溶液内部，直至表面没有足够的水表面。表面活性剂在水溶液中的状态可描述为疏水的长链尾端平行"站立"在一起，形成表面活性剂的单分子层膜，如图3-8所示。

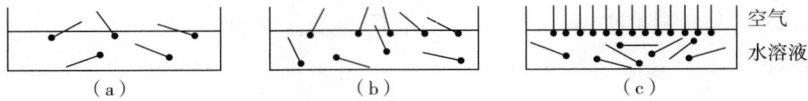

图 3-8　表面活性剂在水中单分子层膜示意图

（2）胶束。当表面活性剂在水溶液中达到一定浓度后会自动聚集在一起，50~200 个表面活性剂分子会形成类似球状、层状或棒状聚集体。在这种结构中，表面活性剂的疏水基团或链段吸引在一起，而亲水基团或链段朝向水溶液，这种聚集状态通常称作胶束或胶团。胶束的形状受到表面活性剂的种类、浓度、水溶液的温度以及共存物的性质和浓度的影响。有资料显示，表面活性剂分子在水溶液中可形成球形胶束，胶束外层是亲水端，指向水溶液，胶束内部为疏水部分。离子型和非离子型表面活性剂在水溶液中形成的球形胶束的结构如图3-9所示。

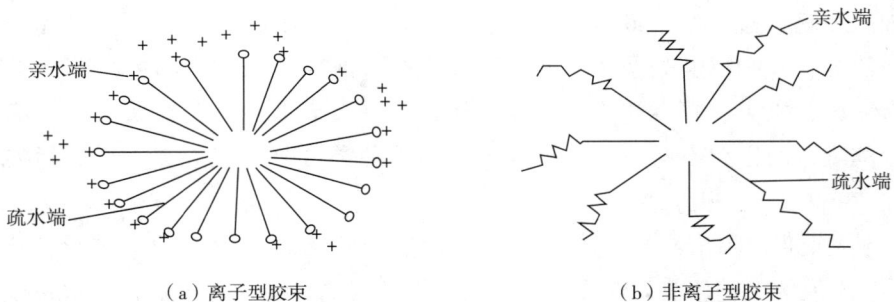

（a）离子型胶束　　　　　　　　　（b）非离子型胶束

图 3-9　表面活性剂在水溶液中形成的球形胶束的结构示意图

（3）泡囊。资料显示，天然表面活性剂类脂形成的泡囊膜在水中会膨胀形成类似洋葱一样的直径为 1000~8000Å 的多层泡囊结构。在一定温度条件下进行超声波处理，这种多层泡囊可形成直径为 300~600Å 的均一、小单层泡囊。小单层泡囊可看作是一个圆形口袋，含有 80000~100000 个表面活性剂分子，多层泡囊与单层泡囊的结构如图3-10所示。

与胶束相比，泡囊稳定性非常好。泡囊形成后在稀释时不破裂，其稳定性随表面活性剂不同而不同，短则几天，长达几个月。另外，泡囊还具有与分子膜相似的渗透压活性。如果将泡囊放到比内部电解质浓度低的稀溶液中，会产生膨胀；反之，泡囊会随着溶液电解质浓度增加而萎缩。泡囊加入表面活性剂溶液或醇中，结构会被破坏。

泡囊结构受温度影响较大。在低于相转变温度时，泡囊中的表面活性剂会排列成一定斜度的一维格子，处于一种高度有序的"固"体状态；在高于相转变温度时，它们会分离散开，形成类似液体的离散结构，处于一种"液"体状态。利用泡囊对温度敏感的特性，可以有效地控制染料、化学助剂在水中的扩散或渗透性，还可以作为药物输送载体用来缓慢释放药物，具有靶向性能。将此应用于纺织染整加工，可获得特殊的功能效果。

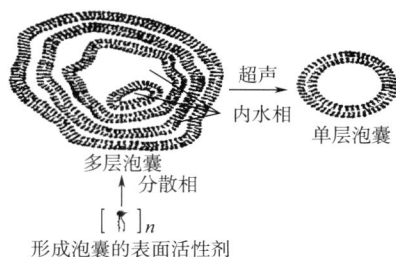

图 3-10　表面活性剂在水中形成的泡囊结构示意图

（4）双层类脂膜。双层类脂膜存在于生物体内，主要由脂质体双分子层、蛋白质与包含糖类的其他物质结合形成的双层类脂膜结构，如图 3-11 所示。有资料显示，双层类脂膜在水溶液中厚度会发生变化。随着其厚度的变化，白光入射后的反射光可依次逐渐转变为灰色、干涉色和黑色。利用双层类脂膜的这个特性，可在纤维基质上形成这种双层类脂膜，用于探索纺织品的仿生染色或其他化学加工方法。

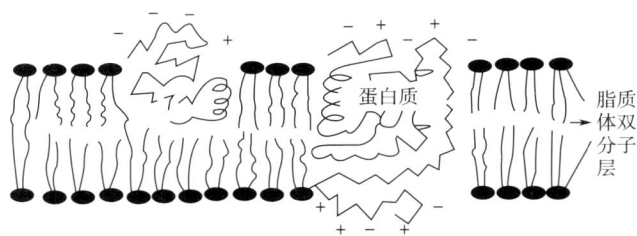

图 3-11　表面活性剂双层类脂膜结构示意图

表面活性剂在水中除了存在单分子膜、胶束、泡囊、双层类脂膜结构外，还会形成其他结构。表面活性剂的发展从最初的具有降低表面张力的作用，到如今应用于许多高精尖材料的加工制造，其性能不断提升。在纺织染整加工领域中，新型表面活性剂的合成与应用研究一直是研究的热点。

2. 表面活性剂对染色的影响

染色是指染液中的染料分子转移到纤维上，并在纤维内外分布均匀的一个动态过程。在这个过程中染料与一些化学助剂都会参与，尤其是表面活性剂，所以染色过程中染料与表面活性剂的作用对染色的影响是十分重要。

（1）缓染和匀染。除了中性电解质有缓染效应外，离子型表面活性剂也有缓染、匀染的作用。一方面，在水溶液中与纤维具有同号电荷的离子型表面活性剂对染料上染纤维存在竞染作用，可作为匀染剂。例如酸性染料染锦纶、羊毛和蚕丝时可使用阴离子表面活性剂作匀染剂。在水溶液中表面活性剂的阴离子会与染料阴离子对纤维上的阳离子染座发生竞染，减缓染料上染速度，达到匀染效果。同理，阳离子表面活性剂对阳离子染料上染腈纶也有相同的作用。另一方面，表面活性剂在水溶液中通过单分子、单分子膜和双分子膜、胶束、泡囊等状态与染料结合，束缚染料，减慢上染速度，降低上染量，可起到缓染和匀染作用。

（2）增溶和分散。表面活性剂能以单分子、单分子膜、双分子膜、胶束以及泡囊等结构与染料结合，提高染料在水中的溶解度和分散稳定性。染料虽然不能以单分子状均匀分散在水溶液中，但也接近于溶解状态，即助剂增溶状态。染料被泡囊捕获或包裹在其中，部分染料则溶解于泡囊的内部水池中，能较快释放并均匀分散在水溶液中，效果类似于增溶状态。

一般来说，阴离子型表面活性剂的分散作用，是因为其结构中的疏水基团能与染料粒子以色散力结合，结构中含有的酚基、羟基又能与染料分子中的羟基或氨基以氢键结合，在染料粒子外层形成一层双电荷层，使得染料粒子在水中互相排斥，从而形成较为稳定分散状态。有资料显示，非离子型表面活性剂增溶作用较离子型表面活性剂强，且两种表面活性剂混合使用效果会更好。

（3）染后洗涤。表面活性剂还有一种常见的功能是织物染后洗涤作用。有资料显示，一些非离子型表面活性剂，可通过单分子层膜、胶束、泡囊等状态在染液中与染料发生较强的结合，从而改善分散染料还原清洗后织物的牢度和色光稳定性。表面活性剂的这种洗涤作用是物理化学性的，一般不会破坏染料本身的化学结构，对染色织物的色光几乎没有影响。

表面活性剂还可作染后织物的修色剂。利用表面活性剂与染料的相互作用，让染料从织物上转移下来溶解于水溶液中，再重新上染纤维。此类表面活性剂要求剥色能力强，能促进染料发生移染。

在染色过程中，随纤维原料和染料结构的不同，表面活性剂有多种功能。表面活性剂在染色体系中还有以下几种功能：在纤维表面形成膜，影响光对纤维的作用，达到增深效果；改善纤维的润湿性、抗静电、拒水性及抗菌性能等；类脂泡囊类表面活性剂还可用羊毛、棉、锦纶和聚酯纤维纺织品加工，改善纤维的吸水性，使羊毛未精练就可以直接进行染整加工。

六、少水染色

纺织染整行业是用水量、耗水量较大的工业部门之一，而染色工序消耗水量约占纺织染整行业总用水量的2/3。**党的二十大报告中提出，统筹水资源、水环境、水生态治理，推动重要江河湖库生态保护治理，基本消除城市黑臭水体。**2022年6月21日，工信部、水利部、国家发展改革委、财政部、住房城乡建设部、市场监管总局六部门联合印发了《工业水效提升行动计划》（以下简称《行动计划》）。《行动计划》中明确提出，到2025年全国万元工业增加值用水量较2020年下降16%。重点用水行业水效进一步提升，其中纺织、食品、有色金属行业主要产品单位取水量下降15%。以纺织染整行业为例，纱线/针织印染布2020年单位产品取水量为95m³/t，2025年单位产品取水量预期下降率为10%；机织印染布2020年单位产品取水量为1.6m³/100m，2025年单位产品取水量预期下降率为15%；涤纶长丝织物2020年单位产品取水量为1.3m³/100m，2025年单位产品取水量预期下降率为15%；锦纶长丝织物2020年单位产品取水量为1.1m³/100m，2025年单位产品取水量预期下降率为15%。随着我国生态文明建设持续推进，"绿水青山就是金山银山"理念深入人心，"节水优先"方针深入落实，为了助力"十四五"纺织行业绿色发展，有效缓解纺织染整工业的取水压力，少水、无水染色技术的热点研发，如小浴比染色、低给液泡沫技术、超临界CO_2染色、溶剂染色等，少水染整设备的推广与使用，结构生色技术也有所突破。

（一）少水染整设备

1. 小浴比染色设备

有资料显示，传统的溢流染色机染色浴比一般为1∶8~1∶12，每加工1t布的耗水量为120~180t；而小浴比溢流喷射染色机浴比为1∶5~1∶6，每加工1t布的耗水量为80~90t，相比传统溢流染色机，节水达33%~50%。小浴比溢流喷射染色机可应用于棉及其混纺织物的染色，也可用于织物前处理及柔软整理，设备成本低于气流染色机，目前在许多印染企业都有应用。例如，恒天立信旗下的Then（特恩）SMARTFLOW TSF染色机，能耗和耗水率较低，在缸体体积缩小的情况下，载布量可达到300kg，染棉时浴比小于1∶3.5，染合成纤维时浴比为1∶2.5。

气流雾化染色设备中织物运行动力来源于气流而非水流，因此浴比较低，立信公司的Then（特恩）AIRFLOW染色机可适用高温高压和常压染色要求，浴比为1∶3~1∶4，节省染料5%~15%，节省助剂约40%。棉纤维的公定回潮率约为8.5%，而合成纤维回潮率较低，所以气流雾化染色设备更适用于合成纤维织物的染色，而在染棉织物时匀染性有所欠缺。

小浴比筒子纱染色机在缩短染色时间、节省能耗、减少污水排放方面具有优势，近年来得到了快速发展与广泛应用。德国第斯（Thies）公司研发了超小浴比筒子纱染色机iCone，最小浴比为1∶3.6，节水省电，节约蒸汽约30%。该设备可与山东康平纳集团智能化筒子纱染色服务系统相配套，进行筒子纱数字化自动染色。

2. 泡沫染整加工系统

泡沫染整加工系统是以稳定的泡沫作为染液和整理液的分散介质，以空气代替大部分水来溶解分散染料，通过发泡设备使空气将染化料或整理液在水中的浓溶液或悬浮液膨胀，转化成具有一定稳定性和粒径分布的泡沫，并按工艺要求直接或间接施加到织物的表面或渗透进织物内部。较常规染色工艺，泡沫染色可精确控制给液量，不容易产生头尾色差。通过控制喷入深度可实现纺织品的单面染色。有资料显示，泡沫染整的带液率可低至10%~30%，可节水约40%，节能约50%，节约染化料约20%。但是，在实际生产中如何保证织物的匀染性是一大难题，其影响因素较多，主要有染料性能（如直接性）、泡沫施加的均匀性和泡沫稳定性等。泡沫染色多应用于地毯、绒类厚重织物及多彩染色。

上海誉辉化工有限公司自主研发了爱沫（Neovi-foam）泡沫发生器和施加器，创造性地解决了传统施加方式所出现的不稳定泡沫易提前破裂与稳定性过高泡沫不易破裂之间的矛盾，解决了原有泡沫染整设备泡沫横向均匀度不稳定，容易造成织物染色不均匀的难题，即"非稳定泡沫的横向均匀"问题。该设备曾被应用于华纺股份有限公司、美欣达集团、青岛凤凰印染有限公司等企业。

（二）少水染色技术

1. 超临界 CO_2 染色

超临界 CO_2 是指温度和压力处于 CO_2 临界点（温度 31.1℃，压力 7.38MPa）以上的一种区别于其气态和液态的流体状态。其密度与液体相近，具有与液体相似的溶质溶解性；黏度与气体相似，具有较好扩散和渗透性。超临界 CO_2 染色是指将 CO_2 加热加压到既非气体也非液体的超临界流体状态，由循环泵打压到染料釜内溶解染料，再携带染料分子在染色釜内上染织物。染色结束后，超临界 CO_2 减压、降温后气化，使得未上染染料析出并留在分离釜中，而气态 CO_2 通过冷凝器液化为液态流体后返回存贮罐。其染色过程如图 3-12 所示。超临界 CO_2 染色条件一般为压力 20~30MPa，染色温度 80~160℃，染色时间 1~3h，染色完成后剩余染料和 CO_2 均可回收并循环使用。

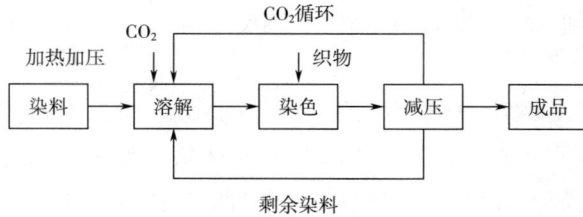

图 3-12　超临界 CO_2 染色过程示意图

超临界 CO_2 作为水的替代品用作染色介质，已成功应用于涤纶织物的分散染料染色。染色后织物为干燥状态，无须烘干，相比传统染色节能 20% 以上；染色时无须分散剂，染色后织物表面的浮色可用超临界 CO_2 流体循环清洗，无须还原清洗，节约成本；残余染料以粉末状被完全回收利用，无污水排放，实现染色零污染，是纺织印染行业的一次技术革命。

超临界 CO_2 染色装置的研发最早见于德国西北纺织研究中心（DTNW）。1989 年德国西北纺织研究中心研制了首台静态超临界 CO_2 染色实验装置，主要包括一个 400mL 的高压釜体和一个可搅拌经轴。1991 年，德国西北纺织研究中心与德国 Jasper 公司合作开发配有染液搅拌装置的超临界 CO_2 染色样装置，其染色釜容积 67L，可用于筒纱染色实验。2018 年，山东即发集团经过多年的产学研合作研发，拥有了世界首条 1200L 拥有自主知识产权的无水染色产业化示范生产线。2021 年即发集团的无水染色产能可达 1000 吨/年，淡水资源可节约 10 万吨/年。无水染色技术让传统的纺织染整工业也充满了黑科技，充分体现了党的二十大报告中"实现高水平科技自立自强，进入创新型国家前列"的指导思想。

有资料显示，超临界 CO_2 染聚酯纤维及其纺织面料的染色机理及染色工艺已经成熟，工业化应用中大多数技术难题也已解决，但是超临界 CO_2 应用在天然纤维以及锦纶、腈纶、聚乳酸纤维染色时，为了提高织物的色深和染色牢度，仍需要在染料中加入表面活性剂、改性剂等。2001 年，我国大连工业大学率先开始研究天然纤维超临界 CO_2 无水染色工艺与装备；2005 年，其与光明化工研究设计院产学研合作，共同研制了适合天然纤维的超临界 CO_2 无水染色试验装置，且在小样试验获得成功；2009 年，又研制了中试生产规模的工程化设备，实现染色关键装置的可视化，为散纤维和成衣染色方面产业化奠定基础。有研究发现，超临界 CO_2 还可应用于织物的前处理以及后整理加工过程，但在推广过程中存在成本高、设备稳定性差、使用寿命短等问题。

2. 非水介质染色

非水介质染色通常是以有机溶剂代替全部或部分水，对纺织纤维或面料进行染色的一种方法，其优点是极大减少水的用量，溶剂可回收循环利用。20世纪初日本的研究人员就提出了溶剂染色，但由于工艺不成熟，最终未能实现产业化。近年来，随着水污染问题日趋严重，环保法规逐渐完善，印染用水排水被严格控制，溶剂染色成为研究热点。

由于极性和非极性溶剂对不同染料的溶解性不同，因此要根据纤维和染料的特性，选择不同的溶剂或混合溶剂进行染色。而且，所选的溶剂对染料具有良好的溶解度的同时，必须是安全、可循环利用，更要符合纺织产品相关的国际、国家标准与法规。国内外研究较多的有十甲基环五硅氧烷（D5）非水介质染色、液体石蜡（LP）、二甲基亚砜（DMSO）、二甲基乙酰胺（DMAC）混合溶剂以及棉籽油/水体系和乙醇/水体系等，主要用于分散染料染涤纶、活性染料染棉等。

（1）活性染料非水介质染色。活性染料在水溶液中为阴离子型，不溶于非极性溶剂。极性溶剂可以很好地溶解活性染料，但单独使用极性溶剂对纤维素纤维进行染色时，染色效果并不理想。所以，采用非极性与极性溶剂混合体系进行染色。活性染料非水介质染色的原理如图3-13所示。选用一种既不能溶解染料，也不能和水相溶的非极性溶剂来替代水。由于非水介质与纤维及染料之间没有作用力，而活性染料水溶液与棉纤维有很好的亲和力，该体系中水只有原来的10%，所以染色体系中棉纤维可将系统中水溶液全部吸尽，极大地提高了活性染料的上染率和固色率。与传统活性染料相比，可无须加盐实现100%的上染率。

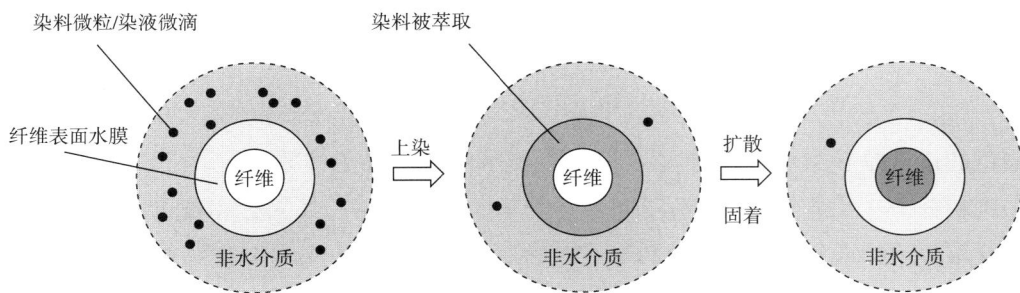

图 3-13 活性染料非水介质染色的原理示意图

国内高校科研工作者研究了多种混合溶剂体系对棉纤维的染色效果，如硅基非水介质、棉籽油/水两相体系（CWDS）、二甲基亚砜/碳酸二甲酯混合溶剂体系、二甲基乙酰胺/二甘醇二甲醚混合溶剂等。研究发现，少量水溶液不仅能溶胀棉纤维，而且可降低活性染料水解，对于不同类型的活性染料来说，其上染率最高可达100%，固色率最高可达到90%以上。活性染料非水介质染色的优势是减少染料的无效水解，实现少（无）水、少碱、无盐染色，同时达到水介质染色的各项色牢度。残液循环染色，无污染排放。该技术为纺织品的清洁染整与可持续发展奠定基础，并在新疆地区开展实施，2021 年浙江绿宇纺织科技有限公司控股子公司，新疆绿宇清纺织科技有限公司在新疆生产建设兵团一师阿拉尔市建设非水介质染色推广平台。

（2）分散染料非水介质染色。国内外研究学者研究了以液体石蜡（LP）、十甲基环五硅氧烷（D5）等非水介质对分散染料染涤纶的效果。有研究人员将液体石蜡作为非水介质，探讨了分散染料对涤纶的染色性能。结果发现，在一定条件下，分散染料在液体石蜡（LP）、十甲基环五硅氧烷（D5）等非水介质中对涤纶的上染率比在水溶液要低，仅 43% 左右。此外，分散染料在液体石蜡非水介质中得色量较十甲基环五硅氧烷低。值得注意的是，非水介质体系染色织物的色牢度与常规水浴染色织物的色牢度相当，但染色后织物表面的低聚物含量明显降低。分散染料在非水介质中染色还存在一些难题，如分散染料在液体石蜡等非水介质体系中上染率偏低、染料利用率较低造成的溶剂回收难度较大、非水介质体系染色对防火及染料类别的要求等，今后还须进一步深入研究染料分子结构与溶解度之间的关系，探索促染剂提高上染率的作用机理，加强相应染色设备的更新改造，促进非水介质染色技术的不断发展。

3. 电化学染色

靛蓝是牛仔面料染色中最常用的还原染料，其染色过程一般需要先使用大量碱剂和还原剂将其还原成水溶性隐色体钠盐再上染纤维或织物，导致印染废水处理难度大，容易造成环境污染。伴随着环保要求的提高以及牛仔染色污染事件的曝光，相关染色设备制造商和染料制造商提出了一些绿色解决方案，提高了牛仔染色加工的生态环保性。SEDO 公司曾推出针对靛蓝染色研发的 SEDO Smart-Indigo™ 设备，通过电还原的方式产生靛蓝隐色体，从而替代保险粉。

任务二　染色过程

3-6　染色的基本过程

染色的过程是在染料、纤维（或织物）和水构成的染色体系中完成的。染料分子、纤维分子、水分子间存在分子间相互作用，如果存在染色助剂，那么染料分子、纤维分子、水分子与染色助剂分子间也存在相互作用。染料分子和纤维分子之间的作用力是决定染料上染的关键因素。就染色过程而言，一般可分为三个阶段，即染料的吸附、染料的扩散和染料的固着。通常将吸附和扩散这两个阶段称为上染阶段。

一、染料的吸附

染料的吸附是指染料由染液中转移到纤维表面的过程。当纤维投入染液中后，由于染料与纤维间存在着亲和力，所以染料便很快地被吸附到纤维的表面。在这个过程中，染料从染浴中吸附上纤维的速度与它从纤维上解吸的速度相等时，染料在纤维上的吸附量不再随时间的延长而增加，就会达到染色平衡。染料的吸附阶段是染色过程中的重要阶段，它对染料染色平衡时的上染百分率（即平衡上染百分率）的大小起着十分重要的作用。

（一）平衡上染百分率和上染百分率

1. 平衡上染百分率

平衡上染百分率（A_∞）是指染色达到平衡时，纤维上的染料量占投入染浴中染料总量的百分数。其数学表达式如下：

$$A_\infty = [D]_{f\infty} / [D]_T \times 100 = [D]_{f\infty} / ([D]_{f\infty} + [D]_{s\infty}) \times 100$$

式中：A_∞ 为平衡上染百分率；$[D]_{f\infty}$ 为染色平衡时纤维上的染料量；$[D]_{s\infty}$ 为染色平衡时残留在染液中的染料量；$[D]_T$ 为染色时投入染浴中的染料总量。

平衡上染百分率是表征染色限度的指标，实际应用中常用直接性来定性地描述某一染料在某一纤维上的平衡上染百分率的高低，即直接性越强，表示上染百分率越高。直接性是指染料自染浴上染纤维的能力，表示染料上染纤维的性能或染料与纤维间作用力的大小，也没有明确的数值表示其大小。直接性与染料、纤维有关，还受到如染液浓度、染色温度、助剂等外界因素的影响。当纤维和染料一定时，平衡上染百分率仅与染色温度有关。由于染色是放热反应，因此，提高染色温度，平衡上染百分率反而会下降。

2. 上染百分率

在实际染色中很少能达到染色平衡，故通常用上染百分率（A_t）来表示染料利用率的高低。上染百分率是指染色结束时，上染到纤维上的染料量占投入染浴中的染料总量的百分数。其数学表达式如下：

$$A_t = [D]_{ft} / [D]_T \times 100 = [D]_{ft} / ([D]_{ft} + [D]_{st}) \times 100$$

式中：A_t 为上染百分率；$[D]_{ft}$ 为染色一段时间时纤维上的染料量；$[D]_{st}$ 为染色一段时间时残留在染液中的染料量；$[D]_T$ 为染色时投入染液中的染料总量。

上染百分率除了受染料与纤维的性能影响外，还与染色的温度、浴比、染料浓度、染液中的助剂种类和用量等因素有关。一般而言，染料相对分子质量小，染色速率大，在规定的染色时间内能达到染色平衡，提高染色温度会降低染料的上染百分率；反之，染料相对分子质量大，染色速率小，在规定的染色时间内不能达到染色平衡，提高染色温度能提高染料的上染百分率。染浴中水越多，染色结束时遗留在染浴中的染料量就越多，染料的上染百分率则越低。当染液浓度达到一定值时，染料的上染百分率一般会随着染料浓度的提高而下降。在染液中加入促染剂通常会提高上染百分率，加入缓染剂则会降低上染百分率。

亲和力是染料在纤维上的标准化学位与染料在水溶液中的标准化学位之差。表示染料上染纤维趋势的大小，可用热力学数据表示。亲和力越大，染料从溶液转移至纤维的趋势越大。亲和力的单位用 J/mol 表示，仅与染料、纤维有关。

（二）吸附等温线

吸附等温线是指在恒定条件下，染色达到平衡时，纤维上的染料浓度与染料在染液中浓度的分配关系曲线。吸附等温线主要有以下三种形式，即分配型吸附等温线、弗莱茵德利胥型吸附等温线和朗格缪尔型吸附等温线，如图 3-14 所示。

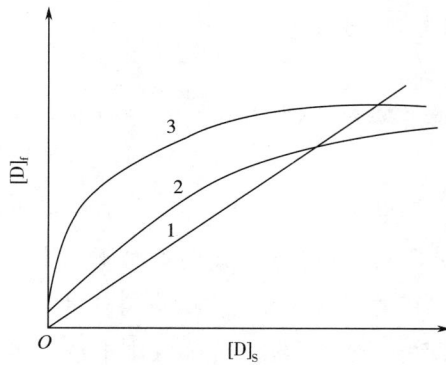

图 3-14　吸附等温线示意图

1—分配型吸附等温线　2—弗莱茵德利胥型吸附等温线　3—朗格缪尔型吸附等温线

1. 分配型吸附等温线

分配型吸附等温线又称能斯特型或亨利型吸附等温线。这种吸附等温线完全符合分配定律，即在染色平衡状态下，染料在纤维上的浓度与染料在染液中的浓度之比为常数，纤维上的染料浓度随着染液浓度的增加等比例增加，直至饱和。分配型吸附等温线可用如下经验公式表达。

$$[D]_f = K[D]_s$$

式中：$[D]_f$ 为染色平衡时纤维上的染料浓度（mol/kg）；$[D]_s$ 为染色平衡时染液中的染料浓度（mol/kg）；K 为分配系数或比例常数。

如果以 $[D]_f$ 为纵坐标，$[D]_s$ 为横坐标作图，可得到一斜率为 K 的直线，如图 3-14 中曲线 1 所示。分配型吸附等温线的代表染料主要是非离子型染料，以范德瓦尔耳斯力、氢键上染纤维，如分散染料上染涤纶、腈纶、锦纶等。

2. 弗莱因德利胥型吸附等温线

弗莱因德利胥吸附等温线符合以下经验公式：

$$[D]_f = k[D]_s^n$$

式中：k 为常数，且 $0<n<1$。

将式中的 $[D]_f$ 对 $[D]_s$ 作图，可得弗莱因德利胥型吸附等温线，如图 3-14 中曲线 2 所示。弗莱因德利胥型吸附等温线的特点是 $[D]_f$ 随 $[D]_s$ 的增加而增加，但 $[D]_f$ 的增加会逐渐趋于缓慢。弗莱因德利胥型吸附等温线属于多分子层物理吸附，代表染料有直接染料、还原染料隐色体染纤维素纤维。

3. 朗格缪尔型吸附等温线

朗格缪尔型吸附等温线符合以下经验公式：

$$\frac{1}{[D]_f} = \frac{1}{k[D]_s \cdot [S]_f} + \frac{1}{[S]_f}$$

因此，

$$[D]_f = \frac{1 + k[D]_s}{k[D]_s \cdot [S]_f}$$

式中：k 为常数；$[S]_f$ 为染料对纤维的染色饱和值。

以 $[D]_f$ 为纵坐标，$[D]_s$ 为横坐标作图可得到朗格缪尔吸附等温线，如图 3-14 中曲线 3 所示，其特点是随着 $[D]_s$ 增加，$[D]_f$ 随之增加并逐渐变缓；当 $[D]_s$ 继续增加到一定值时，$[D]_f$ 不再随 $[D]_s$ 增加而变化，达到染色饱和值。这种吸附属于化学定位吸附，该上染机理又称成盐机理。离子型染料以离子键被纤维定位吸附固着时符合这种等温线。朗格缪尔型吸附等温线的代表染料有强酸染料染羊毛、阳离子染料染腈纶。

二、染料的扩散

染料的扩散是指染料由纤维表面向纤维内部转移的过程。由于染料在纤维表面的吸附，使纤维表面染料浓度提高，从而造成纤维表面与内部间的染料浓度差。在此浓度差的推动下，染料渐渐地向纤维内部扩散，最终使染料在纤维内外分布均匀，达到染匀、染透的目的。染料在纤维上的扩散对染色速率及染色的匀染性起着决定性的作用。

（一）染色速率

在染色过程中，通常用染色速率或上染速率来表示上染或染色的快慢。染色速率通常用半染时间（$t_{1/2}$）来衡量。半染时间是指染色过程中，染料的上染量达到平衡上染量一半时所需的时间。半染时间越短，则染色速率越大，染色越快。

（二）上染速率曲线

上染速率曲线是上染率对时间的变化曲线，其反映了染色趋向平衡的速率和染色平衡上染百分率。在恒定温度条件下染色，通过测定不同染色时间下染料的上染百分率，然后以上染百分率为纵坐标，染色时间为横坐标作图，所得到的曲线称为上染速率曲线。影响染色速率的因素主要有染料的结构、纤维的性质、染色温度、染料浓度、染液与纤维间的相对运动和助剂的性质等。一般而言，染料结构简单，相对分子质量小，染料扩散性好，染色速率大；纤维结构疏松，无定形区大，吸湿膨胀性好，利于染料扩散，染色速率大；染色温度高，染料动能大，纤维膨化度大，利于染料扩散，染色速率大；染料浓度大，纤维表里染料浓度差大，利于染料扩散，染色速率大；染液与纤维间的相对运动剧烈，纤维表面吸附层薄，利于染料扩散，染色速率大；染液中加入促染剂时，染色速率大，染液中加入缓染剂时，染色速率小。

（三）匀染、移染和瞬染

染料在纤维上扩散的快慢决定了染色速率，扩散进纤维的染料分布情况又决定了染色制品的匀染性。

1. 匀染

匀染是指染料在纤维内外均匀分布的过程。它包括染料在纤维表面的均匀分布和染料在纤维内部的均匀分布，习惯上又把前者称为匀染，后者称为透染。染料在纤维表面分布不匀，会产生色差或色花；染料在纤维内部分布不匀，会产生"环染"或白芯，它将影响染色制品的耐摩擦和耐洗色牢度。染料的匀染性与染料的扩散性有着密切的关系，染料扩散越好，染料的匀染性越好。因此，有利于提高染料扩散性的因素，均能促进染料的匀染。

3-7 匀染和移染

2. 移染

移染是指染料从纤维上染料浓度高处解吸附转移至染液中，通过染液再转移至纤维上染料浓度低处重新上染的过程。移染的目的是实现均匀染色，是实现匀染的主要手段之一。移染一般需要较长的时间，性价比较低，通常只能作为匀染的辅助手段，且当染料相对分子质量较大、染料与纤维间结合力较强时，移染效果将大幅降低。

3. 瞬染

瞬染是指在染色初始阶段，由于染料分子与纤维分子之间的作用力很强，染料快速上染纤维的一种现象。瞬染极易产生染色不匀，因为染料与纤维间的强作用力，造成染料一旦吸附上纤维，很难再解吸下来。还原染料隐色体上染纤维素纤维时就易发生瞬染，因此需要严格控制染料的初始上染速率，确保染色的均匀性。

三、染料的固着

染料的固着是指扩散后均匀分布在纤维上的染料通过染料与纤维间的作用力而固着在纤维上的过程。染料与纤维间的作用力一般可分为两类：一类是化学结合力，主要包括共价键、离子键和配位键；另一类是物理结合力，主要包括范德瓦耳斯力、氢键、聚集性和电荷转移力。染料与纤维间固着力的类型及大小对染色制品的染色牢度起着决定性的作用。一般来说，化学结合力强于物理结合力时，固着力越强，染料与纤维结合越牢固，染色牢度越好。

（一）化学结合力

1. 离子键（库仑力）

离子键是指阴离子与阳离子间通过静电作用形成的化学键。离子之间同性电荷相斥，异性电荷相吸，这种离子间的斥力与引力，也叫作库仑力。典型代表有酸性染料上染羊毛和阳离子染料上染腈纶。羊毛纤维在 pH 小于等电点的酸性条件水溶液中，羊毛分子上的氨基带有正电荷（$W—NH_3^+$），酸性染料在水中电离，染料带有负电荷（$D—SO_3^-$），两者通过离子键结合；腈纶在水溶液中通常带有负电荷，阳离子染料在水溶液中电离带有正电荷，两者也是通过离子键结合。

2. 共价键

共价键通常指两个或多个原子共同使用它们的外层电子，在理想情况下达到电子饱和的状态，由此组成比较稳定的化学结构，像这样由几个相邻原子通过共用电子并与共用电子之间形成的一种强烈作用叫作共价键。

共价键结合发生在含有反应性基团的染料与纤维之间。活性染料结构中的活性基团在碱性条件下可以与棉纤维发生共价键结合，主要有亲核取代和亲核加成两类。

活性染料在上染阶段，染料分子吸附并扩散进入纤维内部。在固色阶段，纤维上的染料与纤维发生化学反应形成共价键结合而固着在纤维上，获得一定的色泽鲜艳度和良好的色牢度。

固色率是指固着在纤维上的染料量占初始投入染液中染料总量的百分数，它是评价活性染料利用率的一个重要指标。

$$固色率 = \frac{C_f}{C_0} \times 100\%$$

式中：C_f 为固着在纤维上的染料量；C_0 为初始染液中染料投入总量。

3. 配位键

配位键又称配位共价键，是一类特殊的共价键。共价键中一个原子提供共用电子，另一个原子提供空轨道，形成配位共价键。铵根离子（NH_4^+）中就包含一个典型的配位键，如图 3-15 所示，铵根离子具有四个氮氢共价键，其中一个氮氢键是配位键，由氮原子提供一对电子与氢离子共用。酸性媒染染料和酸性含媒染料上染羊毛，酸性含媒染料中的铬（Cr）原子与羊毛纤维上的氮（N）原子之间形成配位键，如图 3-16 所示。

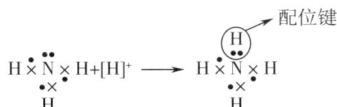

图 3-15　铵根离子配位键示意图

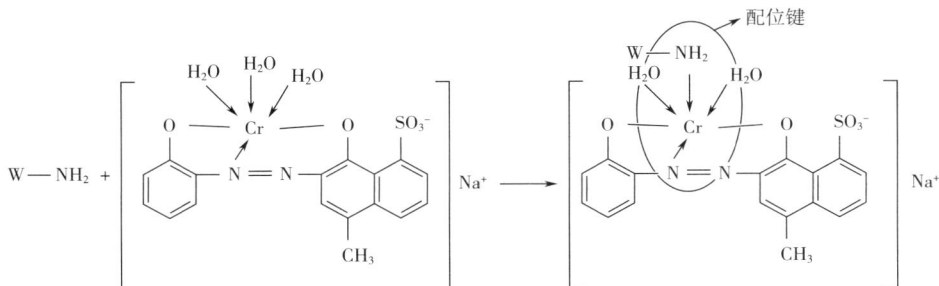

图 3-16　酸性含媒染料与羊毛纤维形成配位键示意图

（二）物理结合力

1. 范德瓦耳斯力

分子间作用力，又称范德瓦耳斯力。1873 年由荷兰物理学家范德瓦耳斯在研究分子间或晶体中质子间作用力时提出。范德瓦耳斯力有三个来源。一是偶极力，指的是极性分子的永久偶极矩之间的相互作用；二是诱导偶极力，是指一个极性分子使另一个分子极化，产生诱导偶极矩并相互吸引；三是色散力，又称伦敦力，是指分子相互靠拢时，它们的瞬时偶极矩之间产生的很弱的吸引力。

范德瓦耳斯力存在于一切分子之间。作用力的大小与染料结构、纤维结构以及两者之间距离有关。一般来说，染料的相对分子质量越大、共轭体系越长、共平面性越好，作用力就越大；染料与纤维分子间的距离越近，作用力越大。

2. 氢键

氢键是指氢原子与电负性大、半径小的原子 X（氟、氧、氮等）以共价键结合，若与电负性大的原子 Y 接近，X 与 Y 之间以氢为媒介，生成类似 X—H⋯Y 形式的一种特殊分子间或分子内的作用力。X 与 Y 可以是同一种原子，比如水分子之间的氢键。各类染料与纤维结合时，都会存在氢键，其作用力和大小不尽相同。

纤维与染料之间的各种作用力的键能及特点见表 3-6。由表可知，化学结合力中，共价键的典型键能最高，一旦形成不易断裂，所以染料与纤维以共价键结合，染色织物牢度最高；其次是配位键和离子键。物理结合力中，氢键和范德瓦耳斯作用力最弱，染料与纤维以此作用力结合，染色牢度较差。

表 3-6　纤维与染料间作用力的典型键能及作用特点

作用力类别		典型键能/（kJ/mol）	作用特点
共价键		400	短距离，不可逆
离子键/库仑力		50~250	长距离，无选择性
配位键		50~200	长距离，有方向性
氢键		5~65	短距离，有选择性和方向性
范德瓦耳斯力	偶极力	13~21	短距离，有方向性
	诱导力	6~12	短距离，有方向性
	色散力	0.5~5	短距离，无选择性和方向性

任务三　染色牢度及其测定方法

市场上琳琅满目、款式多样、功能齐全、色彩艳丽的纺织品为人们的生活添姿增彩，都希望购买的服饰质量上乘，在日常穿着和洗涤过程中不掉色、不褪色，这也是纺织品的一项基本要求。

一、染色牢度

染色牢度又称色牢度，是指染色制品在使用或后续加工过程中染料（或颜料）在各种外界因素的影响下，保持其原来色泽的能力。色牢度是根据评定试样的变色情况和贴衬织物的沾色情况来确定的，并以级数表示。

3-8　色牢度

染色牢度是衡量染色纺织产品质量的一个重要指标。染料的结构、纤维的性质、染料在纤维上的物理状态（如分散、聚集、结晶等）、染料与纤维的结合情况、染料的浓度、染色方法和染色工艺条件等均会影响到纺织产品的染色牢度。《国家纺织产品基本安全技术规范》（GB 18401—2010）标准中规定，纺织产品按最终用途可分为三类，即婴幼儿纺织产品、直接接触皮肤纺织产品和非直接接触皮肤纺织产品三大类，这三类纺织产品所涵盖的典型产品见表 3-7。该标准将婴幼儿纺织产品标记为 A 类，直接接触皮肤纺织产品标记为 B 类，非直接接触皮肤纺织产品标记为 C 类。

表 3-7 纺织产品的用途分类及典型产品

类型		典型产品
A 类	婴幼儿纺织产品	尿布、内衣、围嘴儿、睡衣、手套、袜子、外衣、帽子、床上用品
B 类	直接接触皮肤的纺织产品	内衣、衬衣、裙子、裤子、袜子、床单、被套、毛巾、泳衣、帽子
C 类	非直接接触皮肤的纺织产品	外衣、裙子、裤子、窗帘、床罩、墙布

注 1. 婴幼儿纺织产品：年龄在 36 个月及以下的婴幼儿穿着或使用的纺织产品。

2. 直接接触皮肤方纺织产品：在穿着或使用时，产品的大部分面积直接和人体皮肤接触的产品。

3. 非直接接触皮肤的纺织产品：在穿着或使用时，产品不直接与人体皮肤直接接触或仅有小部分面积直接和人体皮肤直接接触的产品。

标准中对各类纺织产品的基本安全技术指标给出了具体要求（表 3-8）。不同类别纺织产品对染色牢度有不同的要求，其主要涉及耐水、耐酸汗渍、耐碱汗渍、耐干摩擦和耐唾液等色牢度，每一项牢度都有其最低限制指标。

表 3-8 纺织产品的基本安全技术要求

项目		A 类	B 类	C 类
甲醛含量/（mg/kg） ≤		20	75	300
pH[a]		4.0~7.5	4.0~8.5	4.0~9.0
染色牢度[b]/级≥	耐水（变色、沾色）	3-4	3	3
	耐酸汗渍（变色、沾色）	3-4	3	3
	耐碱汗渍（变色、沾色）	3-4	3	3
	耐干摩擦	4	3	3
	耐唾液（变色、沾色）	4	—	—
异味		无		
可分解致癌芳香胺染料[c]/（mg/kg）		禁用		

a 后续加工工艺中需要经过湿处理的非最终产品，pH 可放宽至 4.0~10.5。

b 对需经洗涤褪色工艺的非最终产品，本色及漂白产品不要求；扎染、蜡染等传统手工着色产品不要求；耐唾液色牢度仅考核婴幼儿纺织产品。

c 致癌芳香胺清单见标准附录 C，限量值≤20mg/kg。

不同用途的纺织产品，对染色牢度的要求也不相同。室内窗帘等悬挂类装饰产品，由于洗涤次数较少，所以耐洗牢度要求较低，但长时间在阳光下暴晒，因此，耐晒牢度要求较高，同时不考核耐汗渍色牢度。对扎染、蜡染等传统手工着色产品不要求；耐唾液色牢度仅考核婴幼儿纺织产品。

二、纺织面料常规牢度及其检测方法

（一）耐皂洗色牢度

耐皂洗色牢度是指染色物在皂液等溶液中洗涤时的牢度，一般包括原样褪色和标准衬布沾色两项指标。原样褪色是指染品在皂洗前后色泽的变化。标准衬布沾色是指与染品同时皂洗的白布因染品的褪色而沾染的情况。耐皂洗色牢度是纺织产品基本安全技术规范中一项重要指标，其好坏是评定纺织品染料及印染工艺的一个主要依据，目前测试方法参考较多的是《纺织品色牢度试验耐皂洗色牢度》（GB/T 3921—2008）。

1. 测试原理

《纺织品　色牢度试验　耐皂洗色牢度》（GB/T 3921—2008）标准中将纺织品试样与一块或者两块规定的标准贴衬织物缝合在一起，将其置于皂液或肥皂和无水碳酸钠混合液中，在规定的时间以及温度中，进行机械搅动，再经过清洗和干燥，并以原样为参照，通过灰色样卡或者仪器评定试样变色和贴衬织物的沾色情况。

2. 测试方法

若试样为织物，测试方法通常为取一块大小为 100mm×40mm 的试样，夹于两块 100mm×40mm 多纤维贴衬织物之间，沿短边缝合。若试样为纱线或散纤维，则取纱线或散纤维的质量约等于贴衬织物总质量的 1/2，夹于 1 块多纤维贴衬织物及 1 块染不上色的织物之间或夹于 2 块单纤维贴衬织物之间，沿四边缝合。

按照标准制备皂液，将准备好的试样放入耐洗牢度试验仪的试验液中，在规定的洗涤温度下洗涤 30min 至 4h，取出试样后放在三级水中清洗两次，然后在流动水中冲洗至干净。去除缝线，展开试样，在不高于 60℃ 的空气中干燥，试样与贴衬仅留一条缝线连接。图 3-17 所示为纺织品耐皂洗色牢度测试方法。

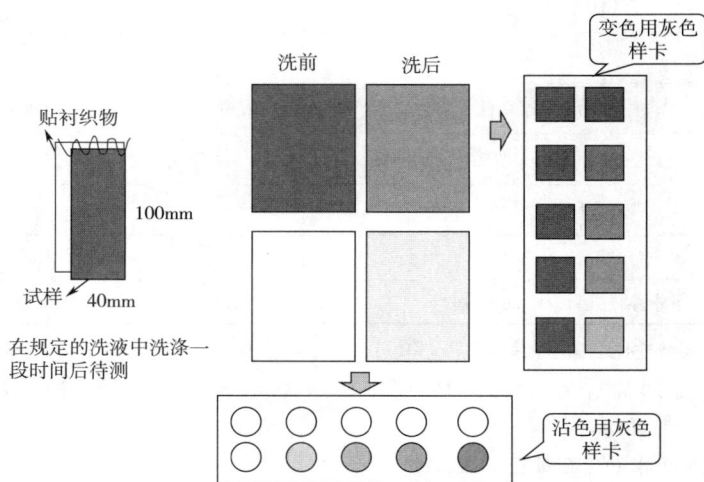

图 3-17　纺织品耐皂洗色牢度测试方法示意图

使用灰色样卡或电脑测色仪，对比原始试样，评定试样的变色及贴衬织物的沾色级数。在灰色样卡评级时，首先将试样按同一方向并列紧靠置于同一平面上；其次，遮盖原测试样（原贴衬织物）和试后测试样（试后贴衬织物）的材料颜色应一致，周围环境为中性灰色；最后，用符合 CIE 标准照度的 D_{65} 光源，光源照度 ≥600lx，入射光与试样表面角度约为 45°，人眼观察方向大致垂直于试样表面，如图 3-18 所示。评定观察人员目光的准确和稳定性十分重要，应定期进行目光比对，避免目光差异造成的误差。纺织品耐皂洗色牢度共分五级九档，数字越大，表明其级数越高，色牢度越好，其中五级最好，一级最差。GB/T 3921—2008《纺织品　色牢度试验　耐皂洗色牢度》国家标准中列有 5 种测试条件（A、B、C、D、E），不同测试条件的溶液配制、测试温度和时间等各不相同，具体选用何种方法测试需要根据纺织产品标准来决定。

图 3-18　灰色样卡评级时人眼观测方向示意图

　　影响耐皂洗色牢度的因素较多，主要与上染纤维染料的化学结构有关，染料与纤维的结合状态也有一定影响。如棉纤维用还原染料染色后的耐皂洗色牢度比活性染料好。同种染料在不同纤维上的耐皂洗色牢度也不相同。如分散染料在涤纶上的耐皂洗色牢度比在锦纶上高，这是因为涤纶的疏水性强，结构紧密。耐皂洗色牢度还与染色工艺及染后处理有关。若染后洗涤时浮色去除不干净，耐皂洗色牢度会较低；如直接染料、酸性染料等水溶性染料，若染色后未经固色处理，则耐皂洗牢度通常较差，而经固色处理后的染色制品，其耐皂洗牢度明显提高；水溶性较差或不溶性的染料，其耐皂洗色牢度一般较高。若染料与纤维发生共价键结合，则耐皂洗色牢度较好。耐皂洗色牢度与试验条件也有着密切的关联性，如贴衬织物种类、洗涤温度、洗涤时间和洗涤溶液量等对耐皂洗色牢度也会有一定影响。

（二）耐摩擦色牢度

耐摩擦色牢度是指染品受到摩擦时保持不褪色、不变色的能力。耐摩擦色牢度检测是纺织产品色牢度中一项重要的检测项目，是《国家纺织产品基本安全技术规范》（GB 18401—2010）国家标准中强制性检测的项目，国内常用的测试标准为 GB/T 3920—2008《纺织品色牢度试验　耐摩擦色牢度》。

1. 测试原理

将纺织品试样分别与一块干摩擦布和湿摩擦布摩擦，评定摩擦布沾色程度。耐摩擦色牢度试验有两种可选的摩擦头：一种是用于绒类织物的长方形摩擦头，另一种是用于单色织物或大面积印花织物的圆形摩擦头。

2. 测试方法

耐摩擦色牢度分为耐干摩擦色牢度和耐湿摩擦色牢度两种。耐干摩擦色牢度是指用标准白布与染品进行摩擦后染品的褪色及白布沾色情况；耐湿摩擦色牢度是指用含湿 95% ~ 105% 的标准白布与染品进行摩擦后染品的褪色及白布沾色情况。

若被测试样为织物时，织物尺寸应不小于 50mm×140mm，将试样固定在试验仪的平台上，使试样的长度方向与摩擦头的运行方向一致；若被测试样为纱线时，将其编织成织物，其尺寸应不小于 50mm×140mm，或沿纸板的长度方向将纱线平行缠绕于试样尺寸相同的纸板上，并使纱线在纸板上均匀地铺成一层。测试前试样及摩擦布需放置在 GB/T 6529—2008 规定的标准大气下至少调湿 4h，为了得到最佳的试验结果，宜在 GB/T 6529—2008 规定的标准大气下进行测试。

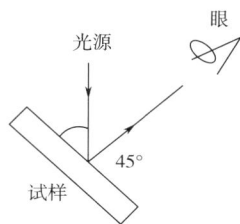

（1）干摩擦。将调湿后的摩擦布平放在摩擦头上，往复摩擦 10 个循环（1 个循环/s），摩擦结束后取下摩擦布，在标准大气下调湿后，用沾色用灰色样卡评定摩擦布的沾色。评级时，要去除摩擦布上可能影响评级的任何多余纤维，并在每个被评摩擦布的背面放置 3 层摩擦布。测试方法如图 3-19 所示。

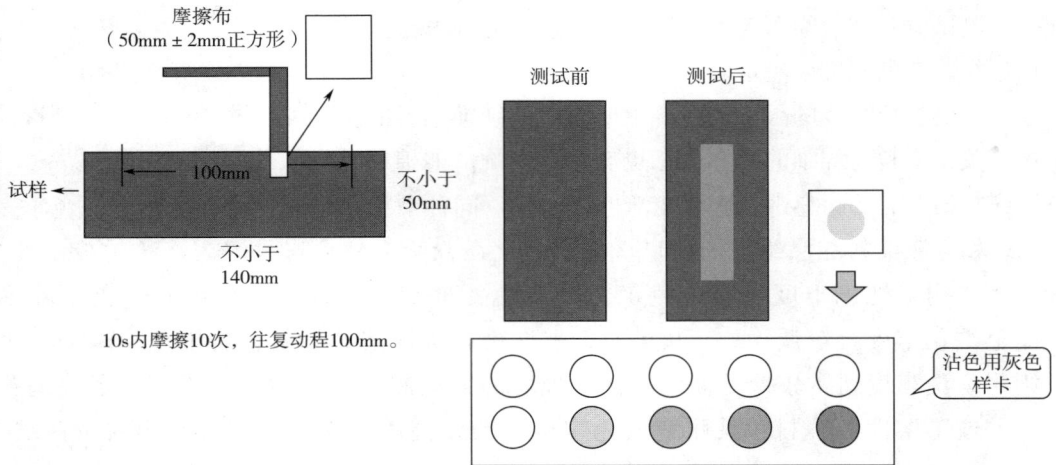

图 3-19　纺织品耐摩擦色牢度测试方法示意图

（2）湿摩擦。首先称量调湿后的摩擦布，再将摩擦布在蒸馏水中完全润湿，重新称量摩擦布，使其含水率控制在 95%～100%（用轧车来保证含水率），之后测试方法与干摩擦相同。此外，整个试验过程需在恒温恒湿的环境下进行，其中温度（20±2）℃，相对湿度（65±4）%。

耐摩擦色牢度与耐皂洗色牢度一样，分为五级九档，其中五级最好，一级最差。大部分纺织品采用圆形摩擦头进行测试，但对于绒类织物则采用长方形摩擦头进行测试，测试标准参考 FZ/T 81019—2014《灯芯绒服装》。此外，对于机织物，需同时测试经向和纬向；对于针织物，大部分试样只测直向，且针织物的伸缩性一般较强，测试时应将试样拉至适当长度。

染色织物的耐摩擦色牢度与染色工艺有密切关系，若染料渗透不均匀，扩散不充分，染料与纤维的结合力差，则表面浮色多，耐摩擦色牢度就低。另外，染色时染料浓度的过饱和容易造成浮色，也会造成耐摩擦色牢度下降。

（三）耐日晒色牢度

耐日晒色牢度通常是模拟纺织品在日常使用过程中受到日光照射发生变色或者褪色的情况。耐日晒色牢度又称耐光色牢度，是指染品受光照时保持不褪色、不变色的能力。耐日晒牢度分为八级，其中八级最好，一级最差。耐日晒色牢度一般采用日晒气候色牢度仪进行测试，如图 3-20 所示。

图 3-20　YG611M 型日晒气候色牢度仪

1. 测试原理

日晒气候色牢度仪通过模拟创造测试所需的湿度、温度、光辐射等大自然的客观条件，并强化自然环境对被测试样颜色产生的影响，测试待测样品的耐日晒色牢度。纺织品试样与一组蓝色羊毛标样一起在人造光源下按照规定条件暴晒，然后将被测试样与蓝色羊毛标样变色进行对比，对照样卡评定试样的色牢度级数。

2. 测试方法

目前，耐光色牢度标准主要有 GB/T 8427—2019《纺织品　色牢度试样　耐人造光色牢度　氙弧》和耐光、汗复合色牢度标准 GB/T 14576—2009《纺织品　色牢度试验　耐光、汗复合色牢度》这两类。二者使用的仪器相同，试验原理基本一致，前者使用较多，后者主要测试光和汗复合牢度。测试时将被测试样与一组蓝色羊毛标样放在一起同时进行光照，试样的耐光色牢度即为显示相似变色的蓝色羊毛标样的号数。如果试样所显示的变色更接近于两个蓝色羊毛标样的中间级数，则应评定为那个中间级数，例如 3-4 级或 L2-L3 级。级数仅限于整数或中间级。

日晒褪色是一个复杂的化学变化过程，纺织品的耐日晒色牢度会受到纤维种类、染料母体、染色浓度等因素的影响。染料母体结构为蒽醌、酞菁型的染料耐日晒色牢度较好，金属络合型染料的耐日晒色牢度也较高，而各类偶氮染料的耐日晒色牢度相差较大。相同染料染色的同种纤维，纺织品的耐日晒色牢度会随着染色浓度的增加而提高，这种现象对不溶性偶氮染料和硫化染料更为显著。浅色织物的染色浓度低，纤维上的大部分染料呈单分子状态，也就是染料在纤维上的分解度很高，每个染料分子受到光、空气和水分的作用的概率增大，所以耐日晒色牢度会较低。如果纺织品上有尿素、苯酚、柔软剂、固色剂等化合物或化学整理剂存在时，也会降低耐日晒色牢度。活性染料染色的纺织品，如果染色皂洗不彻底，残留于纺织品上的未固着染料和水解染料会降低纺织品的耐日晒色牢度。外界条件如空气含湿量、照射光的光波组成、入射角度、温度以及纺织品所处的海拔等因素也会对耐日晒色牢度产生影响。

（四）其他色牢度

纺织品还有耐干洗色牢度、耐氯化水色牢度和耐汗渍色牢度等其他色牢度，均分成五级九档。

1. 耐干洗色牢度

干洗通常是指使用有机化学溶剂对衣物进行洗涤，包括去除油污或污渍的一种干进干出的洗涤方式。实验室中测试耐干洗色牢度参考 GB/T 5711—2015《纺织品　色牢度试验　耐四氯乙烯干洗色牢度》或 ISO 105 D01：2010《纺织品　色牢度试验　第 D01 部分：耐四氯乙烯干洗色牢度》这两个标准。

耐干洗色牢度测试原理及测试方法与耐皂洗色牢度相似，将试样与贴衬织物缝合，再与不锈钢片一起放入棉布袋内，置于四氯乙烯内搅动，试验结束后，干燥，用灰色样卡评定试样的变色和贴衬织物的沾色等级。该试验可在 SW-24A 耐洗色牢度仪中完成。

不同用途产品对耐干洗色牢度的要求也不尽相同，如衬衫类 GB/T 2660—2017 产品标准中规定优等品的变色及沾色≥4-5，一等品的变色及沾色≥4，而合格品的变色及沾色≥3级；棉服装 GB/T 2662—2017 产品标准规定优等品的变色及沾色≥4-5级，一等品的变色及沾色≥4级，而合格品的变色≥3-4级、沾色≥3级。此外，常用的纺织产品标准，如 GB/T 14272—2011《羽绒服装》、GB/T 22700—2016《水洗整理服装》、GB/T 22849—2014《针织 T 恤衫》、GB/T 33271—2016《机织婴幼儿服装》、GB/T 22853—2019《针织运动服》、FZ/T 73025—2019《婴幼儿针织服饰》、FZ/T 73045—2013《针织儿童服装》、FZ/T 81006—2017《牛仔服装》等，均不要求考核耐干洗色牢度。

2. 耐氯化水色牢度

游泳池水一般使用含氯的消毒剂进行消毒，所以游泳池水中含有一定量的氯化物，如泳衣、泳帽、浴巾等与游泳池水接触的染色纺织品需具备一定的耐氯化水的能力，其检测标准为国家标准 GB/T 8433—2013《纺织品 色牢度试验 耐氯化水色牢度（游泳池水）》。该标准适用于测试各类纺织品的颜色耐消毒游泳池水所用浓度的有效氯作用的方法。该标准规定了三种不同测试条件：有效氯浓度 50mg/L 和 100mg/L 适用于游泳衣，有效氯浓度 20mg/L 适用于浴衣、毛巾等辅料。其测试方法与耐皂洗色牢度类似，都是采用滚动测试方法，且所用仪器和操作程序也基本相同，区别在于测试所用试剂不同。耐氯化水色牢度的测试原理为用给定浓度的含氯稀释溶液在规定温度和时间下处理试样，试验结束后干燥，用灰色样卡评定试样的变色。该试验可在 SW-24A 耐洗色牢度仪中完成。

3. 耐汗渍色牢度和耐水色牢度

我国现行的耐汗渍色牢度和耐水色牢度主要有 GB/T 3922—2013《纺织品 色牢度试验 耐汗渍色牢度》和 GB/T 5713—2013《纺织品 色牢度试验 耐水色牢度》。这两类色牢度使用的国家标准的试验原理、试验仪器和操作程序相似，不同之处在于测试时所用试剂不同。

（1）测试原理。将试样与贴衬织物缝合在一起，置于规定的试液中处理，去除试液后，放在试验装置中的两块平板间，使之受到规定的压强。试验结束后，干燥试样和贴衬织物，再用灰色样卡评定试样的变色和贴衬织物的沾色级数。

耐汗渍色牢度标准中的试液为组氨酸的酸性、碱性两种试液；而耐水色牢度标准中的试液为三级水，符合 GB/T 6682—2008 要求，即为蒸馏水或离子交换水。

（2）测试方法。如果试样为织物，试样和贴衬织物尺寸均为（40±2）mm×（100±2）mm。将试样正面夹于 1 块多纤维贴衬织物上，或夹于 2 块缝合单纤维贴衬织物之间，沿一短边缝合；对印花织物试验时，正面与两块贴衬织物每块的 1/2 相接触，其余 1/2 剪下，交叉覆于背面，缝合二短边，若 1 块试样不能包含全部颜色，需取多个组合试样以包含全部颜色。对于纱线或散纤维，取纱线或散纤维的质量约等于贴衬织物总质量的 1/2，夹于 1 块多纤维贴衬织物及 1 块染不上色的织物之间或夹于 2 块单纤维贴衬织物之间，沿四边缝合。每组试验装置由一个不锈钢架和质量约 5kg、底部面积 60mm×115mm 的重锤组成。将制备好的组合试样放在平底容器中，按浴比 50∶1 加入规定的试液。对于耐汗渍色牢度还要求试液 pH 为 8.0±0.2。室温下放置 30min，不时拨动，保证均匀渗透后倒去残液，再用玻璃棒夹去除组合试样上多余的试液;将组合试样放在 2 块玻璃板或丙烯酸树脂板之间,然后放入试验装置中,使其所受名义压强为(12.5±0.9)kPa;再把带有组合试样的试验装置放入恒温箱中,在(37±2)℃下保持 4h;试验结束后试样在不超过 60℃空气中干燥,用灰色样卡评定试样的变色和贴衬织物的沾色级数,试验装置如图 3-21 所示。

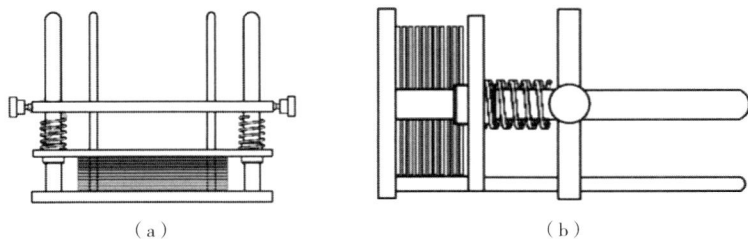

（a） （b）

图 3-21 耐汗渍色牢度试验装置示意图

三、生态纺织品及其相关标准

党的二十大报告中提出,坚持可持续发展,坚持节约优先、保护优先、自然恢复为主的方针,像保护眼睛一样保护自然和生态环境,坚定不移走生产发展、生活富裕、生态良好的文明发展道路,实现中华民族永续发展。随着人们消费水平和消费意识的提高,纺织品在提供遮蔽保暖等基本功能的同时,其生态安全性日益受到政府和民众的关注。安全、环保、绿色的生态纺织品越来越受到人们的重视。

1. 生态纺织品

生态纺织品的概念最初是在 1992 年由国际生态纺织品研究和检验协会颁布的 Oeko-Tex Standard 100,即生态纺织品标准 100 中提出的。生态纺织品是指采用对人体无害或少害的原料所生产的对人体健康和环境无害或少害的纺织品。按照产品的最终用途,生态纺织品可以分为婴幼儿用品、直接接触皮肤用品、非直接接触皮肤用品和装饰用品四大类。

2002 年,中国国家质量监督检验检疫总局正式发布国家推荐性标准 GB/T 18885—2002《生态纺织品技术要求》。该标准以当时国际上较有代表性的 Oeko-Tex Standard 100 为蓝本,并结合中国的实际,为引导中国纺织服装行业走绿色生态发展之路和推动绿色供应链管理提供了一个可供借鉴和实践的范本。2003 年 11 月 27 日,具有技术法规属性的中国国家强制标准 GB 18401—2003《国家纺织产品基本安全技术规范》正式出台,并已于 2005 年 1 月 1 日起实施。该标准涵盖了 5 大项,9 小项针对纺织产品生态安全的技术要求,是全球第一个有关纺织产品生态安全系列要求的国家标准,标志着中国在生态纺织品领域的法制化和标准化迈出了实质性的步伐。随后,分别在 2004 年和 2006 年,中国国家强制性标准 GB 19601—2004《染料产品中 23 种有害芳香胺的限量及测定》和国家推荐性标准 GB/T 20708—2006《纺织助剂产品中部分有害物质的限量及测定》（现已更新为 GB/T 20708—2019《纺织染整助剂产品中部分有害物质的限量及测定》）正式出台。2009 年我国颁布了 GB/T 18885—2009《生态纺织品技术要求》。2020 年 10 月,新版 GB/T 18885—2020《生态纺织品技术要求》正式发布。这一系列纺织产品上有害物质检测方法标准的颁布及修订，标志着我国在纺织产品生态安全性能检测技术的标准化方面已经走在了世界的前列，发布并实施的数十项检测方法标准已能基本涵盖在纺织品服装国际贸易中对纺织品生态安全性能的各项要求。

2. 生态纺织品相关标准

纺织产品是否属于生态纺织品可以通过检测来判断。生态纺织品检测一般涉及多方面内容，其中纺织品色牢度有关的检测项目主要包括耐摩擦色牢度、耐水色牢度、耐汗渍色牢度、耐水洗色牢度和耐干洗色牢度等。GB/T 18885—2020 中纺织品色牢度的有关要求见表 3-9。

表 3-9 GB/T 18885—2020 中纺织品色牢度的有关要求

项目		婴幼儿用品	直接接触皮肤用品	非直接接触皮肤用品	装饰用品
色牢度（沾色）/级 ≥	耐水	3-4	3	3	3
	耐酸汗渍	3-4	3-4	3-4	3-4
	耐碱汗渍	3-4	3-4	3-4	3-4
	耐干摩擦	4	4	4	4
	耐湿摩擦	3	2-3	—	—
	耐唾液	4	—	—	—
异味		无			

与 GB 18401—2010《国家纺织产品基本安全技术规范》国家标准对比，该标准中增加了耐湿摩擦色牢度，并有所限量。其规定：婴幼儿产品耐湿摩擦色牢度不低于 3 级，深色产品可放宽至 2-3 级；直接接触皮肤产品不低于 2-3 级。对于非直接接触皮肤产品和装饰类产品不做要求。

纺织品在染色及其后道加工过程中，使用的染料和助剂是纺织品中重金属的主要来源。重金属超标不仅会严重危害人体健康，还会造成环境污染。GB/T 18885—2020 标准规定了纺织品可萃取重金属及其总含量的最高限量。可萃取重金属主要对锑、砷、铅、镉、铬、六价铬、钴、铜、镍、汞 10 种可萃取重金属元素进行限量；重金属总含量则对总铅、总镉进行限量，但没有涉及砷和汞的限量。另外，该标准还对有害染料进行限量，限量了 24 种可分解致癌芳香胺染料，其包括对人体有致癌性的 4 种芳香胺和对动物有致癌性、对人体可能有致癌性的 20 种芳香胺。2023 年 6 月 9 日，欧洲议会通过了《关于欧盟可持续和循环纺织品战略》的决议。该决议的愿景是到 2030 年，所有进入欧盟市场的纺织品都必须是耐用且可回收的，所有纺织品中都不含有害物质，原料可循环再生，设计对环境友好。欧洲议会提出的这一决议强调了高端时尚需求与快时尚之间的区别，提倡耐穿时间更长的服装和回收纤维含量更高的面料，以便经济地进行修复，从而减少焚烧和填埋的量。由此我们能够推测，未来的纺织品产业不仅是时尚的，更是可持续的，从原料到最终产品不再是单向直线，而将会形成一个闭环。

【实践操作】

纺织面料耐皂洗色牢度的测定

· **典型案例**

某检测机构收到市场监督管理局的委托，对某个体工商户店内销售的女裤和时尚大衣进行了抽样检测，内容包括产品标识、耐皂洗色牢度、耐摩擦色牢度、纤维成分及含量等。

· **任务描述**

近年来，消费者对纺织服装产品的安全性关注度越来越高，我国也加强了对纺织品安全项目的检验及监管，出台了一系列相关的技术标准。为了规范生产和销售的纺织服装产品质量，国家标准对纺织服装的色牢度进行了明确的要求。GB 18401—2010《国家纺织产品基本安全技术规范》是我国境内生产、销售的服用、装饰用和家用纺织产品必须遵循的强制性标准。

· **方案设计**

设计一个染色纺织品的耐皂洗色牢度、耐摩擦色牢度测试方案。实验室现有助剂、材料与检测设备，以及所需具备的知识和技能见表3-10。

表3-10 实验试剂、仪器及应知应会

主要试剂	中性皂片
主要仪器	皂洗色牢度测色仪、摩擦色牢度测色仪、电子天平
应知	质量管理知识、耐皂洗色牢度和耐摩擦色牢度的原理及测试方法、检测标准
应会	检测设备使用操作、皂洗液的配制

· **操作步骤**

（1）根据被测试样的纤维性质及客户要求，结合表3-11和表3-12中的参数选定检测方法，并按照所采用的检测方法来制备皂液。建议用搅拌器将肥皂充分地分散溶解在温度为(25±5)℃的三级水中，搅拌时间为（10±1）min。

表3-11 单纤维贴衬织物

第一块贴衬织物	第二块贴衬织物	
	40℃和50℃的试验	60℃和95℃的试验
棉	羊毛	黏胶纤维

续表

第一块贴衬织物	第二块贴衬织物	
	40℃和50℃的试验	60℃和95℃的试验
羊毛	棉	—
丝	棉	—
麻	羊毛	黏胶纤维
黏胶纤维	羊毛	棉
醋酯纤维	黏胶纤维	黏胶纤维
锦纶	羊毛或棉	棉
涤纶	羊毛或棉	棉
腈纶	羊毛或棉	棉

表3-12 检测条件

检测方法编号	温度/℃	时间/min	钢珠数量	肥皂/（g/L）	碳酸钠/（g/L）
1	40	30	0	5	—
2	50	45	0	5	—
3	60	30	0	5	2
4	95	30	10	5	2
5	95	240	10	5	2

（2）将组合试样以及规定数量的不锈钢珠放在容器内，按照1∶50的浴比，注入预热至检测温度±2℃的皂液，盖上容器，立即依据规定的温度和时间进行操作，并开始计时。

（3）洗涤结束后，取出组合试样，分别放在三级水中清洗两次，然后在流动水中冲洗至干净。

（4）将试样放在两张滤纸之间并挤压除去多余水分后，再将其悬挂在不超过60℃的空气中干燥。

（5）用灰色样卡或电脑测色仪，对比原始试样，评定试样的褪色程度和贴衬织物的沾色程度。

· 结果与讨论

检验报告一般应包括表3-13所列基本信息。

表3-13 检验报告记录单示例

报告名称：　　　　　　　　　　　　　　　　报告编号：

样品名称	型号规格
受检单位	注册商标

续表

生产单位		检验类别	
抽样地点		样品等级	
送样单位		抽样时间	
样品数量		送样时间	
抽样基数		送样人员	
检验标准		检验日期	
检验项目		检验结果	
检验人员		审核人员	
褪色（级）		沾色（级）	
贴样		备注	

·任务评价

按表 3-14 中各项指标对该任务进行评价。

表 3-14　纺织面料耐皂洗色牢度的测定各项指标评价表

项目	指标	要求	分值	自我评价	教师评价
准备工作	试样分析	能够准确分析试样纤维性质	5		
	检测方法	按照检测方法配制皂液	5		
	原因分析	精准判断面料缩水的主要原因	10		
过程	操作步骤	准确且条理清晰	10		
	实践器材	规范使用	5		
	试剂	能阐述其作用，并精准量取	5		
结果	原始记录单	报告完整	10		
	数据记录	规范、清晰	10		
	结论	准确、合理	20		
职业素养	态度	遵守课堂纪律、学习积极	10		
	团队合作	能相互配合，顺利完成任务	5		
	7S	台面清洁无杂物、规范等	5		

【技能训练】

技能训练一　染液的配制及染料可见光吸收光谱曲线的绘制

一、实验准备

（1）主要仪器。电子天平、药匙、称量纸、容量瓶、烧杯、移液管等。

（2）染化料。直接染料或活性染料。

二、实验步骤

（1）配制 500mL，2g/L 直接染料标准溶液。

（2）在精密电子天平上准确称量 1.0000g 染料，放入烧杯中。加入一定量蒸馏水溶液染料。将完全溶解的染液转移至 500mL 容量瓶中。烧杯中再加水进行清洗 2 遍，清洗的水也转移至容量瓶中。定容至 500mL，摇匀待用。

（3）用配制好的染液润洗移液管 2 遍。用移液管吸取 1mL 转移至 100mL 容量瓶中，加水至刻度线，摇匀待用。

（4）分光光度计校准调零后，分别测试 350~700nm 可见光波长的溶液的吸光度 A。

（5）最大吸光度值所对应的波长即为最大吸收波长，在最大吸收波长附近再取若干个点（间隔以 10nm 为宜），测定稀释溶液的吸光度。

（6）将测得的数据列表，以波长 λ 为横坐标，吸光度 A 为纵坐标作图。此时最大吸光度对应的波长为该染料的最大吸收波长 λ_{max}。

三、注意事项

（1）测定时，每变换一次波长，仪器要重新调零。

（2）所有玻璃仪器用蒸馏水润洗 2 遍。

（3）以蒸馏水为测试空白样。

四、结果与讨论

将测得的数据填入表 3-15 中，以波长 λ 为横坐标，吸光度 A 为纵坐标作图。

表 3-15 实验数据记录表

染料名称_____

λ/nm									
A									
$\lambda_{\max}$									

技能训练二　纺织品耐摩擦色牢度的测定

一、实验准备

（1）主要仪器及设备。Y571L 染色摩擦色牢度仪、DataColor 600 测色仪、烧杯、玻璃棒、标准灰卡等。

（2）织物。市售女裤或上衣。

二、实验步骤

（1）在试验仪平台与试样之间，放置一块金属网或砂纸，减小试样在摩擦过程中的移动。

（2）干摩擦测试。

①将调湿后的摩擦布平放在摩擦色牢度测试仪的摩擦头上，使摩擦布的经向与摩擦头的运行方向一致，用套圈固定，不能松动。然后，小心地将摩擦头放在试样上。

②按下启动电源及启动按钮，摩擦头会自动在试样布上来回摩擦 10 次，往复动程为 100mm，时间为 10s。取下摩擦布，在 GB/T 6529 规定的标准大气下调湿，并去除摩擦布上可能影响评级的任何多余纤维。

（3）湿摩擦测试。

①称量调湿后的摩擦布，将其完全浸入蒸馏水中，并且在完全浸湿后取出，使用轧液辊挤压（或其他适宜装置调节摩擦布的含水率）后，再称重，并计算含水量，以确保摩擦布的含水率达到 95%～100%。但是，当摩擦布的含水率可能严重影响评级时，可以采用其他含水率。比如，常采用的含水率为（65±5）%。

②重复上面干摩擦布的操作。

③湿摩擦结束后，将湿摩擦布在室温下自然晾干后评级。

三、注意事项

（1）有染色纤维被带出留在摩擦布上，必须用毛刷除掉。

（2）试验前应仔细检查摩擦头的摩擦面是否平滑。

（3）耐摩擦色牢度检测时，若无特殊说明或要求，均在试样正面进行。

四、结果与讨论

评定时，在每个被评摩擦布的背面放置三层摩擦布。在适宜的光源下，用电脑测色仪或沾色用灰色样卡评定摩擦布的沾色级数，并填入表3-16。

表 3-16　检验报告单

报告名称：　　　　　　　　　　　　　　　报告编号：

样品名称	型号规格
受检单位	注册商标
生产单位	检验类别
抽样地点	样品等级
送样单位	抽样时间
样品数量	送样时间
抽样基数	送样人员
检验标准	检验日期
检验项目	检验结果
检验人员	审核人员
干摩擦/级	湿摩擦/级
贴样	备注

【思考题】

1. 染色的概念是什么？衡量染色的指标有哪些？

2. 染料在水中有几种状态？哪些状态有利于染色的进行？

3. 纤维在水中会发生哪些变化？纤维染色前为何要提前润湿？

4. 什么是吸附层与扩散层？什么是界面动电现象？

5. 纤维在水中带电对染色的影响有哪些？

6. 染色的过程有哪几个阶段？上染百分率的概念是什么？影响上染百分率的因素有哪些？

7. 染色的速率表示方法及其涵义是什么？

8. 纤维与染料间的固着作用力主要有哪些？

9. 染色牢度的概念是什么？常用纺织品色牢度有哪些？

10. 生态纺织品的概念是什么？我国现行标准是什么？

项目四　纤维素纤维染色

【学习目标】

知识目标：

1. 理解浸染、轧染、染色浓度、浴比的概念，掌握染色方法的分类标准。

2. 理解直接染料概念，清楚直接染料上染纤维素纤维的过程，熟知电解质、碱在染色过程中的作用。

3. 理解直接染料固色后处理的机理，通晓固色后处理助剂的种类。

4. 明白活性染料的概念，掌握活性染料上染纤维素纤维的染色过程以及电解质、碱的作用。

5. 理解一浴一步法、一浴二步法、二浴法浸染的概念，明白活性染料一浴二步法浸染及一浴法轧染的工艺处方及工艺流程的内涵。

6. 掌握还原染料的概念及染色过程，知晓保险粉及碱在还原染料染色中的作用，熟知还原染料隐色体浸染和悬浮体轧染的工艺流程。

7. 清楚硫化染料的概念及染色过程，明白还原剂及碱在硫化染料染色中的作用。

8. 了解贮存脆损概念，熟知其产生原因及解决方法。

9. 清楚溢流染色设备、喷射染色设备及连续式染色设备的异同。

能力目标：

1. 能正确使用电子天平称取染化料，准确配制直接染料、活性染料、还原染料母液，会操作自动滴液系统及数字化染色设备。

2. 正确计算浸染、轧染工艺中的染料、助剂以及水的用量，根据工艺处方和工艺曲线完成染色。

3. 会利用信息技术评价直接染料、活性染料染色产品的质量，会分析染色过程出现的色点、色花等常见疵点产生的原因。

思政目标：

1. 培养规范操作、精益求精的匠心意识。

2. 培养创新思维和环保意识。

3. 树立可持续发展和文化传承理念。

情感目标：

1. 培养学生团队协作与沟通能力。

2. 培养学生终身学习能力。

3. 培养学生人文素养。

【学习任务】

人类的祖先依赖大自然、利用大自然，不断寻找合适的材料来取暖和遮蔽身体，从而制成了各种衣物。他们曾用兽皮和树叶遮身暖体，后来经过长期的实践和探索，人们找到了以植物和动物为主的纤维原料来进行纺织。我国使用历史悠久的纤维主要有葛、大麻、苎麻、亚麻、棉等来自植物的天然纤维素纤维，随着科技发展，再生纤维素纤维如黏胶、铜氨纤维等也逐渐出现。

任务一　纤维素纤维及其染前准备

一、天然纤维素纤维

（一）葛纤维

葛是我国最早使用的天然纺织纤维之一。用野生葛藤提取纤维纺织而成的织物称为葛布，是我国最早出现的纺织品，也是我国最早的服用材料。葛是豆科葛属多年生落叶草质藤本植物，藤蔓可长达 8m，原产于我国南北各地，除新疆、青海及西藏外，几乎遍布全国。我国使用葛的历史非常悠久，从已经出土的考古实物来看，最早可以追溯到新石器时期。**党的二十大报告中提出，坚持和发展马克思主义，必须同中华优秀传统文化相结合**。男耕女织是古代中国社会的典型缩影，而纺织则是中华民族最重要的发明创造之一。据考古资料可知，1972年，在距今 6000 多年的江苏苏州吴县草鞋山遗址中，出土了三块炭化葛布罗纹织物。这是迄今为止，我国最古老的手工织花葛布实物，也是我国最早的纺织实物，其复原图如图 4-1 所示。经鉴定，该织物原料为野葛，从复原图可直观看到该织物罗纹处为双面组织，且正反面均呈现竖条状，表明当时已具备较为成熟的织造工艺。

图 4-1　吴县草鞋山遗址出土的葛布复原图

葛在西周时期被广泛应用，春秋时期达到鼎盛。2014 年《黔东南日报》的一篇报道大致还原了古代先民制作葛纤维织物的过程，大致包含以下步骤：采葛，在农历五六月上山采葛，取长 2~3m 长的葛藤；破葛，将采来的葛藤对半剖开，在水里浸泡 1~2 天，使葛藤中所含胶质溶解，茎秆也变得膨胀、松软，便于剥皮；剥葛，将葛藤的表皮剥下，并捆成束状；煮葛，将剥下的葛藤皮放在柴火灰里揉搓，然后再放到大铁锅里用水沸煮，并放入适量的生石灰或其他碱性物质，沸煮时间 5~6h 使葛藤绒毛表皮软烂；洗葛，用河水将煮烂的葛藤绒毛表皮完全洗除，最后晾晒直至留下纤维状葛束；撕葛，手工将晒干的葛束分离成葛纤维；纺葛，采用纺车将葛纤维纺成纱线；织葛，使用腰机或脚踏木织机，通过经纬交织的方式将纱线织成葛织物。因天然纤维纺织品不易保存，孔府文物档案馆藏的明代本色葛袍是如今唯一留存的古代葛衣，如图 4-2 所示。根据葛纱的粗细，织成的面料可分为三种：粗厚的葛织物称绤（xì），细薄的葛织物称绺（chī），其中精品又称绉。细薄葛织物光泽亮白，具有轻薄、透气、吸湿的特点，穿着既舒适又美观，受到当时贵族的青睐，也是皇家贡品及贵族用品。

图 4-2 明代本色葛袍

（二）麻纤维

麻纤维曾是我国纺织纤维的"顶梁柱"。自汉代起，随着麻的大规模种植及畜力的使用，葛纤维的地位逐步被麻纤维取代。据考证，距今约 5300 年的河南荥阳青台村仰韶文化遗址中出土了炭化丝麻织物；而距今约 4200 年浙江钱山漾新石器时期遗址也出土了细麻绳和麻布残片，这些发现从侧面反映出当时的麻织物比较普遍，已经成为当时纺织面料的"顶梁柱"。

至汉代，麻纤维大致可分为四类：大麻、苎麻、苘麻和蕉麻。其中大麻和苎麻的原产地是中国，在国外它们分别享有"汉麻"和"中国草"的盛名。使用较多的麻纤维主要是大麻和苎麻，苘麻利用度相对较少，蕉麻则更多地作为地方民族特色。至唐代时，南方大量种植苎麻，苎麻成为麻纺布的主要原料。目前使用较多的麻织物有苎麻织物、亚麻织物和黄麻织物。苎麻原产我国中西部，如今世界各地的苎麻均由我国直接或间接引入。苎麻织物手感较硬，吸湿性好，穿着凉爽。古时苎麻纤维纺织制作的面料，常用来制作夏天的服装和蚊帐，故又称为"夏布"，比较有名的有"浏阳夏布"和"隆昌夏布"等。麻织物的强力、导热、吸湿均比棉织物好，对酸碱反应不敏感，且抗霉菌，染色制品色泽鲜艳，色牢度较好。

（三）棉纤维

棉纤维在我国出现相对较晚，比丝、麻纤维要晚得多，但它给人们的生活提供了一种更好的选择。宋代以后，棉花逐渐传至长江流域及黄河流域，被大规模栽种并迅速取代了葛、麻纤维，成为纺织界的"新秀"。我国种植棉花有 2000 多年的历史，到 20 世纪 50 年代末，陆地棉成为主要品种，其次是长绒棉。长绒棉纤维较长，在新疆一些地区有一定产量。棉纤维具有柔软、舒适、吸湿、透气、亲肤等优点，纯棉纺织品除了具有优良的服用性能外，染色性能也较好，染色织物色泽鲜艳，耐碱不耐酸，但穿着使用过程中易产生折皱。

二、染前准备

纺织品在染色之前，需要根据纤维面料的类型选择合适的染料和染色设备，制订合理的染色方法及染色工艺，并完成染料称取、染液配制、织物处理等一系列工作。

（一）染色方法

纺织品的染色方法可分为两大类，间歇式染色和连续式染色。浸染、卷染、冷轧堆等都属于间歇式染色方法。连续式染色只有连续式轧染这一种方法。

4-1 浸染

1. 浸染

浸染又称竭染，是指将被染织物浸渍于一定量的染液中，通过染液的循环及染液与被染物的相对运动，借助染料对纤维的直接性而使染料上染，并在纤维上扩散、固着的一种染色方法。

浸染的染色过程可用工艺曲线来表示。工艺曲线不仅给出了染色的温度和时间，而且注明了被染物、染料、助剂等加入的顺序及时间。染色结束后的皂洗及后处理等工艺也可用工艺曲线表示，活性染料的染色工艺曲线如图4-3所示。

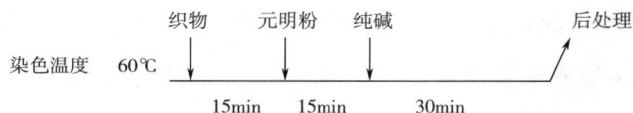

	织物	元明粉	纯碱		后处理
染色温度 60℃	↓	↓	↓		↗
	15min	15min	30min		

图4-3 活性染料染色工艺曲线图

浸染染色工艺适用于小批量、多品种的产品生产，适用于散纤维、纱线、针织物、稀薄织物等的染色。浸染染色属于间歇式生产方式，相对来说生产率较低。

2. 轧染

轧染是指织物以平幅状态经过染液短暂浸渍后，随即通过轧辊轧压，将染液挤入纤维内部及织物组织空隙中，并除去多余染液，使染料均匀分布在织物上的一种染色方法。浸轧染料后的织物可通过汽蒸或焙烘等处理完成染料在纤维上的扩散及固着。

4-2 轧染

轧染工艺可以用工艺处方、工艺条件和工艺流程来表示。工艺处方给出染料、助剂等的用量以及染液配制方法；工艺条件给出轧染到织物上的染液量（轧液率或带液率）、浸轧次数等指标；工艺流程给出染色织物经受的加工过程，如烘干方式、烘干温度、固色方法、水洗工艺等。轧染工艺中通常用轧余率或带液率来表示染料的浓度。被染物上所带染液量可用轧液率表示，轧液率是指被染物带液量占干布重量的百分率，可用下式表示：

$$轧液率 = \frac{轧后被染物重量 - 轧前被染物重量}{轧前被染物重量} \times 100\%$$

常用的浸轧方法有一浸一轧、二浸二轧和多浸多轧等，由于浸轧时被染物在染液中浸泡时间较短，一般只有几秒到几十秒，所以常在染液中加入适量的润湿剂或渗透剂等帮助纤维快速润湿。轧染是一种连续化染色加工方法，生产效率高，适用于大批量织物的染色加工，但是所需设备投资大，占地面积大，染化料、能源消耗大。

（二）染化料计算方法举例

1. 染料（助剂）母液配制计算

设染料母液配制体积为 V（mL），浓度为 c（g/L），则染料用量为：

$$m = c \times V \times 10^{-3} \text{（g）}$$

例1：如需配制浓度为 2g/L 染料母液 500mL，求称取染料质量 m。

$$m = 2 \times 500 \times 10^{-3} = 1.0 \text{（g）}$$

例2：已知染料母液浓度为 2g/L，若需要 0.05g 染料时，需吸取该染料母液多少毫升？

解：$0.05 \times 1000 / 2 = 25$（mL）

例3：若配制浓度为 5mL/L 的冰醋酸溶液 250mL，需吸取冰醋酸多少毫升？

解：$5 \times 250 \times 10^{-3} = 1.25$（mL）

2. 浸染工艺中染化料计算方法

纺织品浸染时可以根据工艺处方计算出所需染料、水及助剂的用量，具体的计算方法举例如下。

例4：请根据下列处方计算：若配制染料母液浓度为 2g/L，则染料需要多少克？应吸取多少毫升母液？硫酸钠、碳酸钠用量为多少克？加多少毫升水？

染料（owf）/%	1
硫酸钠/（g/L）	40
碳酸钠/（g/L）	10
浴比	1：50
织物重/g	2

解：染料：$2 \times 1\% = 0.02$（g）

母液：$0.02 \times 1000 / 2 = 10$（mL）

加水 $2 \times 50 - 10 = 90$（mL）

硫酸钠：$40 \times 0.1 = 4$（g）

碳酸钠：$10 \times 0.1 = 1$（g）

例5：织物重 2g，浴比 1：50，染料对织物重为 5%（owf），硫酸钠用量为 20g/L。问：（1）染液总体积为多少毫升？（2）吸取浓度为 5g/L 的染料母液多少毫升？（3）称取硫酸钠多少克？（4）加水多少毫升？

解：根据浴比可知，配制染液总体积为：$50 \times 2 = 100$（mL）

吸取浓度为 5g/L 的染料母液：$2 \times 5\% \times 1000 / 5 = 20$（mL）

硫酸钠：$20 \times 100 \times 1 / 1000 = 2$（g）

加水：$100 - 20 = 80$（mL）

例6：已知某织物卷染时，配缸每卷布长 800m、幅宽 1.15m，已知该织物的面密度为

$130g/m^2$。由小样得知，染料用量是织物质量的 2.54%（owf）。问：（1）每卷布染色时，实际需染料质量为多少？（2）若已知浴比为 1：4，需配制染液多少升？

解：（1）每卷布质量：$130×800×1.15×10^{-3}=119.6$（kg）

染料质量：$119.6×2.54\%=3.03784$（kg）

（2）染液体积：$4×119.6=478.4$（L）

3. 轧染时染化料计算方法

例 7：活性染料轧染工艺中，染液工艺处方为染料 5g/L、碳酸氢钠和 JFC 用量分别为 10g/L 和 2g/L。若配制轧染液 100mL，需要各染化料用量为多少？若棉布小样质量为 6g，轧液率控制为 70%，轧后织物质量应为多少？

解：染料用量：$5×100×10^{-3}=0.5$（L）

碳酸氢钠用量：$10×100×10^{-3}=1$（g）

JFC 用量：$2×100×10^{-3}=0.2$（g）

轧后织物质量：$6×（1+70\%）=10.2$（g）

三、染色设备

我国纺织染整工业的发展与设备的技术升级密切相关，节能减排、智能控制的先进国产印染设备是纺织印染工业绿色发展的重要支撑。根据印染设备机械运转的方式不同，染色设备可分为间歇式染色机和连续式染色机两大类；根据染色设备中被染物形态不同，可分为散纤维染色机、纱线染色机和织物染色机；根据织物在设备中的运行状态可分为绳状染色机和平幅染色机。进入 21 世纪，染色设备向精细化方向发展，特别是数字控制技术的加持，使各项工艺参数逐步实现高精度控制，降低了各种消耗的同时减少了对人工的依赖。近年来，染色设备更新速度越来越快，染色设备在绿色高效、节能减排、智能可控等方面有突出的表现，表现出低浴比、智能化的特点，**这也恰恰符合党的二十大报告中提出的"推动经济社会发展绿色化、低碳化是实现高质量发展的关键环节"的指导思想**。在国内市场，间歇式染色设备体量上超过了连续式染色设备，低浴比的气液染色机和喷射染色机可广泛用于针织物和化纤织物的染色和湿处理。

（一）间歇式染色设备

间歇式染色设备主要应用于针织物和化纤织物的湿处理加工，具有染色加工产品质量稳定的特点，染色一次成功率也不断提高。目前间歇式染色设备实现了全过程监控，如自动加料、水洗色度检测、盐浓度电导率检测等系统上线应用，优化了染程，降低了染化料与水、电、汽的消耗。间歇式染色设备还可配套染料与助剂自动配送系统，除称量尚需人工参与外，基本实现了全过程自动化，免除操作人员繁重且污染的手工劳动，大幅减少了染化料浪费。

1. 溢流染色机

溢流染色机的工作原理是染液受重力作用携带织物在液流管内自上而下运动，并由提布辊提升织物进行循环运行，从而达到染色均匀的效果。溢流染色机结构如图 4-4 所示。织物染色时，染液从染槽底部抽出，经热交换器加热后进入溢流槽。溢流槽内平行装有两根或三根溢流管进口。织物由主动导布辊及染液的溢流输布管带动，同向运动，且染液的运动速度较织物快，如此循环直至完成染色过程。

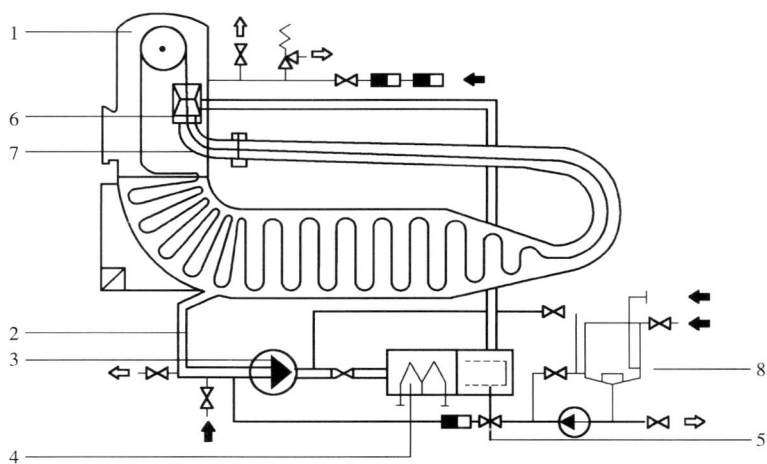

图 4-4　溢流染色机结构示意图

1—高压染罐　2—循环系统　3—染浴泵　4—热交换器
5—染浴过滤器　6—溢流口　7—接缝检测器　8—加料槽

溢流染色机自动化程度相对较高且操作简便，染色时织物处于松弛状态，所受张力较小，织物匀染性好，手感柔软。该设备既可在常温常压状态下染色，又可在高温高压状态下染色，适用于稀薄、疏松、弹性较好的纤维素纤维及合成纤维制品的染色。

为了进一步改善织物匀染性，将喷射与溢流染色原理相结合，开发了既有喷嘴形成射流又有染液流体的落差使织物循环运动的喷射溢流染色机，其工作原理是染液经喷嘴形成射流带动织物循环运行从而达到均匀染色的效果。喷射溢流染色机组成部分主要包括机身（导布管、染槽）、喷射系统（喷嘴或溢流嘴）、提布辊、染液加热循环系统（热交换器、过滤器、循环泵、回流管路以及阀门、配料缸等）及控制系统（温度、布速控制、织物缝头探测等），其内部结构示意图如图 4-5 所示。常温型喷射溢流染色机的最高温度为 98℃，高温型喷射溢流染色机的最高温度为 140℃。与溢流染色机相比，喷射溢流染色机内织物所受张力较小，浴比更小，染液与织物的循环速度快，匀染性好。如中国恒天立信国际有限公司设计的 SOFTWIN 型高温溢流染色机（图 4-6），大载量，低浴比，在提高效率的同时节能降耗；设计简洁，操控简便，易于维护，性能稳定。江苏东宝染整机械有限公司的节能环保型溢流染色机（图 4-7），适用于全棉、人造棉、全涤、锦纶、天丝、涤黏、涤棉等多品种织物。该设备特点有：低浴比，与传统染色机相比，减少水、化学药剂及能源的消耗；染色机尾部倾角和导布辊扭力控制功能可降低织物缠绕、擦伤和变形的概率。广州番禺艺煌洗染设备制造有限公司开发的高温低浴比溢流染色机（图 4-8），染色浴比较低，节省助剂及蒸汽，同时，该设备采用了触摸式屏幕的计算机控制，自动化程度较高，提升机器的操作、管理和检修便捷度。

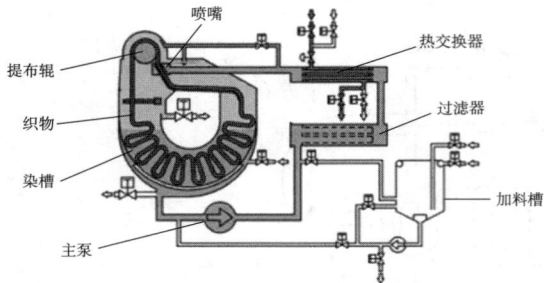

图 4-5　喷射溢流染色机内部结构示意图

图 4-6　SOFTWIN 型高温溢流染色机示意图

图 4-7　节能环保型溢流染色机示意图

图 4-8　高温低浴比溢流染色机示意图

2. 气流染色机

气流染色机的工作原理主要是采用了空气动力学原理，以循环空气替代水来牵引被染物作循环运动，所以与传统的溢流喷射染色设备相比，其染色浴比可大大降低。如中国恒天立信国际有限公司开发的特恩 AIRJETWIN 高温气流染色机，如图 4-9 所示。该设备兼具气流（AIR）与溢流（JET）双功能，可适用于棉和化纤针织物、棉和化纤及其混纺梭织物等染色。

3. 液流染色机

通常把包含溢流、喷射、气流等多种方式的染色设备称为液流染色机。该类染色设备往往由提升辊、加料槽、喷嘴、逆流嘴、循环泵、染槽及热交换器等部位组成。液流染色机不仅适应小批量、多品种的纺织面料染整加工，而且具有小浴比染色与电脑控制的特点，有些设备还具备自动控制各种工艺参数、自动记录工艺过程、自动处理缠结等常见问题的功能，染色设备的智能化程度在不断提高。

如宁亚东机械有限公司开发的高温高压液流、气体染色机（图 4-10），染色浴比较低，包含特殊的液流和气流式喷嘴系统，利用气压力渗透的原理实现织物优良的染色效果；染色内槽自回转式系统可减少因布匹互相挤压而产生染色疵病。该染色设备的入水、排水、升降温、加料等工艺由计算机自动控制。

图 4-9 特恩 AIRJETWIN 高温气流染色机示意图

图 4-10 高温高压液流、气体染色机示意图

三 技 精 密 技 术 股 份 有 限 公 司 设 计 了 UFH plus series 高温液流染色机（图 4-11），适用于纯棉及其混纺织物。该染色设备拥有双喷嘴、双泵、双变频控制系统，还具有染液快速回流装置，可提升织物水洗效率，降低染色浴比；具有独特的注料系统，减少了染色色花和染色不匀的可能性；同时包含了可编程自动除毛絮程序，将染液里的毛絮进行充分过滤。

图 4-11 UFH plus series 高温
液流染色机示意图

4. 卷染机

卷染机是常用的平幅间歇式染色设备，适用于小批量、多品种的棉、麻、丝、化纤等及其混纺织物的染色。卷染机适用于各种厚、薄织物。根据其工作性质可分为普通卷染机和高温高压卷染机，无论是常温卷染机，还是高温卷染机都包含一个特殊的小浴比染槽，保证织物能在固定的浴比条件下进行退浆、煮练、漂白和染色等工序。如 GTM 常温卷染机（图 4-12），该设备可与各种规格的连续平幅前处理、染色设备及后整理设备配套使用，适用于平幅梭织物、合成纤维、混纺以及弹力面料的染色。

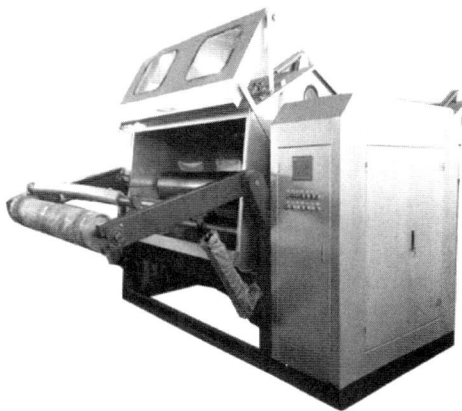

图 4-12 GTM 常温卷染机示意图

（二）连续式染色设备

连续轧染机属于连续式染色设备，适用于大批量纺织面料的染色加工，劳动生产率高，但染化料、能源消耗大，设备投资大，占地面积大。连续轧染机一般由进布装置、浸轧装置、烘干装置、汽蒸箱、焙烘箱及水洗装置等部分组成（图4-13）。根据单元机的组成不同，可适用于各种染料的染色，如活性染料、还原染料、不溶性偶氮染料、可溶性还原染料等。

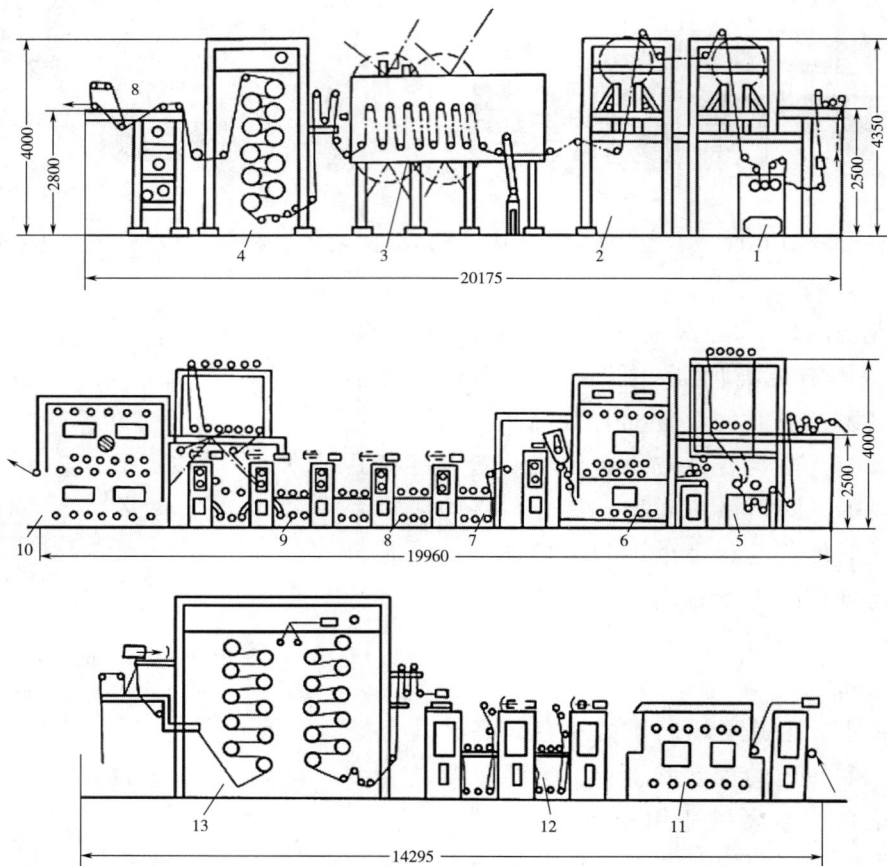

图4-13　连续式轧染机结构示意图

1—浸轧装置　2—红外线烘燥装置　3—热风烘燥装置　4—烘筒烘燥装置　5—轧车
6—还原蒸箱　7，8，9，12—平洗槽　10—皂洗机　11—汽蒸箱　13—烘筒烘燥机

（三）成衣染色设备

近年来，消费者对纺织服装产品的时尚化、个性化需求不断提高，人们开始追求定制化服装来满足自身个性化需求。成衣染色法是目前服装染色的主流方法之一，成衣染色设备也逐渐受到市场的青睐。

1. 升降式染色机

被染衣物在升降式染色机中做上下升降运动，全部自动控制，生产效率较高，缸内染液由泵循环流动，促使染液均匀。根据型号不同染色机容量100~500件/批次。

2. 滚筒式染色机

该类设备是目前广泛使用的成衣染色机之一，其工作原理为染缸内叶轮通过减速电动机的运动，在染缸中以18~20r/min的转速作单向循环运动。成衣投入染缸后，即随染液（漂液）以单向循环旋涡式运动，同时叶轮不断把浮在液面的成衣毫无损伤地压向染液内，以避免色花，达到染色或漂白的目的。

如德意佳机械江苏有限公司的超环保成衣/袜类/无缝内衣染色机（图4-14）。该设备具有多边形转笼，有3个独立单元，染色时染物运动空间较小，不易产生破损、缠结现象；自动化程度较高，减少了工艺缸差和人为操作带来的误差。

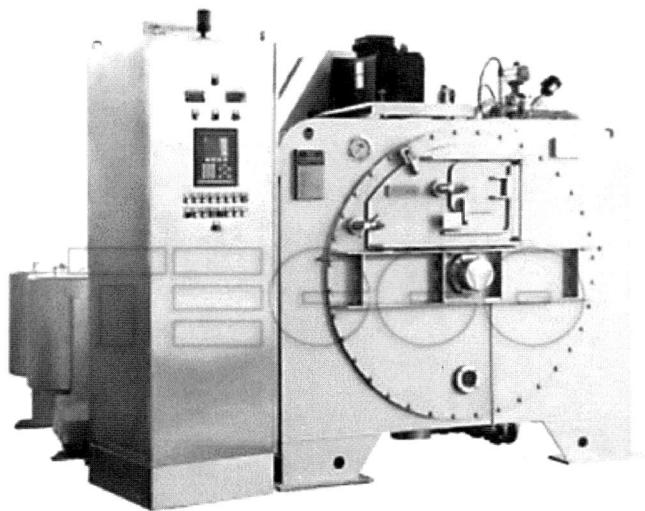

图4-14 超环保成衣/袜类/无缝内衣染色机示意图

党的二十大报告提出，实施产业基础再造工程和重大技术装备攻关工程，支持专精特新企业发展，推动制造业高端化、智能化、绿色化发展。随着人工智能时代的到来，数字化装备的不断发展，绿色、环保意识不断增强，印染企业在作业环境、节能减排和智能化调控等方面的需求逐年提高，印染企业也在逐步建设智能化染色车间，染色机械设备正朝向智能化、绿色化、高效化方向发展。

四、被染物的准备

天然纤维素纤维回潮率相对较高，亲水性较好，在水中会发生吸湿溶胀，有利于染料分子在纤维内部的扩散和分布均匀，所以染色之前通常可用温水浸渍被染物，提高染色制品的鲜艳度及匀染性。

任务二　直接染料染色

4-3　直接染料染色性能

随着工业化革命的兴起，大约在 19 世纪中期出现了第一只合成染料——苯胺紫。1856 年，英国皇家化学学院著名有机化学家霍夫曼院长的一名研究生珀金正在合成抗疟疾特效药物——金鸡纳霜（奎宁）。当时，这种药物必须从南美印第安人居住地的一种叫金鸡纳树的树皮中提取，导致该药物在欧洲的价格十分昂贵。由于当时关于药物化学的理论与实验基础还不够完善，人们无法得知金鸡纳霜的化学结构，只能通过大量的实验来不断摸索。一天，珀金把强氧化剂重铬酸钾加入苯胺的硫酸盐中，结果烧瓶中出现了一种沥青状的黑色残渣。考虑到这种焦黑的物质难溶于水，珀金就加入酒精来清洗烧瓶。奇怪的事情发生了，加入酒精之后，烧瓶中黑色物质溶解转变成鲜艳的紫色物质。这种紫色物质在棉织物上的染色效果一般，易褪色，但染羊毛和丝绸却十分出色，颜色鲜艳且牢度较好。这就是世界上第一支人工合成染料苯胺紫的由来。**党的二十大报告提到，基础研究和原始创新不断加强，一些关键核心技术实现突破，战略性新兴产业发展壮大，载人航天、探月探火、深海深地探测、超级计算机、卫星导航、量子信息、核电技术、新能源技术、大飞机制造、生物医药等取得重大成果，进入创新型国家行列。** 可见，创新是人类探索未知世界不断前进的制胜法宝。在科技创新的推动下，人类开启了化学合成染料快速发展的新时代。合成染料具有色泽鲜艳、色谱齐全、染色工艺简便和价格低廉等优点，广泛应用于纺织纤维面料。

一、直接染料的概念

直接染料是指在上染，如棉、麻、黏胶、蚕丝、羊毛等纤维时，不需要其他助剂就能上染纤维的一类染料，称为直接染料。直接染料具有色谱齐全、色泽鲜艳、价格低廉、染色方法简便等优点，但染色制品的湿处理牢度较差，一般需通过固色后整理来提高染色制品的水洗牢度和湿摩擦牢度。

二、直接染料的发展历史

在合成染料出现之前，棉织物一直使用靛蓝及天然染料染色，或多或少存在着一些缺陷，如染色工艺较复杂、染色牢度较低、染色制品质量不够稳定等。第一只直接染料是 1884 年保蒂格合成的刚果红，经历了 130 年的发展，直接染料的化学结构及性能不断完善。

早期的直接染料，从结构上看主要是联苯胺类的偶氮化合物，刚果红就是典型的联苯胺双偶氮化合物。当时这类染料多数以芳二胺为中间体，通过重氮化反应和偶合反应来制备直接染料。后来随着合成染料技术的发展，出现了酰替苯胺、二苯乙烯、二芳基脲、三聚氰胺作为重氮组分的偶氮类直接染料，如图 4-15 中的 C. I. 直接黑 19 及二噁嗪、酞菁系的非偶氮类杂环直接染料。

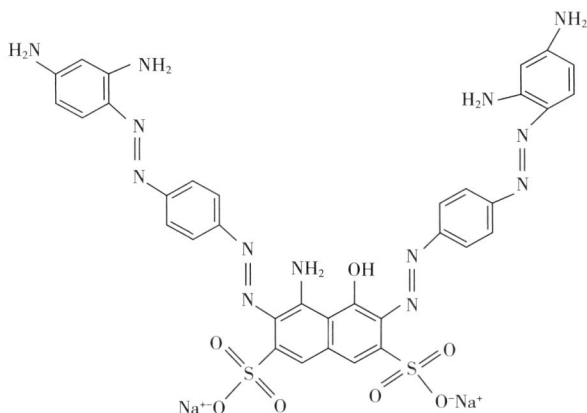

C.I.直接黑19

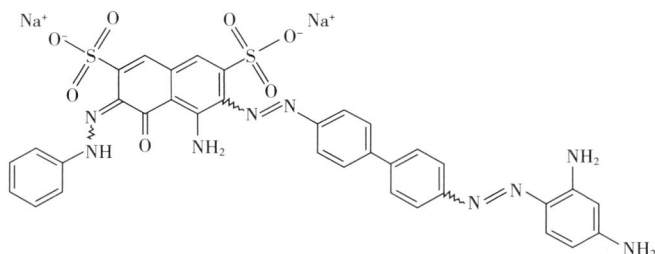

C.I.直接黑38

图4-15　C. I. 直接黑 19 和 C.I. 直接黑 38 的化学结构

到 20 世纪 60~70 年代，因为联苯胺被证实对人体或动物有致癌作用，具有联苯胺、3,3′-二甲基联苯胺或 3,3′-二甲氧基联苯胺这三种结构的致癌芳香胺，如 C. I. 直接紫 1、C. I. 直接黑 38 等逐渐被禁用。在直接染料的化学结构中，早期以联苯胺发展起来的品种多被淘汰，2004 年又增加了另外 22 种芳香胺类的，目前禁用的直接染料大约有 104 种。部分禁用直接染料见表 4-1。

表 4-1　禁用直接染料（部分）

序号	染料索引号	致癌芳香胺	国产商品名称
1	直接黄 24（22010）	联苯胺	直接黄 GR（直接黄 GGR）
2	C. I 直接橙 1（22370）	联苯胺	
3	C. I 直接红 1（22310）	联苯胺	直接红 F（直接朱红 F）
4	C. I 直接红 2（23500）	3,3′-二甲基联苯胺	直接大红 N4B
5	C. I 直接红 13（22155）	联苯胺	直接枣红 GB，直接枣红 B，直接红酱，直接酒红，直接紫红
6	C. I 直接紫 1（22570）	联苯胺	直接紫 4RB，直接紫 N，直接青莲 N

续表

序号	染料索引号	致癌芳香胺	国产商品名称
7	C. I. 直接黑 14（30345）	联苯胺	
8	C. I. 直接蓝（24230）	3,3'-二甲氧基联苯胺	直接耐晒蓝 FBGL
9	C. I 直接黑 38（30235）	联苯胺	直接黑 BN，直接黑 EN，直接黑 BX，直接青光元，直接元，直接元青，直接红光元青，直接红光元

随着人们对染色产品质量要求的不断提高，染色牢度较佳的还原染料、不溶性偶氮染料以及活性染料相继问世，对直接染料造成一定的冲击。为了解决直接染料湿处理牢度较差的问题，人们探索了染色后处理工艺，较为成熟的方法是铜盐后处理及重氮化后处理，形成直接铜盐染料和直接重氮染料这两种直接染料。随后又出现了铜络合结构的偶氮类直接染料和一些杂环结构的非偶氮直接染料，它们最大的优点是耐光色牢度优良，可达到 4 级以上，如图 4-16 所示的直接翠蓝 GL。随着聚酯纤维的快速发展，涤棉或涤黏混纺产品的广泛应用，研究学者开始研发适合涤棉混纺面料的直接染料，先后开发出直接交联染料和直接混纺染料。这些直接染料通常具有耐高温以及耐酸性好的特点，与分散染料相容性好、染色提升力高、重现性好，适合涤棉混纺织物的染色，且染色牢度优良。

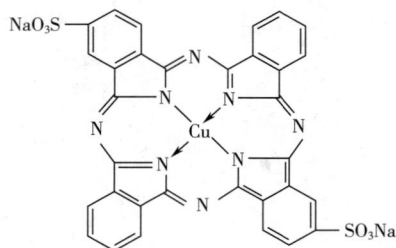

图 4-16　直接翠蓝 GL 化学结构

三、直接染料的应用分类

（一）匀染性直接染料

染料分子结构较简单，染料在水溶液中聚集倾向较小，亲和力低，扩散速度高，匀染性好，染色牢度较差，食盐促染效应不明显，易达到染色平衡，染色温度升高反而会降低平衡上染百分率，通常染色温度不宜过高，以 70~80℃ 为宜，一般适合染淡色，直接黄 12（直接冻黄 G）的化学结构如图 4-17 所示。

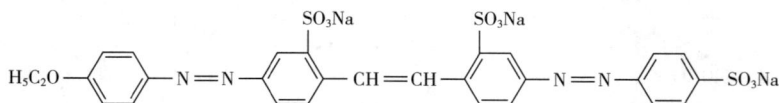

图 4-17　直接黄 12 的化学结构

（二）盐效应直接染料

染料分子结构较复杂，分子结构中含有多个水溶性基团，对纤维亲和力较高，在纤维内部扩散速度较低，匀染性较差，食盐、元明粉等中性电解质对染料的促染作用明显，直接耐晒绿 BB 的化学结构如图 4-18 所示。

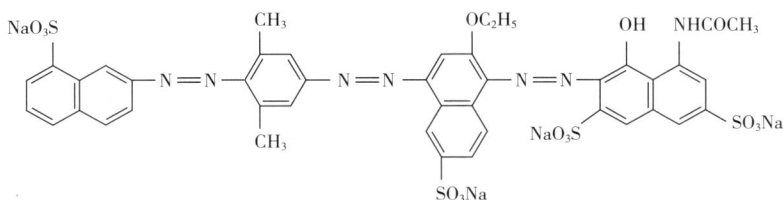

图 4-18　直接耐晒绿 BB 的化学结构

（三）温度效应直接染料

该类染料分子结构较复杂，分子中含有磺酸盐基团较少，盐效应不明显，对纤维亲和力高，染料在纤维内部扩散速度低，匀染性较差，上染百分率一般随染色温度的升高而增加。直接黄棕 D3G 的化学结构如图 4-19 所示。

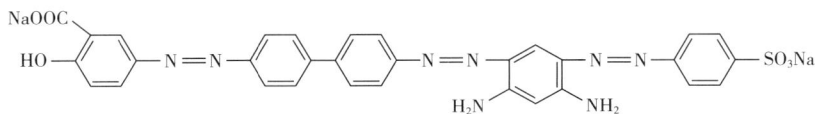

图 4-19　直接黄棕 D3G 的化学结构

（四）直接混纺染料

直接混纺染料也称为 D 型直接染料，这类直接染料对纤维素纤维有较高的上染率，湿处理牢度、色泽鲜艳度及与其他染料的配伍性较常规直接染料好，与分散染料有较好的相容性，适合与分散染料同浴对涤棉混纺织物进行染色。直接混纺黄棕 D-RL 的化学结构如图 4-20 所示。

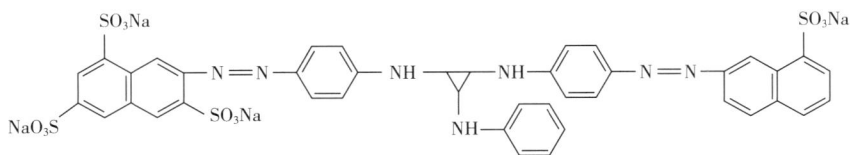

图 4-20　直接混纺黄棕 D-RL 的化学结构

（五）直接交联染料

该类染料分子结构中含有氨基、羟基、取代氨基等反应性基团，可采用配套的阳离子固色剂组成染色体系，具有得色均匀、染色重现性好、染色牢度高的特点。

四、直接染料的染色过程

直接染料因其结构中含较多的水溶性基团，如磺酸盐、羧酸盐等，所以在水溶液中具有良好的溶解性能，可形成澄清、透明的染液。在水溶液中，直接染料首先依靠染液的流动和自身的热运动向纤维表面进行扩散，当染料扩散进入离纤维表面较近距离时，通常认为这个距离存在吸附层，由于染料与纤维之间存在范德瓦尔斯力和氢键，促使染料快速吸附到纤维表面，进而向纤维内部扩散，并在纤维表面和内部发生结合，染色结束后也可进行固色后处理。

（一）吸附

直接染料的吸附过程主要作用力有范德瓦尔斯力和氢键，它们与染料分子结构大小有关。温度效应直接染料因其分子结构较复杂，与纤维之间的作用力较匀染性直接染料要高，所以上染百分率及吸附速率较快，但是吸附速率太快反而易形成染色不匀。

直接染料上染纤维素纤维遵循弗莱因德利胥吸附等温线。直接染料的分子结构主要是单偶氮、双偶氮和多偶氮结构，分子结构具有直线型、共平面性的特征，与纤维大分子之间以范德瓦耳斯力作用为主吸附上染。染料分子中的极性基团，如羟基、氨基等，可与纤维大分子上极性基团还形成氢键，有利于染料的上染。

（二）扩散

直接染料的扩散基本符合孔道扩散模型。随着染液温度的升高，染料在水中的聚集度降低，纤维孔道平均直径增大，染料向纤维内部的扩散阻力减小，扩散速率提高，半染时间缩短，染色速率提高。对于分子结构复杂的温度效应直接染料来说，因为其在纤维内部的扩散阻力大，扩散活化能高，扩散速率慢，所以升高染浴温度有利于提高染色速率；对于分子结构简单的匀染性直接染料来说，染料扩散阻力小，扩散活化能低，染料本身容易向纤维内部扩散，染浴温度的提高对上染速率的提升作用不显著，反而会因为染料的解吸附导致平衡上染百分率降低。所以，不同类型的直接染料应选择适合的染色温度，保证染色的质量。

（三）固着

直接染料上染纤维素纤维是典型的物理吸附固色。上染到纤维上的直接染料，染料与纤维之间以物理吸附为主，纤维与染料的结合力相对较弱，在水洗过程中已经固着在纤维上的染料分子中会再次脱离纤维，溶入水中，所以直接染料染色制品耐水洗牢度较差。

五、直接染料的染色工艺

直接染料主要用于黏胶纤维和棉纱线染色，也可以用于天丝和竹纤维等纤维的染色。染色方法主要包括浸染、卷染、轧染和轧卷染色等，其中织物染色以卷染为主。

4-4 直接染料染色工艺　　4-5 直接染料染色过程

由于硬水中含有的钙、镁离子以及其他重金属离子可能会造成直接染料沉淀或色光变化，所以染色时应使用软水配制染液，若无软水的情况下可加入适量螯合分散剂。在染色用水中可加适量亚硫酸钠或硫代硫酸钠进行脱氯，减少含氯化合物对染色产品色光的影响。

（一）浸（卷）染色工艺

1. 工艺流程

浸染：化料→浸染→水洗（固色）→脱水→烘干。

卷染：化料→卷染→水洗（固色）→冷水上卷→烘干。

2. 工艺处方

直接染料卷染工艺处方及工艺条件见表4-2，工艺处方给出了染色过程中使用的染化料种类、名称及其用量。

表4-2 直接染料卷染工艺处方及工艺条件

项目		浅色	中色	深色
染液处方	染料（owf）/%	<0.2	0.2~1	>1
	纯碱/（g/L）	0.5~1	1~1.5	1.5~2
	食盐/（g/L）		3~7	7~15
固色液处方	固色剂/%	0.8~1.2		
	30%醋酸/%	0.6~1		
项目		道数/道	液量/L	温度/℃
工艺条件	卷染	6~12	150	60~70
	水洗	2	100~150	近沸
	固色	4	200	室温
	水洗	2	150	室温~60
	上轴	2	200	室温

化料：采用温水将固体染料调成浆状，然后加入热水或适量表面活性剂使染料完全溶解，并稀释到规定浓度，可加入适量纯碱软化硬水并增加染料的溶解度。

染液：一般染液中含有染料、纯碱、食盐或元明粉。其中纯碱用量为1~3g/L，食盐、元明粉用量为 0 ~ 20g/L，中性电解质用量随染料用量增加而相应增加，染色浴比一般为1:（20~40）。

染色温度：染色温度包括始染温度、升温速率和保温温度。升温速率影响染料的上染速率和匀染性。对于分子结构复杂的直接染料来说，其匀染性相对较差，应严格控制升温速率。保温温度影响上染百分率、移染性和透染性，从而影响染色制品的最终色泽、匀染性以及色牢度等性能。适当升高保温温度可提高染料的移染和透染性，改善匀染性，提高染色速率，缩短染色时间，但染料的解吸速率也会增大，平衡上染百分率降低。不同结构和性能的染料所需的保温温度不同，一般匀染型直接染料最高保温温度低于70℃，盐效应型直接染料保温温度在70~80℃，温度效应型直接染料保温温度略高，为90~100℃。适当降低保温温度并延长保温时间对生产是有利的，但不易获得匀染效果。

3. 工艺曲线

直接染料浸染工艺曲线如图4-21所示，从工艺曲线中我们可以得知染色的具体流程或步骤、染化料加入的顺序及时间等信息。根据纤维性质、染料结构、染色浓度来选择合适的染色温度、中性电解质以及升温速率。盐效应型直接染料可将中性电解质溶解后分批加入，以保证染色织物的匀染性。温度效应型直接染料的升温速率应缓慢，染色结束后，可降温保温一段时间，进一步提高上染百分率。为提高染色牢度，染色结束后可进行固色后处理。为了减少污染，提高染料利用率，在染色残液中可再添加适量的染料和助剂进行续缸染色。

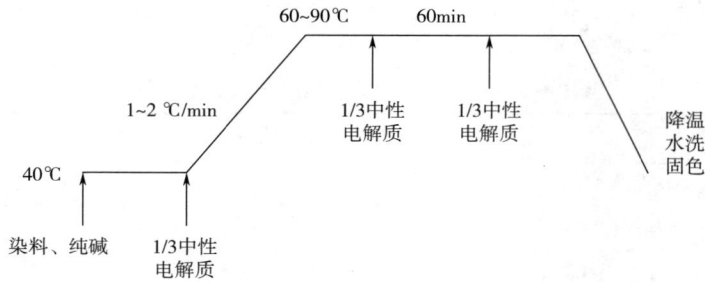

图 4-21　直接染料浸染工艺曲线图

4. 注意事项

（1）化料时先以热软水调浆，必要时可加入适量润湿剂，再加热软水稀释，将已溶解的染料经过滤后加入染缸内。

（2）卷染时为防止头尾色差，染料应分批加入，温度由高到低。先加入染料总用量的 3/5，在规定的染色温度下染 1 道后，再加入其余 2/5 的染料，并在第 3、4 道末加入食盐。

（3）染色时，促染剂在染色过半后加入，应不含钙、镁盐类，以免影响色光鲜艳度。

（4）染色后应进行水洗，水的流量要适中。染后织物要及时烘干，烘筒的温度应采用先低后高。应选用对织物色泽影响小的固色剂进行固色。

（5）续缸染色时，染料用量为初始的 75% 左右，助剂用量为初始的 30% 左右。

（二）轧染工艺

1. 工艺流程

浸轧染液→烘干→汽蒸→水洗（固色）→水洗→烘干。

2. 工艺处方

直接染料轧染工艺处方见表 4-3，根据工艺处方可计算得出染色所需染化料的具体用量。

表 4-3　直接染料轧染工艺处方

染化料	用量/（g/L）	染化料	用量/（g/L）
直接染料	0.2~10	渗透剂或润湿剂	2~5
纯碱	0.5~1.0	匀染剂或防泳移剂	1~2

3. 工艺条件

浸轧方式为一浸一轧或两浸两轧；轧液率 50%~80%，轧槽温度 40~80℃，汽蒸温度 100~103℃，汽蒸时间 60~180s。

4. 注意事项

（1）轧染匀染性较差，染色时宜加入匀染剂。为了防止或减少染料的泳移现象，还可在染浴中加入适量海藻酸钠。

（2）为了防止织物产生头深现象，应根据染料的直接性大小，对其进行适当比例的兑水冲淡，兑水率为25%左右。

（3）汽蒸时可采用食盐及少量染浴封口，以减少蒸汽外溢，防止染料脱落。染色结束后要进行充分的水洗及固色后处理。

六、直接染料的固色处理

直接染料应用简便，一般品种的价格比较低廉，但其最主要的问题是湿处理牢度较低，特别是耐洗色牢度较差。因此染色织物需通过固色后处理提高染色牢度。直接染料因其分子结构中含较多的

4-6　直接染料的固色处理

水溶性基团，如磺酸盐、羧酸盐等，在水中具有良好的溶解度。在染色过程中，良好的水溶性使得染料在水中发生电离或形成单分子染料，有利于染料上染纤维及在纤维内外的扩散。但上染到纤维上的染料，由于染料与纤维主要依靠范德瓦尔斯力和氢键力结合，染料与纤维间的结合力较弱，在水洗的过程中染料易脱离纤维，再次溶解于水中，造成织物耐水洗色牢度较差，使得染色制品外观陈旧，还会玷污其他织物。为了解决这一问题，通常在染色后进行固色后处理，固色所用的助剂可以称为固色剂。目前常用的固色剂分为低分子阳离子型固色剂、阳离子树脂型固色剂以及反应型交联固色剂三种类型。

（一）固色机理

采用带有正电荷的化合物、表面活性剂或高分子聚合物，与上染到织物上的直接染料发生离子交换反应，即上染到织物上的直接染料的阴离子与带正电荷的固色剂发生离子键结合，从而在纤维上生成微溶水或不溶水的盐类，封闭染料的水溶性基团，防止染料在水中发生电离和溶解而从织物上脱落。其化学反应如图4-22所示。

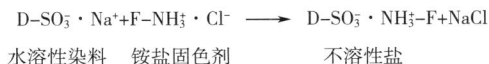

$$D\text{-}SO_3^-\cdot Na^+ + F\text{-}NH_3^+\cdot Cl^- \longrightarrow D\text{-}SO_3^-\cdot NH_3^+\text{-}F + NaCl$$

水溶性染料　　铵盐固色剂　　　　　不溶性盐

图4-22　直接染料与固色剂的化学反应示意图

阳离子型表面活性剂或高分子聚合物，一方面可与染料形成离子键，另一方面还可与染料和纤维之间形成氢键及范德瓦尔斯力，提高湿处理牢度。另外，高分子聚合物还可在纤维表面形成立体网状的聚合物薄膜，进一步降低染料的水溶性，增加布面的平滑度，降低摩擦系数，减少染料在"湿摩擦"时溶胀、溶解、脱落，同时也会降低织物在"湿摩擦"过程中由于剪切应力的作用产生极短绒毛的机会，提高染色制品的湿摩擦色牢度。

还有一种含有反应性基团的阳离子固色剂，它不仅能够与染料分子发生反应，还能与纤维素纤维反应发生交联，形成高度多元化交联网状体系，使染料与纤维间结合更加牢固，减少染料从纤维上脱落，提高染色牢度。尤其是那些反应性树脂固色剂，自身可以交联成大分子网状结构，又能在染料与纤维之间"架桥"形成大分子化合物，让染料与纤维结合得更加牢固，染色牢度显著提高。

（二）固色剂的类型

1. 低分子阳离子固色剂

该类固色剂又可分为表面活性剂和非表面活性剂两种。表面活性剂型的固色剂结构主要含有季铵盐、硫盐或磷盐等阳离子基团，可以封闭阴离子染料的水溶性基团，与染料在纤维上生成色淀，增进染料的耐酸、耐碱及耐水洗色牢度，但不耐皂洗如肥皂、烷基硫酸盐等阴离子类洗涤剂，处理后的织物易出现变色和耐日晒色牢度下降的现象，已经很少使用。

非表面活性剂型的固色剂结构中含有两个或两个以上的季铵盐阳离子基团，是一种既不属于合成树脂又无表面活性的固色剂。如多乙烯多胺类季铵盐、三聚氯氰与多乙烯多胺的高分子缩合物等。该类固色剂可改善直接染料的耐洗色牢度，对色变和耐日晒牢度影响都较小。

2. 树脂型固色剂

（1）甲醛缩合物。早期的树脂型固色剂由双氰胺、尿素、三聚氰胺、二乙烯三胺、胍等与甲醛缩合而得。该类固色剂使用的时间较长、应用范围较广，对如直接染料、活性染料和酸性染料都有较好的固色效果。该类助剂可有效地改善直接染料的耐水洗、汗渍、水浸、摩擦等色牢度，处理后对染色制品的色光及耐日晒色牢度影响较小。具有代表性的有国产固色剂 Y，其是由双氰胺、氯化铵、甲醛缩合而成的预缩体，在稀醋酸浴中使用，其反化学反应如图 4-23 所示。

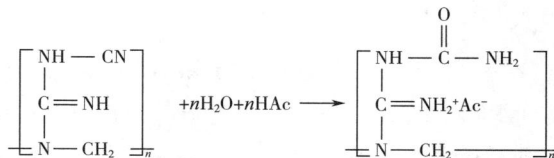

图 4-23　固色剂 Y 的合成反应

将固色剂 Y 与铜盐（如醋酸铜）反应，还可制得固色剂 M，其化学结构式如图 4-24 所示。由于固色剂分子中含有铜盐，固色后虽然能防止日晒牢度的下降，但是织物色光通常会变暗沉。由于固色剂 Y 和 M 在使用过程中会释放出甲醛，目前已被禁用。

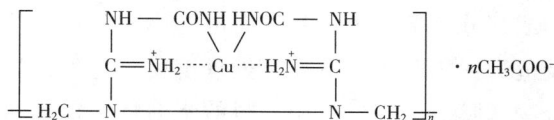

图 4-24　固色剂 M 化学结构式示意图

（2）低甲醛固色剂。该类固色剂由双氰胺、二乙烯三胺等与羟甲基脲或 2D 树脂制备而成，呈网状结构，可与染料形成大分子化合物，同时分子中含有反应性基团与阳离子基团，在一定条件下可与阴离子染料结合成盐，从而提高湿处理牢度。代表性品种有固色剂 DFRF-1 和 IFI-841，其化学结构式如图 4-25 所示。该类型固色剂需要进行高温焙烘（180℃）处理，其结构中的树脂初缩体还可提高织物抗皱性，但处理后织物会发生色变，释放少量甲醛。

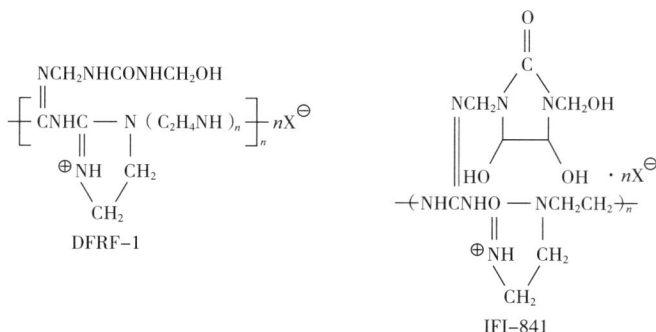

图 4-25　固色剂 DFRF-1 和 IFI-841 化学结构式示意图

（3）反应型固色剂。该类固色剂以环氧氯丙烷为原料，与胺类（一甲胺、二甲胺、二乙烯三胺、己二胺等）、聚醚、羧酸、酰胺等化合物反应制备而成。该类固色剂不仅能和阴离子型染料成盐结合、封闭水溶性基团而生成沉淀，而且能和纤维及染料中的羟基、氨基等基团反应，改善染色制品的湿处理牢度。其合成反应如图 4-26 所示。

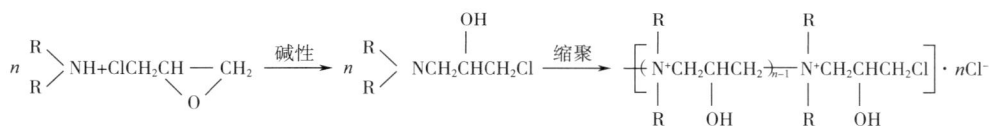

图 4-26　反应型固色剂合成反应示意图

七、直接染料对其他纤维染色

直接染料除了可以染纤维素纤维外，也可染蚕丝织物，特别是一些深色品种，还可用于皮革及纸张的染色。

（一）桑蚕丝

直接染料染色的桑蚕丝纤维制品染色牢度较好，但是光泽、颜色鲜艳度、手感不及酸性染料染色，很少单独应用。直接染料一般在中性或弱酸性条件下上染桑蚕丝纤维，主要用来弥补酸性染料不全的色谱。影响桑蚕丝染色性能的因素较多，主要包括直接染料结构及相对分子量大小和染液 pH。直接染料在酸性条件下对桑蚕丝纤维制品染色性能最好，碱性条件下最差，得色较淡，有些品种染料几乎无法上染纤维。酸性浴染色时，直接染料的吸尽率很高，染色性质如同弱酸性染料上染桑蚕丝；碱性浴中染色，桑蚕丝大都不上染或极少沾色。直接染料与桑蚕丝纤维之间的作用力主要为范德瓦耳斯力和氢键，若染浴 pH 在桑蚕丝纤维的等电点以下，则染料与纤维之间还会存在离子键。为了防止桑蚕丝纤维在染色过程中的发生"灰伤"，应避免长时间沸染染色，通常采用松式绳状染色机进行染色。

（二）皮革

目前国内市场上普通皮革纤维制品常用的水溶性染料有直接染料、酸性染料、活性染料、碱性染料等，这些染料染制的皮革纤维制品颜色鲜艳、价格低廉，但染色牢度相对较差。

决定皮革纤维制品染色性能的关键是鞣制方法，不同鞣制方法可获得化学性质各异的皮革纤维。鞣革方法主要有植物鞣法、矿物鞣法、油脂鞣法、醛类鞣法等。植物鞣法是以单宁与生胶质通过化学成盐和物理吸附双重作用，让生皮结构紧密，从而降低了对阴离子染料的亲和力，提高了对碱性染料的结合力。矿物鞣法（矿物主要是指铬盐、铝盐、锆盐等）能使皮与阴离子染料的结合力大幅提高，所以铬革表皮不易用染料染透，阴离子染料尤其是直接染料在皮革外层就已发生结合了。直接染料的相对分子质量较大，在铬鞣革表面可获得遮盖性较好的饱满色调，其与铬鞣革的结合比酸性染料牢固，且耐摩擦性好。《染料品种大全》中列出的常用于皮革染色的直接染料主要有直接黄 GGR（直接黄 24）、直接耐晒黄 5GL（直接黄 27）、直接耐晒黄 2R（直接黄 28）、直接黄 L4G（直接黄 44）等。

（三）锦纶

直接染料在锦纶中扩散性能较差，易造成环染，匀染性及遮盖性均较差，上染百分率低，颜色不够鲜艳。直接染料多与酸性染料或中性染料拼染使用。染色多在弱酸性或中性条件下进行。染色时，一般在 40～50℃开始染色，以 1～2℃/min 升温速率升到 100℃，保温 20～40min，染色后将温度缓慢降到 50℃后水洗出机。

任务三　活性染料染色

活性染料是指结构中含有反应性基团或活性基团，在适当条件下，能和纤维素纤维上的羟基、蛋白质及聚酰胺纤维上的氨基等发生键合反应，在染料和纤维之间生成共价键的一类染料。活性染料分子结构相对简单，其中含有的磺酸盐在水中可电离生成染料阴离子，对硬水有较高的稳定性。此外，活性染料的扩散性和匀染性，色泽鲜艳，且具有优异的染色牢度和广阔的应用领域。其主要用于纤维素纤维的染色，还可应用于蛋白质纤维、聚酰胺纤维的染色。一般来说，活性染料染色制品的耐水洗和摩擦色牢度较好，而耐光色牢度会随染料母体结构不同而变化。大多数活性染料的耐氯漂色牢度较低，蒽醌结构的蓝色品种有烟气褪色现象。

一、活性染料的发展历程

自 19 世纪中期第一只合成染料的出现，如何提高染料的应用性能和提高染色制品的功能与品质一直是科研人员探索研发的方向。经过了一个多世纪的发展，化学合成染料取得了长足的进步。目前可用于纺织品染色的染料品种繁多，色谱齐全，使用方便。

1954 年，英国帝国化学工业（ICI）的拉蒂（I. D. Rattee）和斯蒂芬（W. E. Stephen）发现单偶氮染料染浴从中性变为碱性时可与纤维素纤维发生共价键结合，于是申请了第一个活性染料专利。ICI 公司于 1956 年生产了第一只活性染料商品——C. I. 活性红 1。接下来的 20 年里，即 1956～1976 年，有 20 多个活性基被开发出来。中国对活性染料的研究始于 1957 年。1958 年 1 月，中国第一只活性染料在上海研制成功。1958 年 4 月，上海泰兴染料厂成功开发出三聚氯氰染料中间体。1959 年，大连工学院与华东化工学院联合研制成功 β-硫酸酯乙基砜染料中间体，为中国活性染料的快速发展奠定了基础。上海染化八厂是中国最早的活性染料生产专业工厂。1990~2000 年，我国活性染料生产飞速发展。据不完全统计，2010 年，我国活性染料产量已经达到 22.9 万吨，占世界活性染料总产量的 60% 以上。纺织染整的新质生产力是科技、绿色、文化生产力构成的合力系统。纺织化学品是纺织染整产业高质量发展的关键一环，纺织品的色牢度、颜色鲜艳度、手感、功能性和有毒有害物质控制等都与纺织化学品密切相关。随着环保意识的日益增强，绿色、低碳、循环发展已经成为纺织染整行业的共识和趋势。

二、活性染料的化学结构

活性染料区别于其他类型染料的地方在于其分子结构中含有能与纤维发生共价结合的活性基团，活性染料的化学结构通式如下：

$$W—D—B—Re$$

式中：W 为水溶性基团，一般为磺酸盐基团；D 为染料发色体或母体结构；B 为染料母体与活性基的连接基或称桥基；Re 为反应性基团或活性基团，可与纤维反应形成共价键。

4-7　活性染料的化学结构及其分类

绝大部分染料的活性基团是通过连接基与染料母体芳环连接的。对于没有连接基的活性染料，活性基团也可直接连接在染料母体上。在染料母体上通常有 1~3 个磺酸盐作为水溶性基团，有些活性基团本身也包含磺酸基或硫酸酯基。

三、活性染料的活性基团

活性染料的结构是一个整体，其每一部分都直接影响着染料的染色性能。活性基团结构主要决定了活性染料的反应性及染料与纤维键合的稳定性。除此之外，还会影响活性染料的氧化性、耐酸性、耐碱性和耐热性等性能。活性染料的反应性高低直接关乎染料的稳定性：若反应性太强，染料易与纤维发生反应，但也容易水解，造成储存不便。所以活性染料除了需要良好的反应性，还要保证活性基与纤维形成的共价键有良好的稳定性。根据活性基团与纤维反应的类型，活性染料的活性基团大致可分为以下几种。

（一）卤代杂环类

卤代杂环类活性基团主要包括卤代均三嗪和卤代嘧啶两大类，也包括少量喹噁啉和其他杂环类。卤代均三嗪可分为二氯均三嗪、一氯均三嗪、一氟均三嗪等；而卤代嘧啶类可分为三氯嘧啶、二氯嘧啶、一氯嘧啶及氟氯嘧啶。

1. 卤代均三嗪类

染料的活性基团通常是卤代均三嗪的衍生物，连接基通常是亚氨基，离去基为卤素基团。这一类活性染料开发应用最早的是二氯均三嗪类活性染料。

（1）二氯均三嗪。国产 X 型活性染料属于此类，其结构通式如下，其中 D 为染料母体。

$$D—NH—C \overset{N}{\underset{N}{\cdots}} C—Cl \quad 简写为 \quad D—NH \triangleright Cl$$

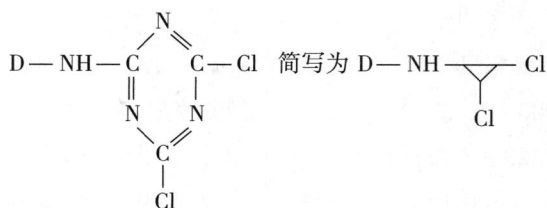

该类型染料的反应性较强，在较低温度和较弱碱性的条件下，均三嗪环上的一个氯原子即可与纤维素纤维发生反应，也称为冷染型活性染料。该类型的染料在湿热及碱性环境下易发生水解，从而丧失与纤维的反应能力。为了提高染料的贮存稳定性，在商品染料中通常会加入适量缓冲剂，如磷酸二氢铵和磷酸氢二铵的混合物以及尿素等。

（2）一氯均三嗪。国产 K 型活性染料属于此类，其结构通式如下，其中 D 为染料母体，R 为烷基。

$$D—NH—C \overset{N}{\underset{N}{\cdots}} C—Cl \quad 简写为 \quad D—NH \triangleright Cl \atop R$$

与 X 型活性染料相比，该类型染料的反应性较低，稳定性较好，中性条件下溶解并加热至沸也无显著水解。该染料染色时，需在较高的温度及碱性条件下进行，又称热固型活性染料。国产 KD 型中部分品种也属此类。

（3）一氟均三嗪。Cibacron F 型活性染料属于此类，其结构通式如下所示，其中 D 为染料母体，R 为烷基。在相同条件下，该类型染料的反应速率比一氯均三嗪型活性染料高 50 倍左右，而染料与纤维键合的稳定性与一氯均三嗪型染料相似。

$$D—NH—C \overset{N}{\underset{N}{\cdots}} C—F \quad 简写为 \quad D—NH \triangleright F \atop R$$

2. 卤代嘧啶类

卤代嘧啶类活性染料根据嘧啶环中含有卤素原子的种类和数目可分为一氯、二氯、三氯嘧啶和氟氯嘧啶。国产的 F 型活性染料属于此类，其结构通式如下所示，其中 D 为染料母体，X 为卤素原子。该类型染料具有中等的反应性和较高的固色率，染料与纤维间化学键稳定性较高，耐酸、耐碱性好，但价格较高。

$$D-NH-\text{（嘧啶环）}-X_1,\ X_2,\ X_3$$

3. 喹噁啉类

国产 E 型和 Levafix E 型活性染料属于此类，2,3-二氯喹噁啉类活性染料结构通式如下所示，其中 D 为染料母体。该类活性染料具有较高的反应性，其反应活泼性介于一氯均三嗪和二氯均三嗪之间。该类活性染料染色性能优良，通常在 40℃ 水浴中可与纤素纤维发生共价键结合。

$$D-HNOC-\text{（喹噁啉环）}-Cl,\ Cl$$

（二）乙烯砜基类

国产 KN 型活性染料属于此类，其结构通式如下所示，其中 D 为染料母体。该类型染料在碱性条件下，发生消除反应后形成碳碳双键（—C＝C—）；染料与纤维键合时，碳碳双键打开与纤维上的亲核基团发生亲核加成反应，从而通过共价键结合。该染料的反应性介于一氯均三嗪和二氯均三嗪型活性染料之间，在酸性和中性溶液中非常稳定，即使煮沸也不发生水解，但在碱性条件下染料或染料与纤维键稳定性较差。

$$D-S-SO_2-CH_2CH_2-OSO_3Na$$

（三）其他活性基类

1. α-卤代丙烯酰胺类

国产 PW 型活性染料属于此类，其结构通式如下所示，其中 D 为染料母体，X 为卤素原子。该类染料由碳碳双键（—C＝C—）和卤素原子两个活性基组成，使得染料的反应性增强。染色时，染料与纤维易同时发生亲核取代和亲核加成反应，染料与纤维间的化学键稳定性好，织物染色牢度较好。

$$D-NH-CO-\underset{X}{CH}-CH_2-X \quad \text{或} \quad D-NH-CO-\underset{X}{CH}=CH_2$$

2. 膦酸基类

国产 P 型及国外 Procion T 型活性染料属于此类，其结构通式如下所示，其中 D 为染料母体。该染料结构中含有膦酸基活性基团，能在中性和酸性介质中与纤维发生共价键结合，还可与分散染料一浴法对涤棉混纺织物进行染色。该类染料的活性基团是膦酸基，会存在污水处理困难的问题，且在高温、酸性条件下固色往往会造成纤维素纤维变黄和降解，且色光偏暗，耐日晒色牢度也较差，已逐步退出市场。

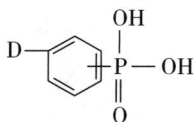

（四）多活性基类

为了进一步提高活性染料的固色率及染料利用率，改善染料的染色性能，多活性基团和复合活性基团的活性染料逐渐发展。该染料结构中含有两个或两个以上的活性基团，可以由多个相同或不同的活性基团组成，从而赋予染料更优异的染色特性。

1. 一氯均三嗪和乙烯砜硫酸酯双活性基类

国产 M 型、KM 型、EF 型等活性染料属于此类，其结构通式如下所示，其中 D 为染料母体。国外 Sumifix Supra 和部分 Pro-cion Supra 染料也属于该类型。一氯均三嗪活性基团在高温固色且耐碱，乙烯砜硫酸酯基在中温固色且耐酸。两个活性基团之间会相互影响，产生协同效应，从而提高了染料与纤维的反应性及固色率。

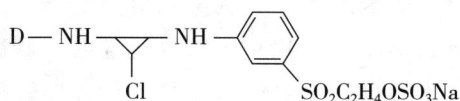

一氯均三嗪与间位β-乙烯砜基硫酸酯

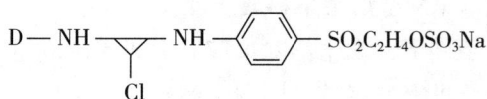

一氯均三嗪与对位β-乙烯砜基硫酸酯

2. 二卤代均三嗪双活性基类

国产 KE 型活性染料属于此类，其结构通式如下所示，其中 D 为染料母体。国外 Procion Supra 染料属于这一类，国产 KD 型活性染料中的部分品种也含有两个一氯均三嗪基。该类型活性染料的分子结构比较复杂，相对分子质量较大，对纤维的直接性高。此外，它们的反应性、稳定性与一氯均三嗪型相似，固色率较高，染物牢度优良。染料与纤维是以范德瓦耳斯力、氢键及共价键的多种方式固着，适用于黏胶、蚕丝纤维的染色。

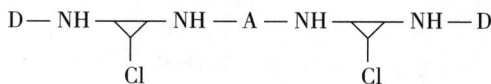

3. 一氟均三嗪和乙烯砜硫酸酯双活性基类

该类型活性染料的反应性高于一氯均三嗪和乙烯砜硫酸酯双活性基染料，具有优异的固色率、耐酸碱稳定性、水溶性和洗涤性，但因价格昂贵应用有限。该类型活性染料结构通式如下所示，其中 D 为染料母体。

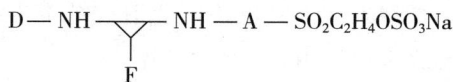

四、活性染料的染色过程

活性染料的染色过程包括上染、固色和染色后处理三个阶段。

4-8　活性染料的染色过程

（一）上染

活性染料的上染是指活性染料从染液中吸附到纤维上，并在纤维上均匀扩散的过程。染料通过氢键、范德瓦耳斯力等作用吸附到纤维表面，并在纤维内外形成一个浓度差，从而纤维表面的染料可以向纤维内部扩散。染料的扩散是在固态相介质中进行的，比在溶液中扩散更慢，因而这一阶段是决定上染速率快慢的主要阶段。

活性染料由于相对分子质量较小，且水溶性较高，因此在上染过程中具有亲和力低、扩散性高、匀染性好、上染百分率较低、趋向上染平衡时间短等特点。上染百分率较低是活性染料上染阶段中存在的主要问题，目前，普遍采取的措施是：加入电解质促染、进行低温染色、采用小浴比染色等。

（二）固色

活性染料固色是指在一定的温度和碱性条件下，染料的活性基团与纤维形成共价键结合而固着在纤维上的过程。

1. 键合机理

活性染料的键合机理主要取决于染料结构中活性基团类型，一般可分为亲核取代和亲核加成两种反应。

（1）亲核取代反应。活性基团为卤代杂环类的活性染料，如卤代均三嗪、卤代嘧啶、卤代喹噁啉等，能与纤维素纤维、蛋白质纤维和聚酰胺纤维等发生亲核取代反应。其反应过程如图4-27所示。

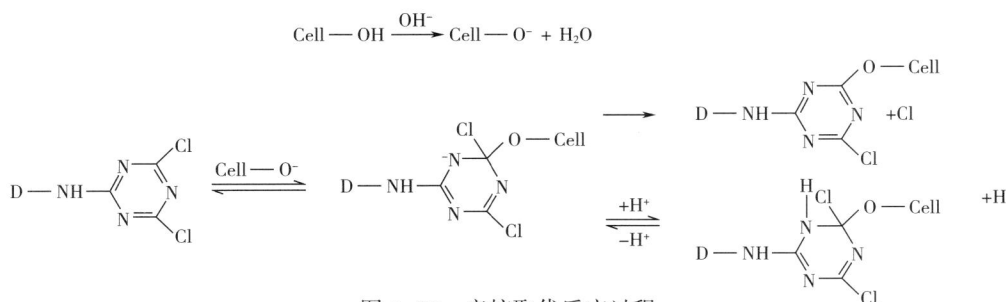

$$\text{Cell} \longrightarrow \text{OH} \xrightarrow{\text{OH}^-} \text{Cell} \longrightarrow \text{O}^- + \text{H}_2\text{O}$$

图4-27　亲核取代反应过程

首先，纤维素纤维在碱性条件下形成不稳定的纤维素负离子（Cell—O⁻）。其次，纤维素负离子先攻击氮杂环上电子云密度较低的碳原子。攻击过程中，负电荷较集中地分布在氮原子上，从而形成带负电荷的中间加成产物。最后，氯原子被纤维素负离子取代而游离脱去，形成染料与纤维的共价键结合产物。

（2）亲核加成反应。乙烯砜类活性染料与纤维素纤维的反应属于亲核加成反应。首先，染料结构中的 β-羟基乙烯砜硫酸酯发生消除反应生成乙烯砜基结构。在碱性条件下，β-羟基乙烯砜硫酸酯中砜基具有较强的吸电子性，使得 α-碳原子上的氢变得比较活泼，容易离解。

同时，硫酸酯的吸电子性，使得碳氢键具有极性，容易断裂，所以发生消除反应，生成碳碳双键乙烯砜基，其化学反应历程如图 4-28 所示。

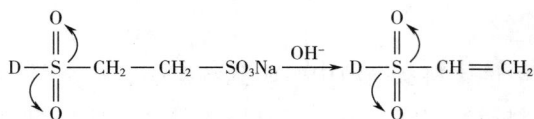

图 4-28　β-羟基乙烯砜硫酸酯消除反应示意图

其次，由于电子诱导效应使得染料中乙烯砜基上 β-碳子呈现更强的正电性，从而与纤维素阴离子（Cell—O⁻）发生亲核加成反应，化学反应如图 4-29 所示。

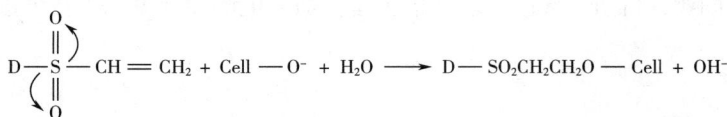

图 4-29　亲核加成反应过程示意图

2. 水解反应及固色率

活性染料除了与纤维发生共价键反应外，在碱性条件下，染液中以及吸附在纤维上的活性染料，都能与氢氧根离子发生亲核取代或亲核加成反应，称为水解反应。我们通常用固色率来衡量染料与纤维发生共价键结合的百分数。活性染料与纤维形成共价结合的染料量占投入染液中染料总量的百分率称为固色率。它是评价活性染料利用率的一个重要指标，计算方法如下：

$$固色率 = \frac{C_f}{C_0} \times 100\%$$

式中：C_f 为固着在纤维上的染料量；C_0 为初始染液中染料总投入量。

水解的活性染料仍可吸附于纤维上并进行扩散，但失去了与纤维发生共价结合的能力，造成固色率降低，直接影响染色制品的湿处理牢度。活性染料水解化学反应如图 4-30 所示，在碱性条件下，氢氧根离子（OH⁻）作为一种亲核试剂，它能与染料发生共价键结合，从而导致染料的水解。

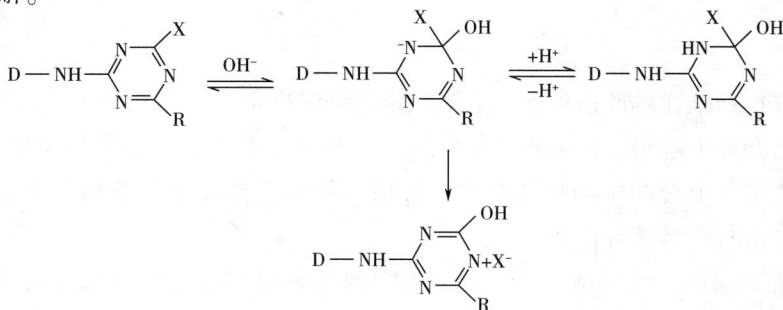

图 4-30　活性染料水解化学反应示意图

在活性染料的染色过程中，染料和纤维的共价键结合与水解反应总是相伴相随的，但固色反应总是比水解反应快得多。因此，纤维素纤维染色时，为了减少活性染料的水解，获得良好的染色效果，染料应在近中性条件下开始上染，待染料上染接近平衡后再加碱剂或固色剂。随后提高染液的 pH，使纤维素纤维的羟基容易离解成阴离子，加快染料和纤维间的固色反应。这种染色方法不仅有利于提高固色率，而且易获得良好的匀染及透染效果。

3. 影响因素

染料的固色率是评定活性染料质量的重要指标。活性染料在染色过程中存在着两种反应，即与纤维发生共价键结合的化学反应和水解反应。在实际染色过程中，往往期望能大大降低活性染料的水解反应，不断提高染料的固色率。活性染料的固色率受到多种因素的影响，除了被染物性质和染料的化学结构外，还与染色工艺及助剂有关。

（1）被染物性质。活性染料主要应用于纤维素纤维的染色。纤维素纤维是一种多糖化合物，分子链主要由 β-葡萄糖剩基组成，其分子结构如下所示。纤维素纤维与活性染料的反应性主要取决于其亲核性能，主要由化学结构中羟基决定。通常情况下，纤维素纤维在中性条件下比较稳定，在碱性条件下会电离出氢离子（H^+）和纤维素阴离子（Cell—O^-），可与活性染料发生亲核取代或亲核加成反应。由纤维素纤维分子结构式不难发现，纤维素分子中的葡萄糖剩基上有三个羟基，分别是第 2、第 3 位的两个仲羟基和第 6 位的伯羟基。有资料显示，由于葡萄糖剩基上各原子的空间阻碍作用，葡萄糖剩基上第 6 位的羟基与活性染料发生反应。

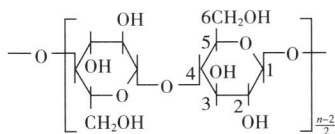

（2）染料的化学结构。

①活性基团的结构。影响卤代杂环类活性染料反应性的因素主要有氮杂环上与卤素相连的碳原子的电子云密度、杂环上的取代基电负性以及取代基的数量、取代基的位置、染料连接基的性能等。

与卤素相连的碳原子的电子云密度越低，染料亲核取代的反应性越强。杂环中氮原子越多，与卤素相连的碳原子的电子云密度就相应降低。如均三嗪环中的碳原子电子云密度较嘧啶环的低，所以其反应性较强。

杂环上取代基的电负性越强，染料的反应性则越强。如卤素中氟原子的电负性强于氯原子，用氟取代一氯均三嗪活性基上的氯，会使均三嗪核上的碳原子带有较强的正电性，因此一氟均三嗪活性基比一氯均三嗪活性基具有更高的反应性。

杂环上卤素取代基的数量越多，染料的反应性则越强。如二氯均三嗪型活性染料杂环上有两个氯原子，由于氯原子具有吸电子性，使得均三嗪环中碳原子密度降低，而反应性相应提高，所以二氯均三嗪活性基比一氯均三嗪活性基具有更高的反应性。

②连接基的结构。活性染料的连接基有—NH—、—SO_2NH—、—CO—NH—等，在一定

的碱性条件下，—NH—连接基失去质子会变成带负电荷的-N⁻基，使得均三嗪环上碳原子电子云密度增加，染料的反应性降低；相反，在一定的酸性条件下，连接基结合质子带正电荷，可提高染料的反应活性。

③母体结构。活性染料的母体结构决定了染料的直接性。一般来说，活性染料的直接性越高，在一定条件下吸附到纤维上的染料量就越多，意味着上染百分率越高，相应的固色率就越高。大多数活性染料的母体结构与酸性染料和酸性含媒染料相似，通常为偶氮、蒽醌、酞菁等，结构相对比较简单，直接性较低，在纤维内扩散性较好，所以在上染阶段活性染料的上染百分率较低。

活性染料的母体结构和分子大小决定了染料的扩散性能。染料结构简单、相对分子量小，扩散性能好。由于染料在纤维内外扩散速度快，在一定时间内和纤维素纤维的羟基阴离子接触的概率增大，一定程度上加快了反应速率，有利于固色率的提高；也有利于提高织物匀染性、透染性。

活性染料具有良好的溶解性，在水溶液中易发生电离或溶解。染料相对分子量较小，在纤维内扩散速度快，有利于染料与纤维发生结合，提高固色率。

（3）染色工艺。

①染浴 pH。染浴 pH 对活性染料固色率有较大影响。随着染浴 pH 升高，某些活性染料的连接基会阴离子化，染料的反应性降低。纤维素阴离子与氢氧根离子的浓度比（[CellO⁻]／[OH⁻]）在 pH 高到一定程度后会减小，影响固色率。

染浴 pH 增高，纤维素纤维电离程度增加，纤维素纤维羟基离解的数量增多，纤维带负电荷增多，与染料阴离子间的库仑斥力增大，不利于染料上染纤维。

提高染浴 pH，虽然可以提高染料和纤维素纤维的反应速率，但水解速率会增加得更快。研究表明，当染浴 pH 超过 10.5 后，染料的直接性会急剧下降，与此同时，随染浴 pH 升高染料水解速率也迅速增加。综合来看，活性染料的上染和扩散过程应在近中性浴中进行，以提高染料向纤维内部扩散的能力。染料与纤维的固色反应可在碱性浴中进行，以提高固色率，但碱性不能太强，否则不仅水解染料会增多，还会因为反应太快造成染色不匀和不透。

②染色的温度。活性染料根据其活性基不同有不同的染色温度。活性基反应性高的染料可在较温和的温度下染色，而反应性低的染料则需在剧烈条件下染色。如二氯均三嗪类活性染料染色温度为室温（20~35℃），固色温度在 40℃ 左右；二氟一氯嘧啶、一氟均三嗪类染色温度和固色温度稍高，为 40~50℃；乙烯砜活性基类染色温度为 40~50℃，固色温度约为 60℃；M 型活性染料为具有一氯均三嗪类和 β-羟基乙烯砜硫酸酯基的双活性基，反应性和乙烯砜类的接近，但其相对分子质量或直接性较高，染色温度一般为 60℃ 左右，固色温度在 60~70℃；一氯均三嗪类的染色温度为 60~70℃，固色温度为 80~90℃。

研究表明，随着染色温度的提高，染料与纤维素纤维的反应速率以及染料的水解反应速率都会增加，一定程度上水解速率会增加得更快。在活性染料上染阶段，活性染料结构简单，相对分子质量较低，随着温度越高，解吸附速率较吸附速率增加快，所以染料的平衡吸附量反而会降低，上染百分率降低。因此，温度越高，固色速率越快，而固色效率则越低。所以，在保证一定固色速率的情况下，固色温度不宜太高。

③浴比。一般情况下，染色浴比越小，染料在染浴中浓度越高，上染百分率就越高，则固色率越高。目前的企业均采用小浴比染色设备，浸染工艺的浴比在 1：（3~5），轧染、轧卷法的浴比有些可以达到 1：1。

（4）染色助剂。

①中性电解质。中性电解质对活性染料有显著的促染效应。如加入元明粉（Na_2SO_4）、食盐（NaCl）等中性电解质可提高染料的上染百分率及上染速率，固色率也因此提高。但是，中性电解质浓度不易过高。染浴中盐浓度过高会增加染料聚集倾向，造成固色速率降低，匀染性下降，不利于固色率的提高。

②其他助剂。尿素是一种良好助溶剂，对于一些溶解度低的染料或轧染时染料浓度较高的情况，可加入尿素助溶。尿素也是一种良好的吸湿剂，可加速纤维溶胀。如存在皮层结构的黏胶纤维，在染色、印花时可加入尿素增强纤维的吸湿溶胀。

尿素实际用量不宜太高，否则在高温焙烘时会产生大量烟气，污染设备和空气。在高温下，尿素还会与某些活性染料，如与乙烯砜类染料发生反应，变成不活泼的染料副产物。另外，三氯嘧啶、一氯均三嗪类染料等还可能与尿素或其分解产物反应。尿素在高温焙烘时还会发生分解，放出酸性物质。尿素在高温下也可能和小苏打（$NaHCO_3$）反应生成有毒的氰酸或异氰酸盐。

（三）染色后处理

染色后处理是指将上染在纤维上但未固着的染料、中性电解质及碱剂洗除的过程。这些未固着的染料包括水解的染料、没有活性基的染料以及没有与纤维发生反应的染料。它们的存在会直接影响染色制品的染色牢度和色泽鲜艳度，尤其是皂洗牢度，所以必须通过染色后处理加以去除。

活性染料的染色后处理一般包括冷水洗、热水洗、皂洗、热水洗、冷水洗等过程。皂洗前，染色织物一般要先经过冷水洗和热水洗（40~50℃），目的是尽可能地去除染色织物上的盐、碱及未固着的染料，为后道的皂洗工序做准备。热水洗涤时间一般约 10min。由于有些活性染料与纤维生成的共价键耐碱性较差，染色结束后织物上残留的碱易引起染色牢度及色光变化，而残留的中性电解质也会造成织物染色牢度降低，所以皂洗之前织物需进行充分的水洗。

皂洗一般是将冷水洗、热水洗后的染色制品，用含有中性洗涤剂或皂片的水溶液在高温（95℃及以上）条件下皂洗 3~5min，将吸附在纤维上未与纤维结合的染料充分洗涤去除，从而保证染色产品的染色牢度和鲜艳度。

皂洗完成后一般还要再次进行热水洗（60~70℃）和冷水洗，进一步去除残留在织物上的未固着染料。洗涤时间一般 5~10min 为宜。

五、活性染料的染色方法及染色工艺

活性染料对纤维素纤维制品的染色方法主要有浸染、卷染、轧染和冷轧堆等，其中浸染、卷染及冷轧堆属于间歇式染色方法，轧染属于连续式染色方法。不同的染色方法在染色设备和

工艺条件上各有不同，但是其染色原理是相同的，染色过程一般分为三个阶段：首先染料吸附到纤维上并向纤维内部扩散，在这个过程中，染料同时发生水解反应；其次在碱性条件下，染料与纤维产生共价键结合，固着在纤维上；最后经后处理洗去未固着的水解染料。

4-9　活性染料的染色工艺

实际染色时，要根据被染物的性质、组织结构、紧密以及厚薄程度等选择适合的染色方法，综合考虑染色制品的质量与性能。一般来说，紧密厚重的织物不宜采用绳状浸染方法（如喷射溢流染色），宜采用卷染、冷轧堆的染色方法。然而，卷染和冷轧堆这两种染色方法存在效率低、缸差难以控制的缺陷。轧染适应性较广，但对一些高支高密的织物染色时易产生皱条和擦伤，而浸染更适合于一些稀薄织物和弹力织物。

活性染料种类繁多，染色工艺条件不尽相同，在制定染色工艺时要兼顾到染料固色率、色光、匀染性、染色牢度及水电能源等多方面因素，以达到最佳的染色质量。

（一）间歇式染色方法

1. 浸染工艺

采用浸染工艺的染色设备包括绳状染色机、溢流染色机、卷染机、筒子纱染色机等。浸染工艺的特点是整个染色过程中，被染物都是浸渍在染液中，确保染液与纤维充分接触和均匀渗透。染色工艺一般包含中性上染、碱性固色、皂煮后处理三个阶段。常见的浸染工艺主要有三种：一浴二步法、二浴二步法及一浴一步法。

4-10　活性染料浸染

（1）一浴二步法。大多数纤维素纤维的纺织品（针织物、纱线等）主要采用这一工艺。该工艺是先在中性浴中进行染色，让染料上染纤维，并加中性电解质进行促染，再加入碱剂固色。该工艺适用性较广，可用于小批量、多品种纺织制品的染色。这种方法得到的染色制品色牢度较好，质量较易控制，色差较小，但不能续缸生产。针织物一般采用绳状染色机（如溢流染色机和喷射染色机）进行染色。此法是将染料先配制成染液，让纤维制品浸渍吸附染料，并用中性电解质促染，再加入碱剂，同时升温进行固色，最后再进行皂洗后处理。

①工艺流程。练漂半制品→（水洗润湿）染色→固色→冷水洗→热水洗→皂煮→热水洗→冷水洗→脱水→烘干。

②工艺处方。常用各类活性染料一浴二步法染色工艺处方见表4-4。

表4-4　常用各类活性染料一浴二步法染色工艺处方

染化料及工艺条件		用量
染色	活性染料（owf）/%	0.2~8.0
	元明粉/（g/L）	20~80
	浴比	1:（5~10）
固色	纯碱/（g/L）	5~30
皂煮后处理	净洗剂209/（mL/L）	0.5~1.5

③工艺条件。常见浸染用活性染料的活性基及染色工艺条件见表4-5。一般情况下，上染温度和固色温度根据染料的类别而定。二氯均三嗪活性基类染料上染温度为室温（20~35℃），固色温度在40℃左右；二氟一氯嘧啶、二氯喹噁啉活性基类的上染温度和固色温度稍高，上染温度为40~50℃，固色温度二氯喹噁啉为50~55℃，二氟一氯嘧啶则为40~60℃；乙烯砜活性基类上染温度为40~50℃，固色温度约为60℃；M型染料为双活性基，反应性和乙烯砜类的接近，但由于还具有一氯均三嗪基团，相对分子质量或直接性较高，上染温度为40~50℃，固色温度为60~70℃；一氯均三嗪活性基类的活性染料上染温度最高为60~70℃，固色温度为80~90℃。

表4-5 常用各类活性染料一浴二步法浸染上染温度及固色温度

染料类别	活性基团	上染温度/℃	固色温度/℃
X	二氯均三嗪	室温或25~35	40
E	2,3-二氯喹噁啉	40~50	50~55
F	二氟一氯嘧啶	40~50	40~60
KN	β-乙烯砜硫酸酯	40~50	60
M（ME）	3-氨基苯基-β-乙基砜硫酸酯	40~50	60~70
K	一氯均三嗪	60~70	80~90

④工艺说明。活性染料染色用水不宜含有铁、铜等金属离子，它们会使染料溶解度降低或使染料色泽萎暗。染色用水中也不宜含有钙离子、镁离子，因为钙离子、镁离子不仅会降低染料溶解度，还会与纯碱反应形成沉淀，影响固色速率、色泽鲜艳度以及染色牢度。值得注意的是对一些金属络合母体结构的染料，不宜用过强的络合剂来软化染色用水，否则会剥除染料分子中的金属离子而造成色变和色牢度下降。

活性染料上染过程中需加入一定量的中性电解质进行促染。由于工业用盐含杂质较多，故多采用元明粉或氯化钠。中性电解质的用量取决于染料的溶解度、亲和力和匀染性。溶解度低、亲和力高及匀染性差的染料，中性电解质的用量较低；反之较高。此外中性电解质的用量也与染料的浓度有关。染料浓度高，加入中性电解质量也应较多。但过量的中性电解质会影响匀染和透染，还会引起染料聚集和沉淀。中性电解质用量一般为20~80g/L（无水元明粉的用量约与食盐用量相同，结晶元明粉的用量增加一倍）。为了获得良好的匀染效果，中性电解质一般是在染色10min左右后加入，并宜分2~3次加入。

活性染料固色pH一般在10~11范围内较合适。根据活性染料上染及固色温度不同，它们固色时选用的碱剂也有所不同。常用碱剂有纯碱、磷酸三钠和小苏打等。一般反应性低、固色温度高的染料可用较强的碱剂，而反应性高、固色温度低的则用较弱的碱剂。一般情况下，随染浴中染料浓度的增加，会相应地提高碱剂用量，也可使用混合碱剂。有研究表明，在25℃条件下，常用碱剂（配制成10g/L溶液）中碱性最强的是烧碱（pH为13.4），其余依次为磷酸三钠（pH为11.4）、水玻璃（pH为10.4）、纯碱（pH为10.3）和小苏打（pH

为8.4)。由于纯碱价格便宜，目前工厂多采用纯碱固色。染色时，碱剂可以分两次加入，在低温上染时加少量，升温到固色温度，待大部分染料上染纤维后再加入其余碱剂。活性染料浸染时中性电解质与碱剂的用量可参考表4-6。

表4-6　中温型活性染料中性电解质、碱的参考用量

染色方式	染料浓度（owf）/%	元明粉/（g/L）	纯碱/（g/L）	烧碱（33%和纯碱/（g/L）	磷酸三钠/（g/L）
溢流	<0.5	20~25	5	—	5
	0.5~2	25~50	10		5~10
	>2	50~70	15	0~（2+5）	10~15

除了碱性强弱不同，各碱剂对溶液的pH缓冲能力也是不同的。磷酸三钠、水玻璃和纯碱的缓冲能力较强，因此染液pH较稳定。浸染常用的纯碱可维持染液pH在10.5左右。水玻璃的缓冲能力虽然很强，但会增加溶液黏度，用量过高会影响染料渗透，且水玻璃在染液中还会吸附染料，故一般只是在需要高缓冲能力时才选用。黏胶纤维有皮层结构，染料的扩散速率较低，一般宜选用扩散性好、反应性较低的染料染色，可用小苏打和纯碱混合碱剂或少量纯碱和烧碱的混合碱，有利于提高匀染和透染效果。

活性染料浸染染色时，浴比不宜过大。活性染料的直接性与其他染料相比较低，所以浴比越大，上染率越低，同时水解染料也可能增多，进而降低染料利用率。但浴比不应过小，浴比太小在染色过程中会引起染斑等问题。溢流染色机的浴比以1∶（6~10）为宜，如棉针织物的染色一般在溢流染色机中进行。

（2）二浴二步法。二浴二步法是棉纱线常用的染色工艺，先在近中性染浴中上染，然后在另一碱性固色浴中固色。上染浴和固色浴均可以续缸使用，且固色率相对较高，染料利用率高。不过采用此法染色，由于所加促染剂、碱剂和温度等条件不易控制，易产生色差，质量不够稳定。

①工艺流程。练漂半制品→（水洗润湿）→染色（上染）→固色→冷水洗→热水洗→皂煮→热水洗→冷水洗→脱水→烘干。

②工艺处方及工艺条件。常用各类活性染料的二浴二步法染色工艺处方见表4-7。

表4-7　常用活性染料二浴二步法染色工艺处方

染化料及工艺条件		头缸用量	续缸用量
上染	活性染料（owf）/%	0.2~2.0	0.15~1.5
	元明粉/（g/L）	20~100	适量
固色	活性染料/（g/L）	0.2~2.0	适量
	纯碱/（g/L）	5~35	2~8
皂煮	净洗剂209/（mL/L）	0.75~1.0	0.15~0.2

续表

染化料及工艺条件	头缸用量	续缸用量
浴比	1：（5~10）	1：（5~10）

③工艺条件。根据浴比及工艺处方配制好染液，达到设定的上染温度后投入纱线或织物。染色时，始终严格控制染色温度与时间。染色结束后，将纱线上的残液绞去，使带液率不大于200%，再投入固色浴中进行固色。固色浴包含纯碱及少量染料，如用上染后的残液来配制，只要加纯碱即可，也可另行配制固色液。为防止纱线上吸附的染料在固色浴中发生解吸附而溶解在水中，在固色浴中可加入1~2L染液，还可以加入少量的元明粉。固色完毕后，将纱线上的残液绞去，使带液率不大于200%，然后立即进行水洗和皂洗后处理。常用各类活性染料的二浴二步法染色工艺条件见表4-8。

表4-8　常用活性染料二浴二步法染色工艺条件

工艺条件	头缸用量	续缸用量
染色温度/℃	视染料类别而定	视染料类别而定
染色时间/min	20~30	20~30
固色 pH	9~11	9~11
固色温度/℃	视染料类别而定	视染料类别而定
固色时间/min	15~20	15~20
皂洗温度/℃	85~95	85~95
皂洗时间/min	10~15	10~15

④工艺说明。二浴二步法工艺中染浴和固色浴均可续缸使用，但续缸染色时，染料及助剂补充量计算方法比较复杂。续缸染料的补充量应根据实际测定的上染百分率，结合具体上染条件（浴比、纱线带液率等）计算求得。最后再根据染色试样的颜色浓淡进行校正。由于活性染料在水中会发生水解，特别是固色浴中 pH 较高，水解加快。为抵消染料从纱线上解吸的损失、维持固色率基本一致，应根据染料水解速率和续缸的次数，适当增加染料补充量。当固色浴中水解染料含量很高后，不宜再续缸使用，应重新配制，否则会因吸附的水解染料量高，增加后道洗除的困难，不利于染色牢度的提高。

固色浴中的纯碱续缸补充量计算较为复杂。因棉纤维会吸附一定的碱剂，同时染料在发生固色反应或水解反应时都要消耗一部分碱剂。此外，这一消耗还与元明粉的浓度有关，元明粉浓度越高，纤维内相溶液中氢氧根离子浓度越高，固色和水解反应也越快。因此纯碱的补充量不仅与纱线的轧液率有关，还与染料的种类和用量、元明粉用量、固色和水解反应速率等多种因素有关，可根据实际条件进行测定求出补充量，以保证固色浴的 pH。

元明粉在固色浴中除了在一开始时可适量加些外，以后不必补充。因为元明粉对纤维没有亲和力，只要上染浴和固色浴处理后的带液率相同，固色浴中元明粉可以维持不变，基本和上染浴相同。

固色完成后应立即进行冷水洗、热水洗和皂煮后处理，将纱线上吸附的未反应的染料、碱剂以及水解染料洗去，可使固色率保持稳定，不会因搁置而引起色差。

（3）一浴一步法。一浴一步法染色工艺有时又称为全浴法或全料法染色，即在染色开始时同时加入染料、电解质、碱剂，上染和固色同时进行。该工艺较为简便，但由于水解的染料较多，不适宜续缸染色。此外，该染色工艺的染色质量稳定性较差，只适于棉纱绞纱、毛巾等一些结构较疏松的织物或纱线的染色，且以染淡、中色为主。

①工艺流程。练漂半制品→染色（上染、固色）→冷水洗→热水洗→皂煮→热水洗→冷水洗→脱水→烘干。

②工艺处方及工艺条件。常用 X 型活性染料一浴一步法染色工艺处方及条件见表4-9。

表4-9 常用 X 型活性染料一浴一步法染色工艺处方及条件

染料及工艺条件		用量/条件
染色	活性染料（owf）/%	0.2~3.0
	元明粉/（g/L）	20~40
	纯碱/（g/L）	4~10
皂煮	净洗剂209/（mL/L）	3
浴比		1：（5~10）
染浴 pH		9~10
染浴温度/℃		30~40
上染时间/min		30~40
皂煮温度/℃		85~95
皂煮时间/min		10~15

③工艺说明。该工艺适用于反应性较高、直接性中等、匀染性良好的活性染料，染色浴比应小，元明粉的用量宜高一些。另外，反应性不高，需要高温固色，而直接性、扩散性较好的染料也适用该工艺染色，但乙烯砜活性基类活性染料加碱后有很高的吸附能力，不适宜采用一浴一步法工艺染色。

2. 冷轧堆（轧卷堆）

冷轧堆染色工艺是指织物在浸轧含有染料、促染剂和碱剂的染液后立即打卷，并用塑料薄膜包好，在不断地缓慢转动下堆放一定的时间，使染料完成均匀吸附、扩散和固色反应，最后在卷染机或平洗机上进行染色后处理。其染色原理相当于一种极小浴比的浸染，由于堆置（染色）的温度较低且时间较长，染料能够充分地进行扩散和固着，所以固色率高、染料泳移少、匀染性好、布面较光洁。该工艺适用于反应性强、亲和力低、扩散速率快的活性染料，具有染色设备简单、浴比小、能耗少、染料利用率高、匀染性好等优点，且排放污水少、加工成本低，特别适合小批量、多品种产品的染色加工。

（1）工艺流程。浸轧染液→打卷后转动堆置→染色后处理（水洗、皂洗、烘干）。

（2）工艺处方及工艺条件。冷轧堆染色工艺处方及工艺条件见表4-10。

表4-10　活性染料冷轧堆染色工艺处方及工艺条件

染料类型		X 型	K 型	KN 型/M 型	KE 型
轧染液	染料/（g/L）	视色泽要求而定，一般为 10~50			
	尿素/（g/L）	0~50			
	纯碱/（g/L）	5~25	—	—	—
	30%烧碱/（g/L）	—	25~40	6~10	30~36
	35%水玻璃/（g/L）	—	60~70		
浸轧	轧液率/%	60 左右			
	浸轧温度	室温			
	打卷温度	室温			
卷堆	堆置温度	室温			
	堆置时间/h	2~4	16~24	8~10	15~18

（3）工艺说明。轧染液中含有染料、碱剂、助溶剂、促染剂及渗透剂等成分。染料可选用 X 型、KN 型、M 型、K 型等活性染料。冷轧堆工艺中，浸轧通常采用一浸一轧方式（对针织布，建议用特软的橡胶辊），且轧槽容积尽可能小（15~40L），有利于染液的快速交换，也有利于轧液的稳定性。

由于冷轧堆染色法采用的是室温或低温固色，为了提高染料的反应性，往往需要选择较强的碱剂，可结合所有的活性染料类型合理选用。X 型活性染料一般选用纯碱、硅酸钠或二者与烧碱的混合物；K 型活性染料选用烧碱或烧碱为主的混合碱剂；KN 型和 M 型活性染料反应性介于两者之间，常选用烧碱和纯碱、硅酸钠、磷酸三钠的混合碱剂。耐碱稳定性较差的乙烯砜活性基类染料，固色碱剂不能太强。若使用水玻璃–烧碱法，可利于提高染液稳定性、消除风印，具体使用时还要根据染料性能、工艺要求等因素调节使用。若采用了较强的碱剂，必须采用混合器（比例泵）加料，即在操作时将染料和助剂配成一桶，而将碱剂另配一桶，以减少轧染液中染料的水解。染色时将染液和碱剂通过混合器计量地加入轧槽。轧槽容量应小些，否则容量太大会造成染液交换不良，使水解染料增加而影响染色质量。

加入食盐或元明粉有利于堆置时纤维对染料的吸附，提高固色率。冷轧堆染色必须严格控制轧余率，以低些为宜。一般，棉织物轧余率控制在 60%~70%，黏胶纤维为 80%~90%。若轧余率过高，则固色率偏低，并且易产生有规律的深浅横档疵病。浸轧染液后，织物在打卷装置上成卷，打卷要求平整，布层之间无气泡。堆置时布卷要密封，包上塑料薄膜，并不停地缓缓转动，以防止布卷表面水分蒸发或染液向下的重力流淌而造成染色不匀。堆置时浸轧在织物上的染料被纤维吸附，并向纤维内扩散和固着。

打卷堆置的时间取决于染料的反应性和固色碱剂的碱性以及用量，一般 X 型活性染料用小苏打作碱剂需堆置 2~4h，用碳酸钠作碱剂需堆置 6~8h，K 型活性染料用硅酸钠作碱剂需堆置 8~12h，KN 型染料如用纯碱或小苏打作碱剂，则需堆放 12~16h。活性染料中，酞菁结构的翠蓝染料扩散性差，反应性低，要适当增加碱剂用量和堆置时间。为了缩短反应性较低的活性染料的堆置时间，也可以采用保温堆置的方法，即在打卷时用蒸汽均匀地加热织物，成卷后放入保温蒸箱中堆置。堆置后可在平洗机上进行水洗等后处理，与轧染工艺相似。

3. 卷染

卷染在卷染机上进行，这种方式灵活性很强，特别适用于小批量、多品种的生产。卷染染色时织物从染浴中带上染液，卷绕在卷轴上并不断转动，被染物所带染液中的染料吸附到纤维发生上染，在加入碱剂后与纤维发生共价键结合。其染色过程与寻常的浸染基本相同，是一种小浴比的浸染。

卷染工艺条件随染料性能和被染物组织结构的不同而不同。一般应选用反应性较强的活性染料，可在较低温度下染色，这样不仅能节约能源，还可以减少因温度不匀而引起的色差。如果染色温度较高，则选用封闭式卷染机。卷染时织物由一卷轴卷到另一卷轴上的时间不能太长，一般不超过15min，以避免时间过长导致交卷次数少，引起头尾色差严重，特别是一些亲和力较高的染料需注意。

卷染与浸染工艺基本相同，通常采用一浴二步法。

（1）工艺流程。卷染（4~6道）→固色（4~6道）→冷水洗（2道）→热水洗（2~3道，70~90℃）→皂洗（4道，95℃以上）→热水洗（2道，80~90℃）→冷水洗（1道）→上卷。

（2）工艺处方及染色条件。活性染料卷染工艺处方及染色条件见表4-11。

表4-11 活性染料卷染工艺处方及染色条件

工艺处方及工艺条件		染料类型			
		X型	K型	KN型	M型
染料用量		视色泽要求而定			
食盐/（g/L）		20~30	25~40	25~40	25~40
碱剂/（g/L）	Na_2CO_3 或 Na_3PO_4	10~20 或 4~6	15~30 或 10~20	15~25 或 10~15	15~25 或 10~15
浴比		1:（2~3）			
上染	温度/℃	室温或30	90	60~65	60~65
	染色道数/道	4~6	6~8	6~8	6~8
固色	温度/℃	室温或30	90	60~65	60~65
	染色道数/道	4~6	6~8	6~8	6~8
皂洗	肥皂或合成洗涤剂/（g/L）	5			
	液量/L	120			
	温度/℃	95以上			
	皂洗道数/道	4~6			

（3）工艺说明。染料用量视色泽要求确定，一般染料分两次加入，在染色开始时加60%

染料，第一道末再加余下的 40% 染料。染浓色时染料可分 4 次加入。

上染和固色一般可采用相同的温度，以便于控制，具体应根据染料的反应性能而定。X 型活性染料可用 30℃，K 型染料为 90℃，KN 型、M 型染料为 60~65℃。对于含酞菁母体结构的活性染料，一般需采用较高的上染及固色温度，如翠蓝 KNN-G、M-GB 的上染及固色温度为 95℃。上染和固色时间（道数）取决于染液的染料浓度，浓度高的时间长一些，反之则短。

中性电解质与碱剂的用量视染料的用量、染料的亲和力和反应性而定。中性电解质可以在入染前加入染液中，但为了降低染料的初染率并获得均匀的染色效果，通常在染色一定时间后加入为宜，必要时还可以分次加入。此外，中性电解质应事先用水溶解后加入染液，并搅拌均匀。

固色碱剂主要为纯碱，也可用磷酸三钠，使固色 pH 保持在 10~11，性能较稳定的染料还可以用烧碱和混合碱剂固色。通常 X 型活性染料多采用纯碱，而 K 型活性染料除了用纯碱外，也可采用磷酸三钠和烧碱的混合碱。固色用的碱剂也应事先溶解，并分多次（一般两次）沿卷轴两边染槽壁加入。如果用混合碱剂（如纯碱和烧碱），则应分次并分开加入，先分次加纯碱，在最后一次加纯碱 30min 后，再分两次加入烧碱，并续染 30~60min。

棉及黏胶纤维练漂后制品应不含浆料及残余氯。浆料会和活性染料发生反应，引起固色率、色泽鲜艳度和摩擦牢度降低。绝大多数活性染料耐氯漂牢度较差，故次氯酸钠漂白后的织物彻底要脱氯。丝光后棉织物要注意充分去碱，使织物上的 pH 应维持在中性，特别是对 X 型活性染料而言。入染前织物应先经水洗润湿，并使织物温度接近染液温度，对于反应性强的染料（如 X 型）尤应注意。

黏胶纤维有皮层结构，染色的温度可稍高于棉纤维，以利于染料的吸附与扩散，而用碱量应略低。此外，黏胶纤维薄织物易于收缩起皱，湿强力较低，应选用张力较小的染色设备进行染色。

固色后，织物必须经过充分水洗、皂煮、水洗，以去除浮色和水解染料，提高色泽鲜艳度和染色牢度。皂洗液中不能加碱剂，避免染料因 pH 提高而变色或发生断键反应（对乙烯砜类染料来说，不能加碱尤为重要）。

拼色时，应选用染色性能（亲和力、反应性等）相近的染料，且用前须进行小样试验。活性染料染色后，若用适当的阳离子固色剂处理，可大幅提高染色牢度。这种处理尤其适用于设备有限、不能充分洗涤水解染料的情况。经此处理后，还可以增加染料与纤维间共价键的稳定性，提高染色制品贮存稳定性。

（二）连续式轧染工艺

连续式轧染不同于间歇式染色方法，该工艺采用连续化大生产，生产效率较高。连续式轧染在小浴比的条件下首先浸轧染液，使染料吸附到纤维上，然后再通过汽蒸或焙烘的方式完成染料与纤维的固着，最后经过水洗、皂洗完成染色过程。该工艺染色的产品质量较稳定，不易产生匹间色差。

4-11 活性染料轧染

连续式轧染工艺根据染料和碱剂的加入顺序，可分为一浴法轧染和二浴法轧染两种。轧染时宜采用亲和力较低、扩散性良好、反应性较低、稳定性优良的活性染料，有利于染色制品的匀染、透染以及前后色泽一致，同时也有利于水解染料的洗除。若染料直接性过高，易产生染色不匀、头尾色差等疵病；直接性过低的染料在烘干时更容易发生泳移，需加入抗泳移剂。

（1）一浴法轧染。一浴法轧染是将染料和碱剂置于同一溶液中，织物浸轧染液后，通过汽蒸或焙烘使染料固着于纤维上。

①工艺流程。浸轧染液→预烘→烘干→焙烘（或汽蒸）→水洗→皂洗→水洗→烘干。

②工艺处方及工艺条件。活性染料一浴法轧染工艺处方及工艺条件见表4-12。

表4-12　活性染料一浴法轧染工艺处方及工艺条件

	染料类型	X 型	K 型	KN 型	M 型
工艺处方	染料用量	视色泽要求而定			
	食盐/（g/L）	20～30	25～40	25～40	25～40
	碱剂/（g/L）	$NaHCO_3$ 5～20	Na_2CO_3 或 Na_3PO_4 10～30	$NaHCO_3$ 5～20	Na_2CO_3 10～30
	尿素/（g/L）	0～30	30～60	0～30	30～60
	还原防止剂/（g/L）	0～10			
	润湿剂/（g/L）	1～3			
	抗泳移剂/（g/L）	5～10			
工艺条件	汽蒸温度/℃	100～103			
	汽蒸时间/min	0.25～1	3～6	1～2	1～2
	或焙烘温度/℃	120～160			
	焙烘时间/min	2～4			

③工艺分析。碱剂的种类和用量应根据染料的反应性和用量而定，反应性高的染料可采用较弱的碱剂。若染料用量高，碱剂的用量也应相应增加。对于反应性高的 X 型活性染料，一般采用小苏打作碱剂，染液的 pH 在 8 左右，这样染液中的染料水解较少。在烘干、汽蒸或焙烘时，小苏打会分解生成纯碱，提高染液 pH，促使染料和纤维发生固色反应。乙烯砜型活性染料本身及其与纤维结合键耐碱性水解能力较弱，一般也采用较弱的碱剂，如小苏打或释碱剂三氯醋酸钠。K 型活性染料的反应性较低，故一般宜用较强的碱剂，如碳酸钠。M 型活性染料可以根据具体情况选用碳酸钠或碳酸钠与碳酸氢钠混合碱剂。

在一浴法轧染中，由于染液中含有碱剂，反应性强的活性染料容易发生水解，制备染液时碱剂宜临用前加入。染液制备后放置时间不宜过长，避免水解染料增多，使染液的利用率降低。

浸轧方式通常有一浸一轧和二浸二轧两种。棉织物的带液率应比黏胶织物的低一些，一般为 60%～70%，黏胶织物为 80%～90%。浸轧染液温度根据染料性质可适当高一点，以保证染料充分溶解。为了帮助染液渗透，可加入适量的渗透剂。尿素能帮助染液的溶解，使纤维吸湿和膨化，有利于染料在纤维中扩散，提高染料的固色率。但乙烯砜型活性染料焙烘固色时不能使用尿素，因为在碱性高温条件下，尿素能与乙烯砜型活性染料发生反应，使染料失去与纤维反应的能力，造成固色率下降。同时尿素也可能会促使已经生成的纤维—乙烯砜染料结合键断裂，所以对于采用焙烘固色的乙烯砜类染料，除酞菁结构的染料外，一般不用尿素。织物浸轧染液后一般先经烘干处理，烘干方式常采用红外线或热风预烘，以减少染料泳移，然后用烘筒烘干。

为了防止或减少在汽蒸过程中活性染料受还原性物质（纤维素纤维在碱性条件下汽蒸时有一定的还原性）或还原性气体的影响，使结构破坏而颜色变萎暗，染液中一般还需加入还原防止剂，通常为防染盐 S（间硝基苯磺酸钠）。它是一种弱氧化剂，当与还原性物质作用时，分子中的硝基被还原成氨基，反应如图 4-31 所示。海藻酸钠糊是一种常用的抗泳移剂，可减少在烘干时织物上染料发生泳移。

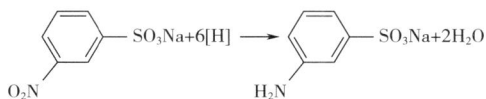

图 4-31　间硝基苯磺酸钠与还原性物质反应示意图

汽蒸或焙烘的温度与时间主要由染料的反应性和扩散性而定。对于反应性高的 X 型活性染料，汽蒸或焙烘温度较低，时间也较短；对于反应性低的 K 型活性染料，所用温度应较高，时间应延长。

④头深现象。头深现象是指轧染工艺中产生的头尾色差，其主要原因是染料对纤维的亲和力较高。经过一段染色时间后，染槽中的初始染液浓度逐渐低于补充液，同时染槽或贮液槽中的染料会发生水解，进而导致可反应的染料浓度不断降低。假设轧槽中染液的初始浓度为 C_0，那么初开车时染液的浓度即为 C_0，经过一段时间染色后轧槽内染料残液的浓度为 C_1，而补充染液的浓度为 C，则 $C_0 > C > C_1$。因此，为了减轻头尾色差，保证染色制品的匀染性，在初开车时需要将轧槽初始染液兑水稀释（图 4-32）。

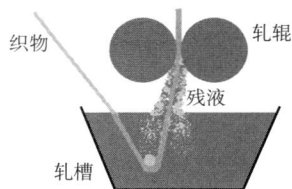

图 4-32　轧染头深现象

在开车时，视染料亲和力的大小向轧槽的初始染液中加入染液量的 5%~27% 的水冲稀染液，缩小轧槽容积，缩短染液交换时间，减少头尾色差。轧染宜选用直接性低的活性染料，不但有利于汽蒸时快速扩散和固色，也可减轻头尾色差。

（2）湿短蒸轧染。在选用合适的染料和设备的前提下，织物浸轧染液后可不经过中间烘干而直接汽蒸，也具有很好的固色效果，该方法称为湿短蒸轧染或轧-蒸染色。该工艺能避免发生染料泳移，非常适用于如毛巾布、天鹅绒等易产生染料泳移的织物。

①工艺流程。前面两种轧染工艺在浸轧染液后织物都需要进行高温烘干，烘干过程中染

料会发生泳移，不仅消耗了大量能源，还因染料水解导致固色率降低。同时，由于轧染液中加入大量电解质、尿素等化学试剂，水洗后排出的染色废水还会存在高能耗、高物耗和高污染的问题。

活性染料湿短蒸轧染工艺是在普通轧蒸工艺上发展起来的，织物轧染后不经烘干直接进入汽蒸工序，采用专用汽蒸设备使织物快速升温，将织物的含水率从原来的70%左右降至30%左右，再经湿态汽蒸或蒸焙，使染料快速固色。该工艺具有流程短、固色率高、重现性好、泳移少、色泽鲜艳、染色牢度好以及节能、节约染化料、环境污染少等优点，适用于KN、K、B、KE型活性染料。资料显示，湿短蒸轧染工艺中蒸箱内的纤维处于溶胀状态，而活性染料也处于溶解状态，上染百分率很高；同时还具有快速干燥的优点，可快速降低织物含水量，减少活性染料水解。棉织物含水率在30%左右，黏胶织物在35%左右，此时织物上的水分基本上属于束缚水和化学结合水，自由水很少，这个含水率不仅保证纤维孔道中充满水，有利于染料在孔道中溶解、扩散以及对纤维吸附和固着，而且大大减少染料的水解。

②工艺特点。该工艺的特点体现在两个方面。一方面是"湿"。为了使织物上水分能快速蒸发并维持在合适的含水率，湿蒸的蒸箱除了供给常压饱和蒸汽外，还需要具备使蒸汽迅速升温的设备。汽蒸时，往往用蒸汽与空气混合气体或高温过热蒸汽作加热介质，前者120~130℃蒸焙2~3min，后者180℃左右汽蒸20~75s，均可实现较高的固色率。另一方面是"短"，即尽快达到棉织物的临界含水率25%~30%，使得染料对纤维的上染百分率快速提高，固色率也相应提高，从而减少染料泳移。为了达到这一目的，汽蒸设备上加一组红外加热器，可使浸轧染液后的织物迅速升温，并在1min内固色；还能使用180℃的高温过热蒸汽，1s内将湿织物加热到100℃，整个处理时间约20s。为了更好地控制蒸箱温度及湿度，蒸箱上还装有灵敏的温度及湿度传感器，并用电脑控制湿度，为数字化、智能化设备开发奠定基础。

③工艺说明。该工艺中，活性染料可选用乙烯砜活性基类、二氯均三嗪活性基类、一氯均三嗪与乙烯砜双活性基类染料，染色工艺与汽蒸设备要配套。

根据活性染料活性基类型不同，选择适合的碱剂。X型活性染料可选用小苏打（碳酸氢钠）作碱剂，它在织物含水率很高时尚未分解，织物上pH较低，在8左右；当织物含水率降到30%以下时，碳酸氢钠分解为碳酸钠，pH升高，促进固色反应。对于一氯均三嗪活性基类活性染料，可用碱性较强的碱剂，如纯碱加烧碱，兼顾缓冲剂作用，pH维持在12左右。

传统的轧染工艺中需加入尿素作为吸湿助溶剂，利用尿素的吸湿作用，在汽蒸时增加织物吸湿量，有利于染料的溶解和纤维的溶胀。但湿短蒸轧染工艺中，由于织物含湿量充足，所以纤维会充分溶胀，染料在纤维内处于溶解状态，尿素的作用大大降低；如果尿素与活性染料反应，反而会降低固色率。

传统的轧染工艺还需加入大量的无机盐进行促染，但高含盐量的染色废水处理难度大，对生态环境造成了压力。而湿短蒸轧染工艺在织物达到30%的临界含水率时，纤维膨化程度最大，纤维孔道内浸透水分，纤维的内部结构的可接近性最大，染液最大限度渗入纤维内部，染料分子最大限度与纤维接触，达到最高的上染百分率。因此，该工艺不需大量无机盐促染，可实现低盐或无盐染色。此外，因为织物不经过预烘，染料不会发生泳移，可不加防泳移剂，且产品的匀染性及透染性优于普通轧染。

（3）二浴法轧染。二浴法轧染是将织物先浸轧染液，再浸轧含有碱剂的固色液，然后汽蒸使染料固着。二浴法轧染中，由于浸轧染料与固色液分开进行，染浴相对稳定。在染料选用上，较一浴法广泛，反应性较强的染料也可选用。

①工艺流程。浸轧染液→预烘→烘干→浸轧固色液→汽蒸→水洗→皂洗→水洗→烘干。

②染液、固色液处方。二浴法轧染的染液、固色液处方见表4-13。

表4-13　二浴法轧染的染液、固色液处方

染料类型		X型	K型	KN型	M型
染液	染化料	视色泽要求而定			
	尿素／（g/L）	0~30	30~60	0~30	30~60
	碱剂／（g/L）	NaHCO₃ 0~15	Na₂CO₃或NaHCO₃ 10~30	NaHCO₃ 0~15	Na₂CO₃或NaHCO₃ 10~30
	润湿剂／（g/L）	1~3			
	抗泳移剂	适量			
固色液	碱剂／（g/L）	Na₂CO₃ 10~20	NaOH 15~25	Na₂CO₃ 10~20	NaOH 15~25
	食盐／（g/L）	20~30	50~60	20~30	50~60

③工艺分析。二浴法轧染的染液中一般不加碱剂，这样染液稳定性较好，但也可加入少量的弱的碱剂，以提高固色率。在固色液中一般选用较强的碱，使染料能在较短时间内完成固色，如烧碱、硅酸钠等，也可两种碱剂混合使用，碱剂的总用量为20~70g/L。用硅酸钠作为碱剂时，要注意烘干过程中汽蒸箱的导辊，其上容易形成硅垢，必须洗去。为了浸轧固色液时减少织物上染料的溶落，固色液中也可加少量食盐。

六、活性染料对其他纤维的染色

（一）天丝纤维

天丝（Tencel）纤维是一种溶剂型再生纤维素纤维，由英国ACORDIS（阿考迪斯）公司生产，在我国注册的名称为天丝纤维。它结合了天然纤维与人造纤维的优点，弹性适中、触感柔和、悬垂性好，有抖

4-12　活性染料对其他纤维的染色

动飘逸感及丝绸般优雅的光泽，穿着舒适，易于洗涤。缺点是受到机械摩擦，天丝纤维外层容易出现断裂，形成一定长度（1~4μm）的毛茸。另外，天丝纤维面料对温度比较敏感，在湿热的环境下容易变硬，也易产生毛茸，严重时还会相互缠结。

天丝与黏胶纤维的物理性能比较见表4-14。天丝纤维具有皮芯结构，皮层很薄，芯层由高度结晶和取向的樱状巨原纤和无定形区构成。在碱的作用下，天丝具有溶胀的特性，若纤

维未经充分的溶胀，染色深度和光泽度将受到影响；在湿态条件下，天丝具有遇水增大刚性的特性，湿强可达41cN/tex，高于黏胶纤维的25cN/tex，仅次于涤纶的55cN/tex，在染缸内极易出现折痕和擦伤。

表4-14 天丝与黏胶纤维的物理性能比较

项目	天丝	黏胶
横截面形状	圆形或椭圆形	圆形
横截面结构	皮芯结构	皮芯结构
结晶度	高	较低
结晶取向性	高	高
断裂强力/cN	6~8	3~4
断裂伸长/%	10~15	18~23
湿强度/（cN/tex）	26~41	10~25
聚合度	550~600	290~320

1. 原纤化

天丝纤维具有区别于其他纤维的特性——原纤化，分为初级和次级原纤化，染整加工中工艺控制不当会加剧织物在水洗时过度原纤化，从而影响服用性能。原纤化是指天丝纤维经受湿处理时，特别是绳状加工或受机械作用力时，纤维会分裂成更细小的微纤维。由于原纤化的作用，天丝纤维制成的织物表面可以形成桃皮绒效果，手感丰富、柔软。

天丝纤维纵向的高结晶度、高取向性，使得纤维无定形区的自连接少，产生沿纤维轴向规则排列的空穴。这种结构使天丝纤维在水中的溶胀性质比普通黏胶纤维高，并伴有原纤化趋势，使用常规的方法加工天丝纤维织物，会引起织物变硬、有擦痕、容易起皱等问题，必须采取适当的方法加以克服。

2. 染色加工

一般棉用活性染料都可用来染天丝纤维，染色机理与纤维素纤维染色相同，染色设备可选用平幅或绳状染色设备。在加工光洁织物时，应选用平幅染色设备，织物不易产生原纤化和皱印，但因染液回流少，会导致手感较差；加工桃皮绒风格的织物时，应采用绳状染色设备，如气流染色机、溢流喷射染色机等，在染色时易产生纤维原纤化，如操作不当、工艺参数控制不合理，或未加染浴润滑剂等，织物易产生折痕。

（1）工艺流程。前处理→染色→固色→皂煮→脱水→烘干。

（2）工艺处方及工艺条件。

活性染料（owf）/%	x
无水硫酸钠/（g/L）	20~80
浴中宝 C/（g/L）	0.1~0.2
浴比	1：（10~12）

染色温度/℃	视染料类别而定
染色时间/min	10~25
固色纯碱/（g/L）	5~30
固色温度/℃	视活性染料类别而定
固色时间/min	10~25
皂煮净洗剂/（mL/L）	0.5~1.5
皂煮温度/℃	85~95
皂煮时间/min	10~15

3. 工艺说明

由于天丝纤维的细度小，吸湿膨胀性较好，所以纤维比表面积较大，染料上染速度较快，得色较深，但是匀染性较差，染色牢度不够理想。在选用染料时，需综合考虑染色牢度、染色成本以及染色工艺等因素。天丝纤维的聚合度和结晶度均比普通的黏胶纤维高，若采用低温或中温型活性染料染色，染料的渗透和扩散性较差，易造成表面浮色和色花，重现性差。而且织物下水后，由于染色温度较低，织物硬度大，绳状染色时易产生擦伤、死折。故应选用高温型活性染料进行染色，尤其是使用 K 型活性染料加碱固色时染色效果更明显，可减少次级原纤化的时间，甚至可以在染色的同时完成次级原纤化。

对于表面光洁织物的加工，先染色再经酶处理或染色与酶处理同浴进行，需考虑染料对酶的抑制作用。有研究显示，同一类型的染料中，相对分子质量越大，对酶的抑制作用也越大；双活性基团的活性染料对酶的抑制作用大于单活性基团的活性染料；活性染料对酶的抑制作用大于直接染料；织物上的染料浓度越大，对酶的抑制作用也越大。所以在染料的选用、酶处理的工序安排等方面应综合考虑。

对于表面要求光洁的织物，应选用多活性基团的活性染料，再结合树脂整理，以有效地减轻织物在服用及洗涤过程中的原纤化和起毛起球现象，减轻服装在穿着洗涤后的陈旧感；对于桃皮绒风格织物的加工，通常在染色后需加上一道次级原纤化处理。如果在染色时选用了某些可以在纤维素分子链间形成交联的双或三活性基团的活性染料，那么这种交联对原纤化有抑制作用（防原纤化作用），严重时将影响次级原纤化过程中织物表面的起绒效应，并在一定程度上会降低织物的柔软性，染深色时尤为突出。

4. 次级原纤化

若成品加工要求有绒面效果，染色后应进行次级原纤化，也称二次原纤化。与初级原纤化区别之处，次级原纤化主要发生在纱线交叉点处，形成较短的原纤并分散在交叉点四周，不易起球。由于原纤很细，即使得色量相同，反射率高，也会使视觉上颜色较浅，使织物产生砂洗或桃皮绒的"花"感觉。

（二）莫代尔纤维

莫代尔（Modal）纤维是一种采用欧洲榉木浆粕经纺丝制成的具有高湿模量的再生纤维素纤维，由奥地利 LENZING（兰精）公司生产。该纤维的生产加工过程清洁无毒，其纺织品的废弃物也可以自然进行生物降解，是一种环保纤维。该纤维不仅具有天然纤维的吸湿性，而且具有合成纤维的强伸性，柔软、顺滑，有真丝般的光泽和质感，且染色性能好。莫代尔纤维的吸湿率比棉纤维高50%，且吸湿速率快，可使皮肤保持干爽、舒适，是高质量针织内衣的理想纤维原料。以莫代尔针织汗布为例，其染色加工流程如下：

1. 工艺流程

坯布→前处理→染色→脱水→烘干。

2. 工艺处方及工艺条件

活性染料（owf）/%	x
无水硫酸钠/（g/L）	20~80g/L
非离子表面活性剂/（g/L）	0.2
浴中宝 C/（g/L）	0.1~0.2
浴比	1：（10~12）
固色温度/℃	视活性染料类别而定
固色时间/min	10~25
皂煮净洗剂/（mL/L）	0.5~1.5
皂煮温度/℃	85~95
皂煮时间/min	10~15

3. 工艺说明

染料选用以双活性基类活性染料为主，该染料分子结构中含有两个活性基团，其中一个是一氯均三嗪活性基团，耐碱性较好；另一个是β-硫酸酯乙基砜型活性基团，耐酸性较好。这种染料不仅可以提高染料的固色率，而且染色牢度也较高。

莫代尔汗布染色加工时易产生折印的疵病，应选择适合的加工设备尽量避免该情况发生，一般选用溢流染色机为宜。溢流染色机中染色流速较织物运动速度快，染液与织物做同向运动，使织物在染液中呈松弛状态，所受张力较小，得色均匀、手感柔软。

（三）羊毛纤维

羊毛纤维通常是指绵羊毛，具有许多优良特性，光泽柔和、手感柔软、富有弹性，吸湿性、保暖性优良。在羊毛蛋白质的氨基酸组成中，二羧基氨基酸和二氨基氨基酸的含量最高，其次是含硫氨基酸，特别是胱氨酸的含量很高，所以羊毛纤维中的氨基（—NH_2）、羟基（—OH）及巯基（—SH）可与活性染料发生反应。其中以胱氨酸中的二硫键水解生成的巯基（—SH），与活性染料的反应性最强，氨基其次，羟基最弱。虽然羟基在碱性条件下会失去氢离子形成氧负离子（O^-），具有较强的反应性，但是羊毛纤维不耐碱，所以通常在弱酸性或中性条件下染色。此外，羊毛纤维中的氨基或亚氨基含量较多，所以活性染料主要是与羊毛中的氨基发生反应。

羊毛纤维不同于蚕丝纤维，其纤维上存在致密的鳞片层，在保护羊毛免受外界侵害的同时，也阻碍了水分子及染料向纤维内的扩散。因此，羊毛纤维需在较高的温度下染色，通常采用沸染。然而，在高温条件下，活性染料容易发生水解，同时羊毛纤维之间存在染色差异性，即使同一根羊毛纤维，其毛梢与根部的染色性能也存在差异。因此，选用的活性染料反应性不宜过高，否则，在移染之前已在相当程度上与纤维发生了键合反应，容易发生染色不匀。如果活性染料的反应性太低，为了使键合的染料增加，势必要延长沸染时间，羊毛纤维容易受到损伤。因此，适宜的活性染料应有良好的扩散性和中等的反应性。

用于羊毛纤维染色的活性染料可分成两种：一种是专用于羊毛纤维染色的活性染料（简称毛用活性染料）；另一种是用于纤维素纤维染色的活性染料（简称棉用活性染料）。

1. 毛用活性染料染色

毛用活性染料是一批专门用于羊毛、桑蚕丝等蛋白质纤维染色的活性染料。其活性基团主要有 α-溴代丙烯酰胺类、N-甲基氨基乙磺酸衍生物及二氟一氯嘧啶类等，可与蛋白质纤维上的羟基、氨基、亚氨基以及硫基等亲核官能团发生亲核取代和亲核加成反应，上染百分率高，染后羊毛织物具有良好的湿处理色牢度及耐摩擦色牢度。

（1）α-溴代丙烯酰胺类。该染料鲜艳度高，反应性好，染浅色时牢度较好，但匀染性稍差。染色时，升温速度不宜太快，以确保染色效果，吸尽率可达95%左右。该染料上染羊毛纤维时，固色需调节 pH 为 4.0~5.5。酸性不宜太强，否则会造成羊毛和染料中的酰氨基水解，影响染色效果。为了让染料能顺利通过羊毛的鳞片层进入纤维内部，上染温度应适当提高。该类化学结构式如下所示。

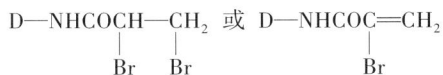

$$\text{D—NHCOCH—CH}_2 \quad \text{或} \quad \text{D—NHCOC=CH}_2$$
$$\underset{\text{Br}}{|} \quad \underset{\text{Br}}{|} \qquad\qquad \underset{\text{Br}}{|}$$

①工艺流程。羊毛纤维织物用毛用活性染料兰纳素（Lanasol）染色工艺流程为：织物润湿→配制染液→入染→升温、保温→固色→皂洗→水洗→烘干。

②工艺处方。羊毛纤维织物用毛用活性染料兰纳素（Lanasol）染色工艺处方如下。

毛用活性染料（owf）/%	x
硫酸铵（owf）/%	4
醋酸（owf）/%	0.5~2.5
匀染剂（owf）/%	1
元明粉（owf）/%	0~10
Na$_2$CO$_3$/（g/L）	2
pH	4.5~7
中性皂洗剂（owf）/%	1
浴比	1 ：（20~40）

根据工艺处方配制染液，以 1~2℃/min 升温速率将染浴加热至 70℃，保温染色 15min，再以相同的升温速率将染浴加热到 85~95℃，继续染色 30~90min，将染浴降温到 80℃，进行后处理。

③工艺曲线。羊毛纤维织物用毛用活性染料兰纳素（Lanasol）染色工艺曲线如图 4-33 所示。

皂洗工艺流程为皂洗（中性皂洗剂浓度 1~2g/L，温度 70℃，时间 5~10min），然后 70℃ 热水洗 10min，最后烘干。

（2）二氟一氯嘧啶类。该染料是纤维素纤维印花的重要染料，如 Drimalan F 就属于此类。该类染料在染色过程中水解倾向较低，故活性基团上的两个氟原子均能与羊毛上的亚氨基生

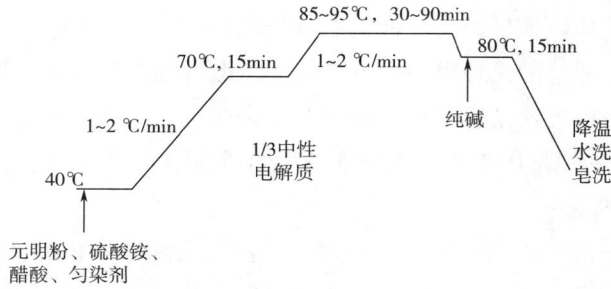

图 4-33　毛用活性染料兰纳素染色工艺曲线图

成稳定的共价键结合，因而实际上也是一种多活性基活性染料。此外，该染料反应性较高，羊毛纤维上固色率可达 90%。二氟一氯嘧啶类毛用活性染料化学结构式如右所示。

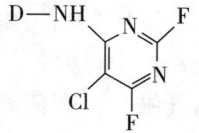

一般情况下，上染羊毛纤维时，染液保持弱酸性，pH 为 4.5~6.5，可用醋酸及硫酸铵调节。染色浓度高时，pH 可高一些，反之，则低一些。染浴 pH 在纤维等电点以上时，可加入元明粉促染。上染温度一般为 100℃，时间控制在 30~90min。染色结束后降温至 80℃，然后用清水与氨水调节 pH 至 8.5，保温 15min，最后水洗以去除未固着的染料。

2. 棉用活性染料染色

棉用活性染料主要以 X 型、K 型和 KN 型为主，可以在弱酸性条件下上染羊毛。在此条件下，活性染料被羊毛吸附主要是依赖于染料与纤维之间的范德瓦耳斯力和氢键作用。以 X 型活性染料为例，染料与纤维的反应如图 4-34 所示。

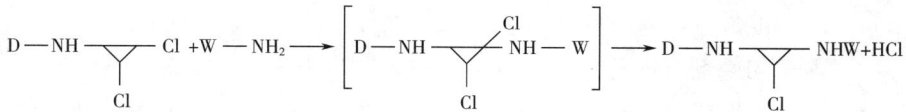

图 4-34　X 型活性染料与羊毛纤维染色机理示意图

棉用活性染料中扩散性差、反应性高的染料上染羊毛易造成染色不匀，在弱酸性、高温条件下易水解的染料则湿处理牢度较低。β-乙烯砜硫酸酯型活性染料能与羊毛纤维在酸性条件下迅速反应，且染色性能与匀染性酸性染料相似。这类染料与羊毛纤维之间存在共价键和离子键结合，且随着染浴 pH 的降低，离子键结合的染料增多。当染浴 pH 为 6 时，染料以活泼的乙烯砜形式存在，反应性较高，固色率也较好。

染液的 pH 可用醋酸调节，染中深色时 pH 以 4~5 为宜，染浅色时则控制在 6~6.5。若染液 pH 太低，染料会迅速上染，容易造成染色不匀，甚至有些染料会沉淀析出，沾污染物及设备。当 pH 为近中性时，染料的上染率很低；若为碱性，则上染甚少。染色后期，可用氨水调节染液的 pH 至 6.5~7，以促使染料与纤维发生共价键结合，提高湿处理牢度。在染浅、中色时，可加入适量非离子型表面活性剂作缓染剂，从 40~50℃ 开始染色（溶解度受酸影响的染料可从 70~80℃开始染色），然后逐步升温（1~1.5℃/min）至沸，沸染 30~90min，染后经水洗、中性合成洗涤剂洗涤。水洗后，若用 2%醋酸处理，再用冷水洗净，可防止羊毛损伤。

（四）蚕丝纤维

蚕丝，也称桑蚕丝、真丝，是我国使用最早的、历史最为悠久的天然蛋白质纤维，洁白、柔软，轻盈飘逸且光泽柔和，素有"纤维皇后"之美誉。蚕丝和羊毛虽然同属于蛋白质纤维，但在纤维形态与化学组成方面存在差异。蚕丝纤维表面没有鳞片层，由丝素和丝胶组成，脱胶后的纤维主要成分为丝素。在氨基酸组成及含量方面，丝素主要由乙氨酸组成，其次是丙氨酸和丝氨酸。蚕丝丝素中的氨基含量很低，约为 0.2mol/kg，仅为羊毛的 1/4；而酚羟基含量较高，约为0.6mol/kg，是羊毛的 1.5 倍，且主要分布于染料可及的丝素表面和无定形区。这些特征共同决定了蚕丝纤维的染色性能。

活性染料颜色鲜艳，染色牢度高，能适应蚕丝产品对鲜艳度的要求。由于染色温度高时，蚕丝容易造成纤维擦伤，所以用活性染料染色一般宜选用反应性较高的活性染料。在蚕丝染色中能获得较好染色效果的活性染料有二氯均三嗪型活性染料、乙烯砜型活性染料、溴代丙烯酰胺型活性染料、二氟一氯嘧啶型活性染料、一氯均三嗪型/乙烯砜双活性基活性染料以及 N-甲基牛磺酸乙砜型活性染料等。

活性染料染蚕丝纤维可以在弱酸性、中性或弱碱性条件下进行。在酸性浴（蚕丝等电点以下）染色时，活性染料与蚕丝纤维上氨基主要以离子键结合，上染率较高，但固色率低，湿处理牢度差；在中性浴染色时，染料不易被纤维吸附，纤维与染料的反应不完全，得色量低，染物的湿处理牢度亦不高；在碱性浴染色时，纤维表面带的负电荷多，活性染料不易被纤维吸附，上染百分率和固色率都较低，又因为染料以共价键形式固着在纤维上，湿处理牢度较高。由于蚕丝纤维的耐碱性较差，染浴的 pH 不宜太高，以 8~9 为宜，以免影响蚕丝的光泽和手感。

以二氯均三嗪染料为例，酸性浴及碱性浴染色时染料与蚕丝纤维的反应如图 4-35 和图 4-36所示，其中 D 表示染料母体，S 表示蚕丝纤维。

$$D—SO_3^-+S—NH_3 \longrightarrow D—SO_3^- \cdot H_3^+N—S$$

图 4-35　酸性浴染色染料与蚕丝纤维反应示意图

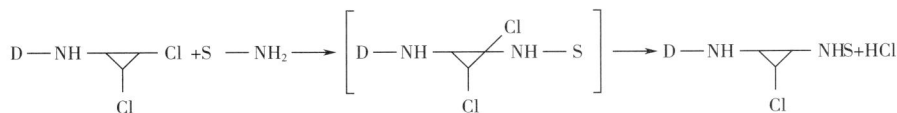

图 4-36　碱性浴染色染料与蚕丝纤维反应示意图

酸性浴中染色流程为：在 30℃的中性染液中开始染色，染色时间为 20~30min，再逐渐升温至98~100℃，然后分两次加入所需醋酸（总量为冰醋酸 4~5mL/L），续染 30~40min，最后经水洗、中性洗涤剂皂洗、水洗、烘干。

碱性浴中染色流程为：在 30℃ 的中性染液中开始染色，染色时间为 20～30min，再逐渐升温至 80～85℃，加入小苏打，续染 30～40min，最后经水洗、中性洗涤剂皂洗、水洗、烘干。一氯均三嗪/乙烯砜双活性基活性染料染蚕丝纤维时，在 pH 为 8～9 的条件下可获得很高的上染率和固着率。主要原因是纤维氨基酸中的酚羟基和氨基与染料发生共价键结合，所以染料的固着率和染色的重现性均得以提高。

（五）锦纶

锦纶，俗名为尼龙，是一类热塑性合成纤维，亲水性较弱，在水中不易溶胀，是中国化纤行业中产量仅次于涤纶的第二大化学纤维。目前，市场上产量最多的锦纶品种为锦纶 6 和锦纶 66，它们分别以己内酰胺或己二酸、己二胺为单体通过聚合反应并纺丝制得。锦纶纤维中的氨基等反应性基团含量较低，如锦纶 66 的平均氨基含量约为 0.036mol/kg，约为蚕丝的 1/5，因而活性染料上染百分率低，难染深色，且匀染性较差。当染色 pH 低于锦纶纤维的等电点时，染料阴离子通过库仑引力与纤维上的氨基正离子结合，染色牢度较差；高于纤维等电点染色时，染料与纤维上的游离氨基产生共价结合，染色牢度较好。

活性染料染锦纶通常有酸性浴、中性浴或先酸性后碱性这三种染色方法。酸性浴染色得色量高，但湿处理牢度较差；为了提高湿处理牢度，可采用先在酸性浴上染，再在碱性浴使染料与纤维中的氨基生成共价键结合的染色方法，使染料与纤维充分键合。由于锦纶的耐碱性比羊毛及蚕丝纤维好，因此也可在 pH 较高的碱性条件染色。

近年来国内试制了一类专用于锦纶染色的活性分散染料，该染料通常是在疏水性发色体上连接活性基团来设计的。常见的发色体类型有偶氮、蒽醌和杂环等结构，而活性基团种类则有乙烯砜、均三嗪等。该染料母体中无水溶性基团，染料在酸性条件下依靠静电引力上染纤维，类似普通活性染料；在碱性条件下 β-羟基乙砜硫酸酯基快速转变成乙烯砜基与纤维发生共价反应。由于染料的水溶性很低，未反应的或水解的染料可像分散染料那样通过范德瓦耳斯力和氢键与纤维结合，所以该染料可染得深浓色泽，匀染性较好。某橙色活性分散染料结构如下所示。

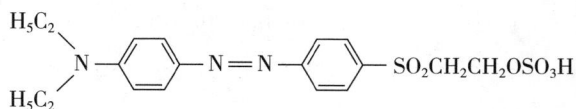

$$\underset{H_5C_2}{\overset{H_5C_2}{}}N\!-\!\!\!\!\bigcirc\!\!\!\!-N\!=\!N\!-\!\!\!\!\bigcirc\!\!\!\!-SO_2CH_2CH_2OSO_3H$$

七、活性染料的染色牢度

（一）耐日晒色牢度

影响活性染料耐日晒色牢度的因素很多，包括染料的母体结构、染料与纤维的结合状况、染色制品上的染料浓度、染料在纤维上的物理状态、染色工艺以及纤维的性能等。染中、深色时，经过筛选后，部分以金属络合、蒽醌、酞菁和偶氮结构为母体的活性染料有较高的耐日晒色牢度。

染色制品上已经键合的染料比未键合染料和水解染料的耐日晒色牢度高，这可能是由于活性染料与纤维成键后能将能量从染料激发态转移到纤维上，从而减少了染料的光化学降解率，提高了染料的耐光性能，但在羊毛、聚酰胺等纤维上，两者相差甚小。此外，当染色制品上含有较多的水解及未键合活性染料时，其染色牢度会相应下降。

染料在纤维内充分扩散，渗透均匀，耐日晒色牢度较高。同一染料用不同染色方法染色，所得的耐日晒色牢度也有差别，通常轧卷堆法工艺的染色制品耐日晒色牢度较高，而一浴法轧染工艺中焙烘固色染色制品的耐日晒色牢度偏低。

（二）耐皂洗色牢度

活性染料与纤维结合键在碱性溶液中的稳定性直接影响染物的耐皂洗色牢度。同时，耐皂洗色牢度还与织物上的水解染料或未键合的活性染料存在多少有关。为了提高染色制品的耐皂洗色牢度，首先要选择能与纤维形成耐碱稳定性好的结合键的染料，染色后需经充分水洗去除浮色，确保染色后织物表面呈中性，所以皂洗时应采用中性洗涤剂为宜。

（三）耐氯化水色牢度

不少活性染料的耐氯化水色牢度较低，在含有效氯 20mg/L（20ppm）、pH 为 8.5、温度为（20±2）℃、浸渍 4h 的条件下，染色制品会发生严重的褪色。

目前活性染料的化学结构与耐氯化水色牢度之间的关系尚不明确，一般认为染料母体结构为主要影响因素。以吡啶啉酮为母体的活性染料嫩黄品种（如活性嫩黄 X-6G、K-6G、M-5G 等），耐氯化水性能均很差，其耐氯化水色牢度仅为 1~2 级；以溴氨酸为母体的活性染料，其耐氯化水色牢度也仅 1~2 级；以酞菁为母体的活性染料，其耐氯化水色牢度可达 3 级；一些采用偶氮结构为母体的染料（如活性艳橙 K-2G），具有较好的耐氯化水色牢度。

具有相同母体的活性染料，若活性基团及水溶性基团不同，则其耐氯化水的性能也不尽相同。例如，活性艳蓝 X-BR、K-GR、M-BR、K-NR 具有相同的母体结构，但活性基团和水溶性基团不同，前三只染料的耐氯化水色牢度较差，而活性艳蓝 K-NR 则有较好的耐氯化水色牢度。

（四）耐氧化氮色牢度

氧化氮气体会引起部分活性染料发生褪色，其中尤其以溴氨酸为染料母体的蓝色染料（如活性艳蓝 X-BR、K-GR、K-3R、M-BR 等）耐氧化氮色牢度特别差。这些染料分子中具有游离氨基或亚氨基，在氧化氮气体的作用下会发生重氮化和亚硝化反应，随之又发生一系列的其他反应，导致染色制品色泽的变化。为了提高耐氧化氮的稳定性，应减少染料分子上的游离氨基，使其不易受氧化氮的攻击而发生变色。

八、活性染料的染色质量控制

活性染料染色常见疵病产生原因及预防措施见表 4-15。若染色制品在水洗后处理中表现出良好的耐水色牢度（水浸牢度），但耐洗色牢度较差，应检查洗涤液中是否含有电解质、金属离子，以及皂洗温度是否太低，或考虑进行第二次皂洗；若染色制品的耐洗色牢度良好而耐水色牢度较差，应提高最后的净洗效果，增加水的用量，并尽可能降低洗涤液中水解染料的含量。

表4-15　活性染料染色常见疵病产生原因及预防措施

常见疵病	产生原因	预防措施
色花	练漂不匀或染色工艺不当	加强练漂，研究练漂工艺及操作方法，找出原因进行改进
	氯漂或氧漂后布上残留的化学品未除净	前处理加强水洗或染前在机内热洗一次
	促染剂加入太多或不均匀	少加或溶解后分批加入中性电解质或促染剂
	固色剂加入太多、太快或不均匀，加碱固色初期中温型染料易产生"骤染"现象	溶解后分批加入纯碱或磷酸三钠
	染机转速太慢	提高染液及布循环的速度，适当减少投布量
	布在机内打结或停机时间过长	入机前理好布匹，防止打结，停机应及时处理
	水质硬度过高	加入软水剂或改用软水染色
色差（同机色差）	机内加热不匀	改进机内加热管，使受热均匀
	同机每匹布的长短差异较大	要尽量使布的长短差异减少
缸差（机差）	工艺条件控制不一致	严格按工艺条件操作，严格控制浴比、温度、时间，各批之间应一致
	盐和助剂用量不准备	纯碱和匀染剂要按布的重量计算，并正确称重
	前处理的坯布白度不一致	加强练漂，使布的白度前后一致
	后处理工艺条件控制不一致	不能忽视后处理的重要性，应严格控制净洗剂、温度及时间等工艺条件
	染化料的质量差异	加强进厂染化料的检验，用时通知操作人员采取措施
水洗牢度差	水洗不净	应充分水洗，将残留在布上的皂液除尽
	使用的染料质量差，或堆放不好而水解变质	加强进厂染料的检验，堆放时间过长的染料应采取相应措施
	皂洗液质量有问题	检查皂洗液是否含有电解质、金属离子，进行二次皂洗
风印	染色后未能及时烘干	染好的布应及时烘干，不能久堆不烘，尤其对翠蓝 KN-G 更要特别注意
	烘干后未能均匀冷却	烘干后不能堆在风中吹冷风
	固色后水洗不净	固色后应充分洗净，去除布面碱性物质

任务四　还原染料染色

还原染料的分子结构中不含水溶性基团，不溶于水，不能直接上染纤维素纤维。该染料分子结构中含有两个或两个以上的羰基，染色时在碱性溶液中受还原剂作用，染料还原成可溶性的隐色体钠盐，对纤维素纤维具有亲和力，可直接上染纤维。隐色体上染纤维后再经氧化，又再次转变为不溶于水的还原染料而固着在纤维上，最终达到纤维染色的目的，故被称为还原染料。还原染料是纺织品印染加工的重要染料之一，又称为士林染料，具有色谱齐全、色泽鲜艳的优点，在纤维上染色牢度较高，适用于纤维素纤维及其混纺的纱线、机织物或针织物的染色，也可用于维纶、涤纶等合成纤维的染色。

还原染料的应用历史悠久，最早使用的是植物靛蓝。在古代，人们将蓝色称为青，战国时期《荀子·劝学》中记载，"青，取之于蓝，而青于蓝；冰，水为之而寒于水。"青就是指的植物靛蓝，从蓝草中提取出来，但色泽比蓝草更深，说明在战国时期我国已有成熟的制备靛蓝染料技术。植物靛蓝主要存在于爵床科植物的叶与茎之中，常见植物有蓼蓝、木蓝、马蓝、菘蓝等。据现有史料推断，可能在夏朝之前，古人就开始栽种蓼蓝。直到如今，在我国西南部地区的一些少数民族仍在使用传统方法制作及使用植物靛蓝。**党的二十大报告提出，加大文物和文化遗产保护力度，加强城乡建设中历史文化保护传承**。蓝印花布，又称靛蓝花布，俗称"药斑布""浇花布"，是传统的镂空版白浆防染印花，最初以植物靛蓝为染料印染而成，距今已有 1300 年历史。蓝印花布狭义上是指以南通蓝印花布为代表的镂空型纸版印花（图 4-37），一般认为其起源于宋代嘉定和安亭镇的"药斑布"。2006 年南通蓝印花布印染技艺成功入选第一批国家级非物质文化遗产名录。

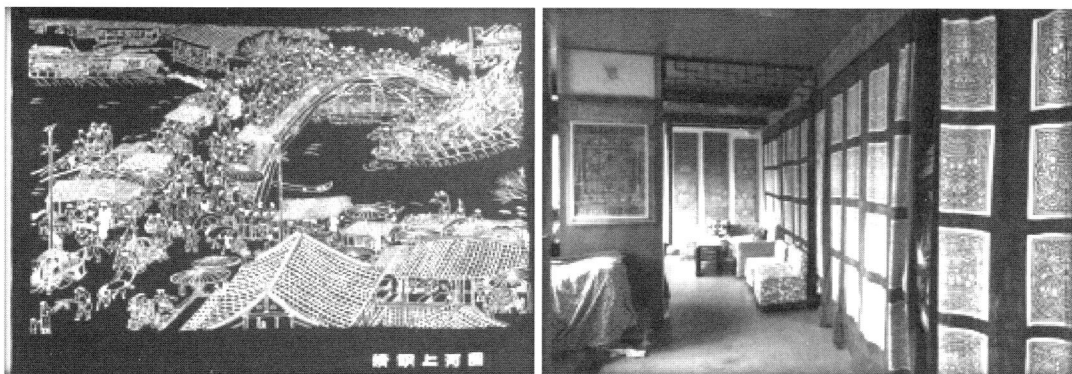

图 4-37　蓝印花布（南通蓝印花布博物馆）

19 世纪末至 20 世纪初，还原染料的化学结构和工业化生产流程相继被揭示和提出。1883 年，德国化学家阿道夫·冯·拜尔分析得出了靛蓝的化学结构；1890 年，欧曼（K. Heumann）提出靛蓝的工业化生产流程；1897 年，第一个合成靛蓝在巴斯夫（BASF）

公司诞生。1901 年，波恩（René Bohn）合成了一种蓝蒽酮结构的还原染料，不仅色泽明亮鲜艳，而且牢度较高，被命名为阴丹士林（Indanthrene）蓝 RSN。还原染料由此进入了迅速发展时期，至 20 世纪 30 年代已发展为一类中高档染料。然而，由于还原染料价格昂贵，染色工艺较为复杂，某些还原染料品种已逐渐被活性染料取代。

值得注意的是，还原染料红色品种较少，且染浓色时耐摩擦色牢度较低。此外，某些还原染料染色的纺织品在日晒过程中会引起纺织纤维的光氧化脆损，使得纤维强力下降但染料颜色没有明显变化。这种现象称为还原染料的光敏脆损，也称染料的光脆性。少数黄、橙色品种的还原染料还存在光敏脆损现象，约占染料的 11%，使用时应注意避免。

20 世纪 20 年代，巴特（Bader）和桑特（Sunder）两人将靛蓝类染料还原后经硫酸酯化，得到隐色体硫酸酯的钠盐或钾盐，即隐色酯，也称为可溶性还原染料或"印地科素"（Indigosol）染料。其中，来自靛类的可溶性还原染料称溶靛素，来自蒽醌类的可溶性还原染料则称溶蒽素。

一、还原染料的分类及其性能

根据化学结构不同，还原染料可分成蒽醌和靛蓝两大类。

（一）蒽醌类

蒽醌类还原染料是还原染料中最重要的一种。凡是以蒽醌及其衍生物合成的还原染料均属于这一类。蒽醌类还原染料的类型、化学结构及主要特点见表 4−16。

该类还原染料隐色体钠盐由于共轭双键的增加，色泽比还原前的母体深，染料各项染色牢度优良，色谱较全，色泽鲜艳，对棉纤维直接性较高。但是这类染料的合成工艺复杂，原料昂贵，故价格较高，一般用于高档织物。

表 4−16　蒽醌类还原染料的类型、化学结构及特点

类型	化学结构	主要特点
酰胺蒽醌类	还原黄WG	以黄色为主，该类染料匀染性好，耐皂洗、氯化水色牢度较好。在强碱和高温下易水解，宜在弱碱和低温条件下染色
亚胺蒽醌类	还原橙6RTK	在热碱溶液中易发生水解，可用作合成咔唑染料的中间体。（目前除了少数几个例外，蒽醌亚胺类染料不再作为还原染料）

续表

类型	化学结构	主要特点
咔唑蒽醌类	还原棕BR	对纤维素纤维亲和力高，染色牢度高
蓝蒽酮类	还原蓝RSN	颜色鲜艳，各项染色牢度优良
黄蒽酮类	还原黄G	以黄色为主，染色性能优良，耐氯化水色牢度较好，耐日晒色牢度中等
芘蒽酮类	还原金橙G	以橙色为主，颜色鲜艳，各项染色牢度优良。纤维素纤维染色会出现光敏脆损现象
二苯嵌蒽酮类	还原艳绿FFB	为鲜艳的绿色和紫色染料，具有良好的染色牢度，多数染料宜在高温及浓碱条件下染色

续表

类型	化学结构	主要特点
含噻唑结构类	 还原黄GCN	大多数为黄色，少数为红色和蓝色，对纤维素纤维直接性较高。黄色品种染料对纤维素纤维染色有光敏脆损作用

（二）靛蓝类

该类还原染料包含靛蓝及其衍生物、硫靛及其衍生物以及各种具有靛蓝和硫靛混合结构的对称或不对称染料。与蒽醌类最显著的区别是靛蓝类还原染料的隐色体钠盐为无色或很浅的黄色及杏黄色。靛蓝类还原染料的类型、化学结构及主要特点见表4-17。

表4-17　靛蓝类还原染料的类型、化学结构及主要特点

类型	化学结构	主要特点
靛蓝	 靛蓝	染色牢度较好，但是色泽不够鲜艳，而且其隐色体钠盐对纤维素纤维直接性很小，无法一次染得深色。卤化后的靛蓝色泽较明亮，对纤维素纤维直接性增大
硫靛	 还原红5B	大部分染料为红色，本身色泽不够鲜艳，且耐日晒色牢度较差。其衍生物色泽鲜艳，各项牢度也很好
靛蓝-硫靛混合	 还原紫BBF	大部分染料为紫色
半靛	 还原黑B	一半为靛蓝或硫靛结构，另一半为醌类结构

二、还原染料的染色过程

根据还原染料的特点，其染色过程一般分为染料的还原溶解、隐色体上染、隐色体氧化及皂洗后处理四个步骤。

（一）染料的还原和溶解

还原染料结构中没有水溶性基团，一般不溶于水。在碱性溶液中还原染料可被强还原剂还原成隐色体钠盐而溶解于水中，对纤维素纤维具有一定的直接性，进而上染纤维。

1. 还原和溶解反应

在碱性溶液及强还原剂的作用下，还原染料分子结构中的羰基被还原成羟基（—OH），生产羟基化合物，称为隐色酸。隐色酸也不溶于水，且呈现出不同于还原染料原有的颜色，但在碱性条件下，隐色酸可形成溶于水的隐色体钠盐。

还原和溶解反应中最常用的还原剂是连二亚硫酸钠（$NaSO_2$—$NaSO_2$），俗称保险粉，最常用的碱剂是氢氧化钠（NaOH），俗称烧碱。在碱性条件下，保险粉具有较强的还原能力，在水中分解产生具有还原性的物质，其水解反应如图 4-38 所示。

$$Na_2S_2O_4 + 2H_2O \longrightarrow 2NaHSO_3 + 2[H]$$

图 4-38　连二亚硫酸钠在水中的分解反应

由于保险粉产生的还原性物质，还原染料上的羰基被还原成羟基，生成羟基化合物，还原反应如图 4-39 所示。

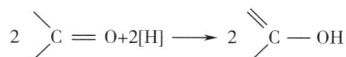

$$2 \diagdown C = O + 2[H] \longrightarrow 2 \diagdown C — OH$$

图 4-39　染料的还原反应示意图

羟基化合物在碱性条件下生成可溶于水的隐色体钠盐从而溶解于水中，其反应式如图 4-40 所示。

$$C — OH + NaOH \longrightarrow C — ONa + H_2O$$

图 4-40　隐色体钠盐反应示意图

还原染料还原溶解形成的隐色体钠盐，简称隐色体（leuco），在水溶液中可发生电离，反应如图 4-41 所示。

$$C — ONa \rightleftharpoons C — O^- + Na^+$$

图 4-41　隐色体钠盐电离反应示意图

还原染料的隐色体溶于水，对纤维素纤维具有良好的直接性，能快速地吸附到纤维上，并在纤维内部进行扩散。还原染料变成隐色体后，由于其化学结构发生了改变，所以颜色也相应发生了改变。一般来说，靛蓝类还原染料的隐色体颜色通常比染料本身的颜色浅，常见为黄绿色或黄色。究其原因主要是，靛蓝分子处于高度极化状态，整个分子共轭双键贯通，颜色深；当它还原成隐色体钠盐时，共轭双键数量减少，并失去了吸电子基团，因此吸收波长向短波长方向移动，颜色变浅，其化学反应如图4-42所示。而蒽醌类还原染料隐色体的颜色一般较原来的要深。蒽醌本身两个苯环之间共轭双键不贯通，还原成隐色体后，整个分子共轭双键贯通，因此吸收向长波方向移动，颜色变深。由于蒽醌类还原染料的结构种类繁多，有少数存在还原成隐色体后颜色变浅的情况。

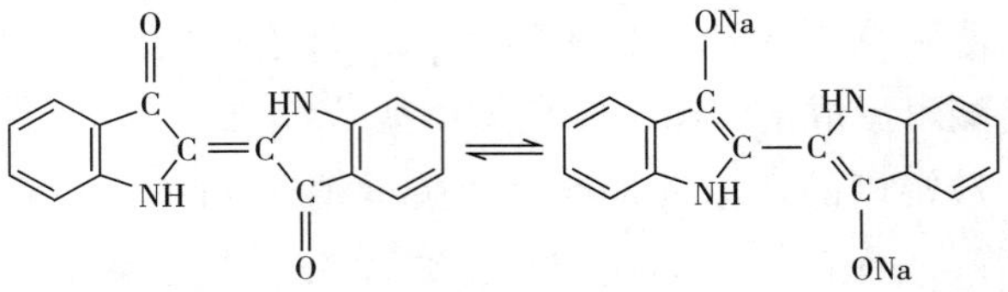

靛蓝（暗蓝色）　　　　　　　　隐色体（黄色）

图4-42　靛蓝类还原染料转变为隐色体后的结构变化

2. 还原性能

还原染料的还原是上染纤维的关键，因此必须要了解染料的还原性能。一般认为，染料的还原性能包括染料的隐色体电位和还原速率。

隐色体电位是指先将一定浓度的还原染料用保险粉和烧碱溶液还原成隐色体，然后在一定条件下，用氧化剂赤血盐滴定，使得染料氧化开始析出沉淀时所测得的电位。其表示了还原染料被还原的难易程度。当染料在这一还原电位值时，就能转变为隐色体。如果不到这个电位，染料就不能以隐色体状态溶解于染液中。因此，要使染料上染纤维，就必须借助还原剂的作用，使染浴保持在这一特定的电位范围。

还原染料的隐色体电位通常为负值。其绝对值越小，表示染料越易被还原，可采用较弱的还原剂；反之，隐色体电位绝对值越大，表示染料越难被还原，其氧化状态比较稳定，需要选择较强的还原剂。常用还原染料的隐色体电位通常在$-615 \sim -920$mV之间。表4-18列出了常用还原染料的隐色体电位。

表4-18　常用还原染料的隐色体电位

染料名称	隐色体电位/mV	染料名称	隐色体电位/mV
C.I. 还原黄 1	-640	C.I. 还原蓝 14	-815
C.I. 还原黄 2	-860	C.I. 还原蓝 20	-830
C.I. 还原黄 4	-770	C.I. 还原绿 1	-865
C.I. 还原黄 27	-790	C.I. 还原绿 2	-860

续表

染料名称	隐色体电位/mV	染料名称	隐色体电位/mV
C.I. 还原橙 5	-780	C.I. 还原绿 4	-830
C.I. 还原红 1	-730	C.I. 还原棕 5	-770
C.I. 还原紫 1	-870	C.I. 还原黑 8	-760
C.I. 还原紫 2	-720	C.I. 还原黑 27	-972
C.I. 还原蓝 4	-850	C.I. 还原黑 29	-910
C.I. 还原蓝 5	-690		

注　测试条件为染料浓度 0.5%，氢氧化钠 4g/L，保险粉 4g/L，温度 60℃。

染料还原的难易程度与其分子结构密切相关。相对来说，靛蓝类与黄蒽酮还原染料易还原，隐色体电位的绝对值较低。而蒽醌类还原染料难还原，大多数隐色体电位绝对值较高。同一母体结构的染料，若环上含供电子基团，则难还原；若环上含吸电子基团，则易还原；染料分子结构中苯环数量越多的越难还原，如芘蒽酮和氨基蒽酮类染料隐色体电位绝对值最高，最难还原。

3. 还原速率及影响因素

（1）还原速率。还原染料被还原的快慢可由还原速率表示。还原速率一般用半还原时间来表示。半还原时间是指还原达到平衡浓度一半时所需的时间。半还原时间越短，表示还原速率越快，反之则越慢。不同类型的还原染料的还原速率相差很大，一般靛蓝类还原染料，隐色体电位绝对值较小，但还原速率很慢；蒽醌类染料的隐色体电位绝对值较高，但还原速率却很快。如靛类中 C.I. 还原橙 5 的隐色体电位是 -752mV，在温度 40℃，20g/L 保险粉，20g/L 氢氧化钠的条件下，半还原时间为 50min；而属于蒽醌类的 C.I. 还原橙 9 的隐色体电位虽为 -892mV，但半还原时间只有 36s。

（2）影响因素。染料的还原是一种多相反应，所以还原温度以及烧碱、保险粉的浓度等因素都会影响染料的还原性能。研究表明，烧碱和保险粉的浓度同时增加 5 倍，可以使绝大多数还原染料的还原速率提高 3 倍左右；如果还原温度提高 20℃，则许多染料的还原速率可提高 3~4 倍，提升幅度随染料结构而异。由此可见，提高还原温度对还原速率的提升比较显著。所以，在生产中提高染料的还原速率最经济的办法通常是提高还原温度。但是，有些染料在高温条件下会发生不正常的还原反应。对于这些染料，则不能采取提高温度的办法加快还原速率。

4. 还原剂

还原染料在还原剂与碱剂的作用下被还原生成隐色体钠盐，进而上染纤维素纤维。所以还原剂是还原染料染色过程中一种重要的助剂。常用的还原剂主要有连二亚硫酸钠（保险粉）和二氧化硫脲。

（1）连二亚硫酸钠（保险粉）。连二亚硫酸钠，分子式 $Na_2S_2O_4$，其商品形式有两种，一种是不含结晶水的，呈淡黄色粉末；另一种含两分子结晶水，为白色颗粒状，具有流动性。

连二亚硫酸钠化学性质较活泼，易溶于水，有很强的还原能力。其在空气中很不稳定，受潮会被迅速氧化，甚至燃烧。遇酸则剧烈分解，放出二氧化硫，但在 pH 为 10 的碱性条件下会较为稳定。因此保险粉要避光、防潮、密封储存。

在碱性条件下，保险粉不断释放出电子，生成硫酸根离子，反应式如图 4-43 所示。

$$S_2O_4^{2-}+4OH^- \longrightarrow 2SO_3^{2-}+2H_2O+2e$$

图 4-43　保险粉在碱性条件下的反应式

还原染料接受电子，分子中结构中羰基被还原成羟基，反应式如图 4-44 所示。染色时，氢氧化钠和连二亚硫酸钠的用量随所用的染料种类、染色方法、染色浓度等不同而变化。

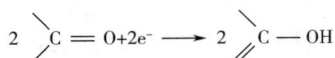

$$2 \;{>}\!C = O + 2e^- \longrightarrow 2 \;{>}\!C - OH$$

图 4-44　还原染料的还原反应

空气中的氧气也可与连二亚硫酸钠发生反应造成其分解，如图 4-45 所示。

$$2Na_2S_2O_4+3O_2+2H_2O \Longrightarrow 4NaHSO_4$$

图 4-45　保险粉与氧气反应

在实际染色过程中，染液温度越高、染液循环速度越快、接触空气的面积越大，连二亚硫酸钠分解速率就越快。为了减少连二亚硫酸钠的消耗，染色时应尽量减少与空气的接触；同时，为了中和其酸性产物，保持隐色体的稳定，染色中途常常要补加一定量的连二亚硫酸钠，另加适量的氢氧化钠，使染料保持良好的还原状态。

（2）二氧化硫脲（TDO）。二氧化硫脲也是一种优良的还原剂，它与保险粉作用相似，具有强的还原性能且稳定性好。此外，其储藏安全，还具有用量少、价格低廉且无污染等优点。

二氧化硫脲还原能力比保险粉强，在碱性溶液中，或汽蒸加热条件下能生成具有还原作用的亚酸，将染料还原，其反应式如图 4-46 所示。

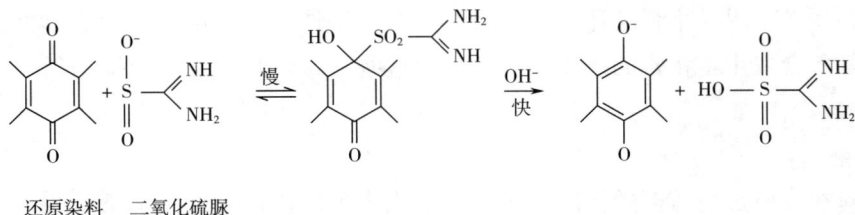

还原染料　二氧化硫脲

图 4-46　还原染料在二氧化硫脲及碱性条件下还原反应示意图

二氧化硫脲对蓝蒽酮类还原染料容易造成过度还原，且色泽变化剧烈。其还原速率较慢，如果操作不当，往往会导致得色较淡。所以在生产中应用中有一定的限制。

5. 还原方法

还原染料的还原方法根据还原条件及操作过程可分为干缸还原法和养缸还原法两种。

（1）干缸还原法。干缸还原法又称为小浴比还原法。在该方法中，染料与保险粉、碱等助剂先不加入染缸，而是在另一较小的容器中先进行还原，然后将还原好的染料隐色体滤入加有规定液量的染缸中再进行染色。具体操作过程为：将还原染料用分散剂和少量温水调成浆状，加水稀释，调整浴比为 1∶50 左右；加入 2/3 规定量的烧碱，搅匀后升温至还原温度，缓慢加入 2/3 规定量的保险粉，保温还原 10~15min；染缸中加入规定量的水后升温至染色温度，再加入剩余的烧碱和保险粉；最后将已经还原好的隐色体溶液滤入染缸，搅匀待用。

干缸还原法具有烧碱、保险粉浓度较高、浴比小的特点，还原条件比较剧烈，一般适用于还原速率比较慢、隐色体溶解度较高的还原染料。

（2）养缸还原法。养缸还原法又称全浴还原法，是一种还原染料直接在染浴中进行还原的方法。其操作过程为：将还原染料用分散剂和少量温水调成均匀薄浆，再加适量温水稀释且搅拌均匀，然后在染缸中按浴比加入所需用水，加入规定量的烧碱，滤入染液后加热至规定温度，搅拌后再加入规定量的保险粉，10~15min 后开始染色。

养缸还原法具有烧碱、保险粉浓度较低、浴比较大的特点，还原条件相对温和，一般适用于还原速率比较快、隐色体溶解度较低或在高浓度保险粉及烧碱条件下易发生异常还原的还原染料，如还原蓝 RSN、还原大红 R、还原蓝 BC、还原湖蓝 3GK 和还原蓝 GCDN 等。

6. 不正常的还原现象

在还原的过程中，因还原条件过于剧烈或控制不当，会导致不正常还原现象的发生，直接影响染料的上染。不正常的还原现象主要有以下几种情况。

（1）过度还原。一些含有氮杂苯结构的还原染料（如黄蒽酮类和蓝蒽酮类），正常的情况下其分子结构中的羰基并不全部被还原，当还原浴的温度过高，或烧碱和保险粉的浓度过高时，就会产生过度还原现象。例如还原蓝 RSN，正常情况下，还原反应时只有两个羰基被还原，可得到亲和力较高、色光较好的二氢蓝蒽酮隐色体。但如果还原条件过于剧烈，则四个羰基全部被还原，隐色体对纤维的直接性大幅降低。在更剧烈的条件下，隐色体会进一步还原为对纤维几乎完全丧失亲和力的产物，即使氧化后也不能恢复成原来的染料，染色制品色光萎暗、颜色变浅，且染色牢度较低。还原蓝 RSN 正常还原及过度还原反应式如图 4-47 所示。

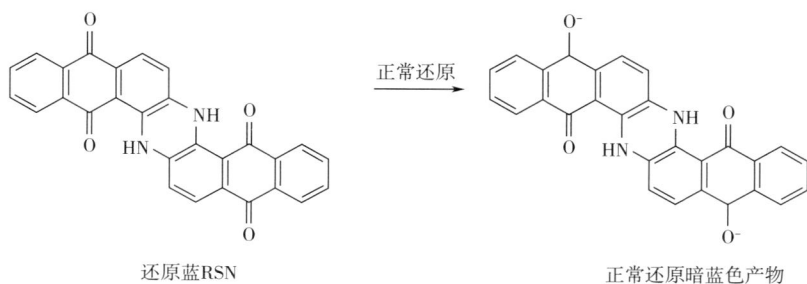

还原蓝RSN　　　　　　　　　　　　　正常还原暗蓝色产物

正常还原

图 4-47

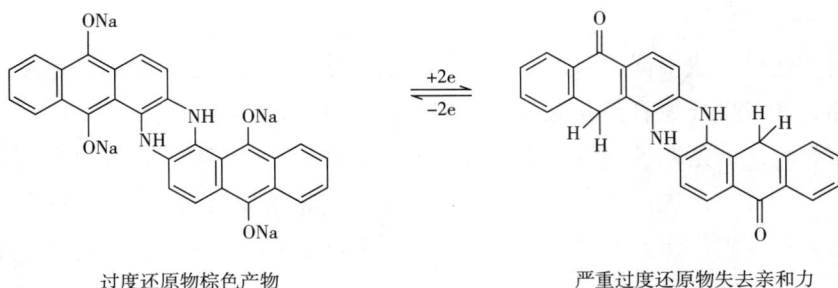

过度还原物棕色产物　　　　　　　　　严重过度还原物失去亲和力

图 4-47　还原蓝 RSN 正常还原及过度还原反应示意图

（2）脱卤。在生产还原染料时，常用卤化来改进染料的色光及染色性能。分子中含有卤素基团的还原染料，在高温、浓碱条件下易发生脱卤反应，导致染料的直接性、鲜艳度及色牢度显著下降。如生产上采用的还原蓝 BC，高温还原会使分子中两个氯原子脱落，变成卤化的蓝蒽酮隐色体，氧化后色光会变红，且耐氯化水色牢度大大降低。还原蓝 BC 正常还原及过度还原反应式如图 4-48 所示。

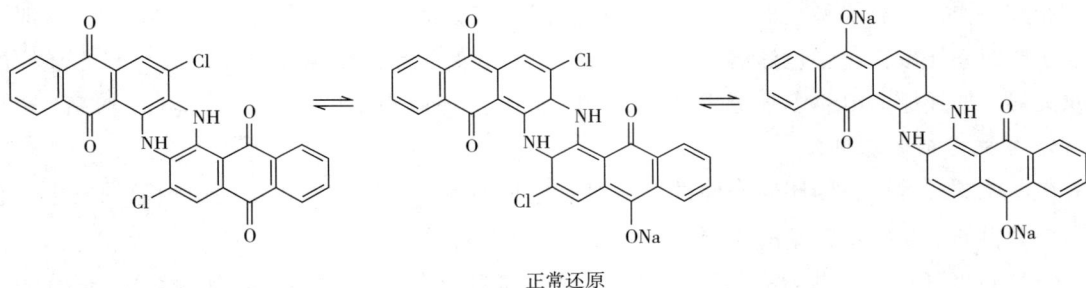

正常还原

图 4-48　还原蓝 BC 正常还原及过度还原反应示意图

（3）分子重排。还原染料被还原后，在碱性介质中形成隐色酸钠盐（隐色体）。如果烧碱用量不足，部分染料会发生分子重排。如常用的还原蓝 RSN，正常的隐色体为暗蓝色，若烧碱用量不足，则会析出紫色的蒽酚酮沉淀，且再次添加烧碱也难以恢复成正常的隐色体，导致染色制品的色泽变浅、不匀，耐摩擦色牢度也大幅降低。还原蓝 RSN 分子重排反应式如图 4-49 所示。在碱剂不足的情况下，织物通过染浴后，吸收了部分氢氧化钠，使染浴中碱度降低，进而产生这种现象。另外，酰胺类、咔唑类及噻唑类还原染料也有出现这种现象的可能性。

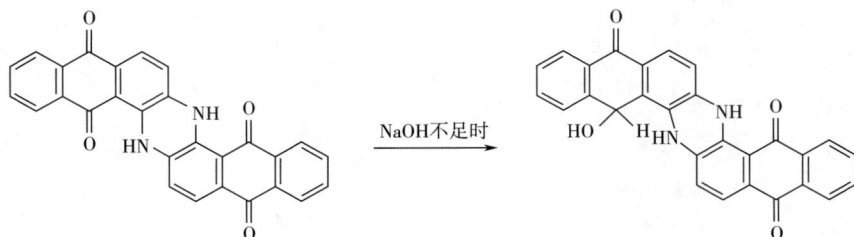

图 4-49　还原蓝 RSN 分子重排反应示意图

（4）水解。一些具有酰氨基结构的还原染料，如还原橄榄 R、还原棕 X、金橙 3G 等，在温度较高和碱浓度较高的情况下，会发生不同程度的水解，生成色泽较深的氨基化合物，影响染后织物的色光和牢度。

（5）结晶。还原浴中隐色体的浓度过高时，有可能发生隐色体结晶或沉淀现象，导致无法进行正常染色，补救相对困难。

隐色体浸染染色时，为了避免不正常还原现象的发生，要根据染料隐色体电位、还原速率和染料的其他特性，选择合适的还原方法。如果采用悬浮体轧染，由于还原条件难以控制，部分染料难免会发生不正常的还原现象，特别是过度还原、脱卤和水解很容易发生。

（二）隐色体上染

1. 上染特点

还原染料隐色体溶于水后呈阴离子状态，其上染纤维素纤维与直接染料相似，隐色体通过范德瓦耳斯力和氢键吸附于纤维表面，并向纤维内部扩散，最终与纤维结合。

实践证明，绝大部分的隐色体上染纤维素纤维时染色速率很高，而且平衡上染百分率也很高，因此隐色体上染时具有"两高一低"的特点。"两高"为初染率和平衡上染百分率高，"一低"指的是匀染性低。造成"两高"的主要原因是还原染料隐色体的亲和力过好或染液中电解质浓度过高；形成"一低"的原因是还原染料亲和力高，在染色温度低时染料在纤维上的扩散性能差。染色时，吸附在纤维表面的隐色体不易扩散进入纤维内部，极易产生环染或白芯现象。所以，还原染料隐色体上染过程主要存在的问题就是匀染性差。为了改善匀染性，一般需在染浴中加入骨胶、平平加 O 等匀染剂。

2. 染色方法

由于隐色体上染性能不同，因此染色方法也不同。常用的隐色体染色方法可分为以下几种。

（1）甲法。该方法要在较高的染色温度及较高的烧碱浓度下染色，一般不加促染剂，适用于染料分子结构较复杂、隐色体的聚集倾向较大、亲和力较高、扩散速率较低的还原染料，如蓝蒽酮、紫蒽酮、异紫蒽酮及含五个蒽醌核的咔唑蒽醌等结构的（还原蓝 RSN、还原黄 GCN 等）染料。该类染料匀染性较差，染色时需加匀染剂。

（2）乙法。该方法要在较低的染色温度及较低的烧碱浓度下染色，介于甲法和丙法染色方法之间，适用染料有还原棕 BR、还原灰 BG 等。染淡色时可不加促染剂。

（3）丙法。该方法要在低温和低浓度烧碱条件下染色，需加适量促染剂以提高上染百分率，适用于分子结构较简单、亲和力较低、聚集倾向较小、扩散性较好的还原染料，如酰氨基蒽醌、吖啶酮蒽醌、分子结构比较简单的稠环烃蒽醌（如缔蒽酮艳橙）、二苯并芘醌金黄及含两个蒽醌核的咔唑类蒽醌（还原黄 FFRK）等。

（4）特别法。该法通常需在较高的温度（约 70℃）和高浓度的保险粉与烧碱下进行还原及上染，通常不加促染剂，适用于还原速率特别慢，不易发生不正常还原反应的染料，如硫靛结构的还原染料。

隐色体染色方法的分类并不是绝对的，有些染料往往适用多种染色方法，只是相对以某种方法最适宜。常见隐色体染色方法及染色条件见表 4-19。

表 4-19　常见隐色体染色方法及染色条件

项目	染色温度/℃	烧碱浓度/（g/L）	保险粉浓度/（g/L）	元明粉浓度/（g/L）	染色时间/min	浴比
甲法	50~60	10~16	4~12	—		
乙法	40~50	5~9	3~10	8~12	40~60	1：（3~5）
丙法	20~30	4~8	2.5~9	10~15		
特别法	50~70	15~20	6~18	—		

（三）隐色体氧化

隐色体上染纤维完成后，必须经过氧化使其恢复为原来不溶性的还原染料固着在纤维上，这一过程称为隐色体氧化，其化学反应式如图 4-50 所示。

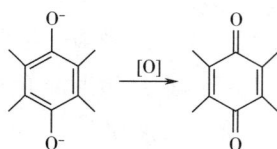

图 4-50　还原染料隐色体氧化反应示意图

隐色体氧化可采用冷水淋洗氧化、透风氧化或浸轧氧化液氧化等方式。选用何种氧化方式主要取决于染料隐色体的氧化速率。常用的氧化剂有过硼酸钠和双氧水等。大多数还原染料隐色体的氧化并不一定需要使用氧化剂，只要进行冷水水洗或者透风就能达到氧化的效果。

有些还原染料，若氧化条件过于剧烈，会造成过度氧化现象。如还原蓝 RSN 过度氧化会生成吩嗪结构，颜色变暗并带绿光。若发生过度氧化，可用保险粉—烧碱溶液处理，使其恢复原来的色泽。靛类染料过度氧化会生成靛红。对于这种容易产生过度氧化的染料，应避免使用铬酸盐或其他强氧化剂处理，且在氧化前应尽量用冷水冲洗，除去染物上残留的烧碱和浮色，再进行透风氧化。

（四）皂洗后处理

染料隐色体被氧化后，需要进行水洗、皂煮、水洗等后处理。皂煮的目的是去除纤维表面浮色、染色助剂，提高织物湿处理牢度，改变纤维内染料微粒的聚集、结晶等物理状态，获得稳定的色光，并提高某些染料的耐日晒色牢度。如还原蓝 2B、还原深蓝 BO、还原橄榄 R、还原橄榄 B、还原棕 RRD、还原紫 2R、还原蓝 RSN 等，只有通过皂煮才能获得稳定的色光，同时耐晒色牢度也有所提高。若皂煮不足，在后续洗涤过程中就易发生色变。

浮色主要是由于染色残液没有充分去除就被氧化并黏附在纤维表面形成的，它们在纤维表面呈高度分散状态或形成胶状物。因此，皂煮前最好先用温水冲洗，彻底去除织物表面浮色，再进行皂洗，提高染色制品的色牢度。需注意的是，皂煮时间不宜太长，否则纤维内部的小晶体或小聚集体会再次渐渐"溶解"，造成纤维表面结晶体增大，最终可能导致染色制品的耐摩擦和耐水洗色牢度降低。

三、还原染料的染色方法及其工艺

还原染料的染色方法主要有隐色体浸染法和悬浮体轧染法。

4-14　还原染料染色工艺

（一）隐色体浸染法

该方法为还原染料传统的染色方法，将染料用氢氧化钠和连二亚硫酸钠预先还原成隐色体，然后通过浸染使染料上染纤维，再经氧化、皂煮完成染色的一种方法。该方法可采用浸染或卷染工艺，但匀染性和透染性较差，易出现"白芯"现象，因而一般选用匀染性较好的染料。其基本工艺流程为：染料预还原→浸染或卷染→水洗→氧化→皂洗→水洗。

1. 染料的还原方法

还原染料进行还原时，要根据染料性能选择适合的还原方法。对于还原速率比较慢的染料，需要在氢氧化钠和连二亚硫酸钠浓度较高的条件下还原，若副反应比较少的可选用干缸还原法；反之则选择养缸还原法。另外，有些染料在还原过程中，受某些条件的影响易发生一些副反应，为了防止此类现象的发生，必须及时调整还原条件。部分还原染料的还原方法见表4-20。

表4-20　部分还原染料的还原方法一览表

还原染料名称	还原方法	还原温度/℃	还原染料名称	还原方法	还原温度/℃
还原金黄 RG	干缸	50	还原蓝 RSN	全浴	60
还原艳橙 RK	干缸	50	还原蓝 BC	全浴	55~60
还原艳桃红 R	干缸	80~90	还原深蓝 BO	干缸	60
还原大红 R	全浴	50	还原棕 BR	干缸	40~50
还原艳紫 2R	干缸	60	还原棕 RRD	干缸	75~80
还原绿 FFB	干缸	60	还原灰 M	干缸	55~60
还原橄榄绿 B	干缸	60	还原黑 BB	干缸	60

2. 隐色体的染色方法

采用浸染或卷染工艺时，应根据染料隐色体的性能选择适合的染色温度。染料聚集倾向大、扩散速率较低时，染色温度可适当提高，以加速上染过程；反之，若染料聚集倾向较小、扩散速率较高时，染色温度过高，反而会导致上染百分率下降。但是对

4-15　还原染料隐色体浸染

于有些染料，比如还原蓝 RSN，染色温度过高，易发生过度还原反应，所以染色温度要控制在65℃以下，若需要高温染色，则适当增加连二亚硫酸钠浓度。

染色时间对于还原染料染色制品的染色牢度、匀染性及上染百分率等均有一定的影响。染色时间短，上染百分率低，匀染性差，染色牢度也不佳；染色时间较长，虽可提高匀染性和染色牢度，但要增加保险粉的用量。隐色体染色时间一般为30~45min。

一般来说，对于隐色体聚集度大的可采用甲法染色，对于聚集度小的染料可采用丙法染色，部分还原染料隐色体染色方法见表4-21。

表4-21 部分还原染料隐色体染色方法

还原染料名称	染色方法	还原染料名称	染色方法
还原黄6GK	丙法	还原蓝BC	甲法
还原黄GCN	甲法	还原深蓝VB	甲法
还原黄G	甲法	还原艳绿FFB	甲法
还原黄RK	丙法	还原绿GG	甲法
还原黄3RT	乙法	还原绿F4GH	甲法
还原橙RG	甲法	还原橄榄绿B	甲法
还原大红R	乙法	还原橄榄绿R	乙法
还原红FBB	乙法	还原橄榄绿T	甲法
还原紫2R	甲法	还原红棕5RF	乙法
还原蓝RSN	甲法	还原棕R	乙法
还原蓝2B	甲法	还原灰BG	乙法

注 甲法：染色温度与烧碱浓度均较高；乙法：染色温度与烧碱浓度均较低，不加促染剂；丙法：与乙法相似，需加促染剂。

3. 氧化方法

对于氧化速率比较大的染料，可采用水洗、透风氧化；对于氧化速率比较小的染料，宜采用氧化剂氧化。常见氧化液的氧化工艺为：过硼酸钠2~4g/L，氧化液温度30~50℃，氧化时间10~15min；或使用双氧水，浓度0.6~1g/L，氧化液温度及氧化时间与过硼酸钠氧化工艺相似。

4. 皂煮后处理

皂煮后处理是在含有3~5g/L肥皂和3g/L纯碱的皂煮液中进行的，处理温度95℃以上，时间5~10min。

5. 助剂

还原染料隐色体浸染工艺中，染料的还原溶解阶段需要加入氢氧化钠和连二亚硫酸钠，而在隐色体上染阶段也需加入促染剂或匀染剂等助剂。助剂的种类及用量对染色有着非常重要的作用。

①氢氧化钠。氢氧化钠的作用是中和保险粉分解产生的亚硫酸氢钠，稳定染浴pH在碱性范围，保证染料的充分还原溶解。由于染料隐色体在强碱性条件下才能保持稳定，所以染浴中的氢氧化钠用量（包括干缸氢氧化钠用量）往往高于理论用量。若氢氧化钠用量不足，染料不能溶解完全，部分染料会有异常的反应。一般染料隐色体聚集倾向较大的，可采用较高的碱液浓度；反之，碱浓度可低些。但氢氧化钠浓度也不可太高，因为染色温

度低时烧碱过量也容易引起染料聚集，或者染料会过多地溶解在染浴中，造成上染百分率低，色泽灰暗。

②连二亚硫酸钠。染浴中的连二亚硫酸钠浓度需根据染料浓度、温度、时间、浴比而定，并应考虑染色设备、工艺条件和车间通风状况。连二亚硫酸钠较易分解，浓度要高些。一般连二亚硫酸钠的浓度要高于理论用量 2~5 倍，而且在染色过程中，还要适量补充，以保证染料始终在充分还原的条件下上染。连二亚硫酸钠用量不足，会产生色浅、色花疵病，且耐水洗色牢度下降，但也不可过多，否则会造成染色制品色光萎暗。

③匀染剂。对纤维亲和力高的染料，其初染率较高的同时易发生染色不匀，故染色时常加入适量匀染剂，如平平加 O 或牛皮胶等。平平加 O 在染浴中能与染料隐色体生成缔合物，随着染色的进行逐渐释放出隐色体上染纤维。这样能降低染料的上染速率，达到匀染和缓染的效果。牛皮胶是一种高分子动物蛋白质，在染液中可形成保护性胶体，增加染液的黏稠度，使染料向纤维的吸附速度减慢，达到缓染。平平加 O 的用量一般为 0.1~0.5g/L，牛皮胶的用量为 1~4g/L。需注意的是，匀染剂可混合使用，但用量不宜太多，否则会降低上染百分率和染料利用率。

④中电解质。中性电解质对不同类型的染料隐色体的促染效应不尽相同。对于聚集度较大的染料，一般情况下上染百分率较高，不需要再添加促染剂；对于聚集度小的染料，可在染液中加入氯化钠或硫酸钠，提高上染百分效率，但用量不宜过多，一般为被染物重的 10%~15%。当隐色体采用乙法和丙法染色时，为了提高上染百分率，可添加适量的电解质。

6. 典型生产案例

纯棉平布 43.5tex×43.5tex，长度 480m，布重 48~49kg，卷染工艺如下所示。

染液：

还原蓝 RSN（53%）/g	1560
还原紫 2R（120%）/g	54
氢氧化钠	染料用量的 2.8~3.2 倍
保险粉（85%）	染料用量的 1.4~1.8 倍
碳酸钠/g	250~300
消泡剂/g	适量
染浴总量/L	220~260

氧化浴：

过硼酸钠/g	300~500
浴量/L	220~260（pH = 10~11）

皂煮液：

丝光皂（60%）/g	800~1000
碳酸钠/g	400~500
浴量/L	150~200

卷染工艺流程:

预还原→染色（6～10）道→水洗（4道）→氧化（4道）→皂煮（4～6道）→热水洗（2道）→冷水洗（1道）→上卷。

（二）悬浮体轧染

还原染料的悬浮体轧染是一种将还原染料制成很细的颗粒后，利用分散剂的作用制成悬浮液，然后再采用类似连续式轧染的方法进行染色的工艺。它指的是将被染物直接浸轧还原染料悬浮液，再浸轧碱性还原液，然后在汽蒸等条件下使染料还原成隐色体，被纤维吸附、上染，最后通过水洗、氧化、皂煮等完成染色的一种方法。该方法可改善隐色体浸染时初染率高和移染性差的缺点，不会有"白芯"现象，特别适用于结构紧密的机织物。采用该方法染色的织物表面光洁，均匀度好，同时还具有较好的匀染性和透染性。其基本工艺流程为：浸轧染料悬浮液→烘干→透风（降温）→浸轧还原液→汽蒸→（水洗）→氧化→（水洗）→皂煮→热洗→冷洗→烘干。

1. 浸轧染料悬浮液

经实践证明，还原染料颗粒越小，悬浮液稳定性就越高，进而对织物的透染性越好，还原速率也越快。还原染料颗粒太大不仅会影响得色量，而且会造成色点等染色疵病。在配制染料悬浮液时，一般可加入适量的分散剂，如分散剂 NNO 等来增强染料悬浮液的稳定性。染料悬浮液轧槽要尽量小些，以加快液的更新速度。同时浸轧要均匀一致，可适量添加渗透剂，轧液率应适量小些。开车时要加浓染液，浸轧温度通常控制在 20～40℃，以防温度过高导致染料聚集，产生色差、色点等疵病。

浸轧染料悬浮液染色一般采用一浸一轧的方式，轧余率在 60%～70%，以减少烘干时染料泳移；或在染液中加入适量以海藻酸钠为代表的防泳移剂，以减少烘干过程中染料的泳移。海藻酸钠的作用主要在于让分散的染料颗粒形成絮凝，产生较大的絮凝体，使得染料无法在织物的毛细管空间中自由移动而减少泳移。

2. 烘干

烘干可采用无接触式烘干，如红外线、热风烘干等。烘干开始时温度可高一些，然后再逐渐降低。均匀浸轧后的织物，一般先用红外线辐射器进行预烘，从内部加热并均匀去除部分水分，然后再结合热风烘燥。当含水率降至 20%～30% 时，再用烘筒烘干，可以防止染料的泳移。

烘干后的织物应先冷却再浸入还原液，以防烘干后的布面过热，使还原液温度升高，导致连二亚硫酸钠分解损耗。还原液应保持较低温度，以保证还原液的稳定。

3. 浸轧还原液

还原液中含有氢氧化钠、连二亚硫酸钠、染料等，以防止织物上的染料脱落。开始时应加浓还原液，只浸不轧，随后立即进蒸箱以避免连二亚硫酸钠分解损耗。

4. 汽蒸

浸轧完还原液的织物应立即进入含有 102～105℃ 饱和蒸汽的还原蒸箱内，汽蒸时间约 50s，促使染料还原溶解并上染纤维。还原蒸箱进布及出布口应采用液封或汽封，防止空气的进入导致连二亚硫酸钠的分解损耗，进而影响染料的正常还原。蒸箱不能滴水。

5. 氧化与皂煮后处理

汽蒸结束后，织物需再进行水洗、氧化和皂洗等后处理。因为悬浮体轧染工艺中氧化和皂煮时间较短，所以除了很淡的颜色外，一般均采用氧化剂氧化。常用的氧化剂有双氧水或过硼酸钠，氧化温度为 20~50℃，可在轧槽中浸轧氧化液后再做透风处理，延长氧化时间，使还原染料隐色体能充分氧化。

皂煮一般在近沸的条件下且加盖的平洗槽中进行。对于皂煮要求高的颜色，如果皂煮比较充分，会使染色制品色光稳定、牢度优良。

6. 典型生产案例

丝光棉布 47.5tex×47.5tex，轧染工艺如下所示。

染色液：

还原棕 BR/（g/L）	25.6
扩散剂 N/（g/L）	1.5

还原液：

烧碱/（g/L）	20
保险粉（85%）/（g/L）	24

氧化液：

双氧水（30%）/（g/L）	1

皂煮液：

肥皂/（g/L）	5
纯碱/（g/L）	3

工艺流程：

浸轧悬浮体染液（二浸二轧，室温）→烘干（红外线或热风，80~90℃）→浸轧还原液（一浸一轧，30℃以下）→汽蒸（102℃，45~60s）→水洗→氧化（40~60℃）→皂煮（90~95℃）→热水洗（70~85℃）→冷水洗→烘干。

四、可溶性还原染料的染色

由于还原染料的染色工艺比较繁杂，染料需经过还原溶解才能上染纤维，且匀染性较差，故开发了染色工艺相对简单的可溶性还原染料。这种染料能被还原并酯化，生成隐色体硫酸酯钠盐或钾盐，具有一定的水溶性和稳定性，因此被称为可溶性还原染料。靛类还原染料制成的隐色酸硫酸酯盐；被称为溶靛素，稠环酮类还原染料制成的隐色酸硫酸酯盐则被称为溶蒽素，两者统称为印地科素（Indigosol）。

可溶性还原染料的名称仍沿用原来的还原染料字尾，只是在溶靛素和溶蒽素后面再加入 I、H 等英文字母，以表示其牢度等级。I 表示具有较高染色牢度，H 表示牢度较差。对于靛蓝类可溶性还原染料，在名称尾注中以字母 O 表示，而硫靛类则以 T 表示。大多数的可溶性还原染料是从还原染料衍生而来的，但也有的是直接合成的，所以没有相应的还原染料母体。

由于可溶性还原染料分子结构中含有硫酸酯基，故能溶于水。与传统还原染料相比，其染色方法较简单，染液较稳定，并对纤维素纤维的亲和力较小，扩散性较好，匀染性也较高，很少产生条花、白芯等疵点。但可溶性还原染料的价格较高，通常只能染制浅色。为了节约能源可采用低温或室温染色。

（一）染色性能

1. 溶解性

可溶性还原染料可溶于水，其溶解度和染料分子中硫酸酯基数量及其在分子中所占的比例有关。例如，溶蒽素蓝 IBC 含有硫酸酯盐，具有很高的溶解度，而溶蒽素绿 IB 及溶靛素棕 IRRD 属于二硫酸酯盐，溶解度相对较小。此外，可溶性还原染料的溶解度会随分子中卤化程度的增加而降低。因此，对于溶解度低的染料，可加一些助溶剂，如乙二醇、乙醚、二甘醇等。由于可溶性还原染料主要用于染淡色，溶解性高对染色是有利的。

2. 直接性

可溶性还原染料虽然水溶性较高，但其亲和力比传统的还原染料隐色体低，主要原因是其隐色体中的羰基转换成硫酸酯基后，使共轭效应和生成氢键的能力减弱，从而降低了染料的直接性。可溶性还原染料上染纤维素纤维与直接染料相似，与纤维主要通过氢键和范德瓦耳斯力结合。染色时，可溶性还原染料对纤维素纤维的亲和力较低，而扩散速率较高，溶解性好、聚集倾向小，在浸染和卷染时应采用较低的温度，同时要加入适量食盐或元明粉促染，以提高上染百分率。

可溶性还原染料的亲和力大小主要取决于染料分子结构的同平面性、取代基的性质、共轭双键和硫酸酯基的数量及其在分子中所占的比例等。通常相对分子质量高、同平面性好、共轭系统长的染料亲和力较高。若卤素、烷氧基、氨基等连在共轭系统上，通常能增加染料对纤维的亲和力。若分子结构中硫酸酯基的数目越多，在分子中所占的比例越大，则染料对纤维的亲和力越低。

3. 稳定性

可溶性还原染料染液比还原染料稳定，它对碱比较稳定，但对酸及氧化剂比较敏感，易发生反应再次恢复成母体结构，因此使用时应注意控制。

（1）酸和碱。可溶性还原染料在中性及稀碱溶液中很稳定，在 $20 \sim 100^{\circ}\text{C}$ 通常不会发生显著水解。在冷的稀酸溶液中，若没有氧化剂同时存在，一般也比较稳定。但在热或有氧化剂存在的条件下，染料会很不稳定，在稀硫酸或醋酸溶液中就会转变为原来的还原染料色淀析出。

（2）氧化剂和还原剂。可溶性还原染料对还原剂稳定性较好，常用的还原剂（如连二亚硫酸钠）还可以提高染液的稳定性。可溶性还原染料对氧化剂的稳定性与所处环境的 pH 有很大关系，碱性条件下比较稳定；在酸性条件下，会发生水解、氧化而显色，变成原来的还原染料。因此在纤维素纤维染色中一般都用亚硝酸钠作为氧化剂，而羊毛染色中则用重铬酸盐为氧化剂。

（3）光和氧气。可溶性还原染料对光和氧气比较敏感，空气中的氧气和二氧化碳可使其氧化显色。在光的作用下，还原染料的稳定性会变得更差，会使得原本无色的染料转变为相应母体的还原染料，所以可溶性还原染料应避光密封保存。

（4）温度。可溶性还原染料对温度的稳定性在很大程度上取决于酸及氧化剂是否同时存在。如果在隔绝空气的情况下，可溶性还原染料溶液加热到100℃，较长时间内都不会发生分解而产生沉淀。如果有空气或强酸存在时，当温度达到80℃以上，染料颜色开始变化且有沉淀析出。

（二）染色过程

可溶性还原染料的染色过程分为两个阶段。第一阶段为染料上染纤维，第二阶段是染料在纤维上水解－氧化，再与还原染料一样进行皂煮处理。染料在纤维上的水解－氧化阶段通常称为显色。

当被染物与染液接触时，由于染料对纤维具有亲和力而使染料被吸附，并向纤维内部扩散。可溶性还原染料在纤维上的扩散速率较高。由于水溶性基团的存在和染料对纤维亲和力的较低，此阶段通常要加盐促染。

第二阶段是显色，也是染色的关键。关于其显色机理，一般认为是分两步进行的，首先，硫酸酯水解成隐色酸；其次，隐色酸再被氧化成还原染料母体。染料的水解和氧化是不可分割的，酸和氧化剂是显色的必要条件，其化学反应式如图4-51所示。

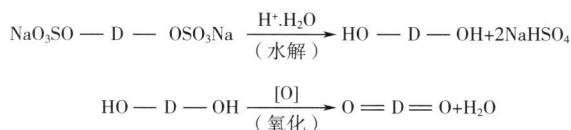

$$NaO_3SO-D-OSO_3Na \xrightarrow[\text{（水解）}]{H^+ \cdot H_2O} HO-D-OH+2NaHSO_4$$

$$HO-D-OH \xrightarrow[\text{（氧化）}]{[O]} O=D=O+H_2O$$

图4-51　可溶性还原染料显色过程水解和氧化反应

可溶性还原染料的显色方法以酸浴亚硝酸盐应用最为广泛，其适应性广且氧化后织物色泽鲜艳。亚硝酸钠是一种温和的氧化剂，在碱性条件下较稳定，在酸性条件下发生反应生成亚硝酸，亚硝酸不稳定释放出游离基NO·，其具有氧化性，基本可将所有可溶性还原染料氧化。具体反应过程如图4-52所示。

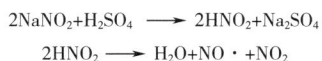

$$2NaNO_2+H_2SO_4 \longrightarrow 2HNO_2+Na_2SO_4$$
$$2HNO_2 \longrightarrow H_2O+NO·+NO_2$$

图4-52　亚硝酸钠在酸性条件下反应示意图

研究发现，可溶性还原染料第一步的水解及第二步没有空气存在时，亚硝酸对隐色酸的氧化速率比较缓慢，若有氧存在或在显色液中加入一些过氧化氢，可大幅提高显色速率。此外，隐色酸硫酸酯对光较敏感，遇到日光会分解为原来的不溶性还原染料，所以可溶性还原染料一般应避光密封保存。

（三）染色工艺

可溶性还原染料上染纤维素纤维织物，主要有卷染和轧染两种方式。

1. 卷染工艺

一般淡色轻薄品种的棉织物采用可溶性还原染料卷染染色。可溶性还原染料具有亲和力较低、上染百分率较低和匀染性好的特点，要选择亲和力较大和显色较易的染料。

（1）工艺流程。染色（8～10 道，第 4、5 道追加食盐）→显色（2～3 道）→冷水洗（3～4 道）→纯碱中和（1～2 道）→皂煮（5～6 道）→水洗（3～4 道）。

（2）染液组成。卷染液一般包括染料、纯碱、分散剂、食盐和亚硝酸钠等。

（3）工艺分析。卷染时还原染料可分次加入。对于直接性低、溶解度及扩散性好的染料，采用低温 20～40℃染色，可获得较高的上染百分率。而对于直接性高、溶解度及扩散性较差的染料，宜采用较高的温度 60～70℃或 90～95℃染色，不仅在短时间内可获得较高的上染百分率，而且还有利于匀染和透染。对于亲和力比较低的染料，为了提高上染百分率，可以在染浴中添加适量的食盐或元明粉。此外，若染液中加入 0.5～2g/L 纯碱，可以抵消空气中酸性气体的影响，有利于染液的稳定。

显色液一般为硫酸溶液，硫酸的用量根据染料用量和显色性能而定，一般 97.7%（66°Bé）硫酸的用量为 20～25mL/L。显色速率高的染料在 40℃左右显色时间约 10min，显色速率慢的染料可将显色温度提高至 60～70℃。卷染时有的染料可以采用室温染色和显色，降低能源消耗，但是对一些溶解度较低和显色较困难的染料则需要采用高温。对一些容易产生过度氧化的染料，则需要在酸浴中加入尿素加以改善。由于亚硝酸高温条件下易分解产生有毒的二氧化氮气体，加入尿素或硫脲可有利于减少二氧化氮气体的逸出。

显色后的织物要进行水洗和皂煮，以提高染色织物的牢度并获得稳定的色泽。

（4）典型生产案例。纯棉织物，经纬纱线密度 13tex×13tex，长度 600m，可溶性还原染料卷染工艺处方及工艺流程如下。

1 号溶液：

纯碱/g	50
渗透剂/g	20
溶液体积/L	150

2 号溶液：

还原染料/g	x
亚硝酸钠/g	150～500
氯化钠/g	1000～2000
溶液体积/L	150～180

显色液：

98%硫酸/mL	1500～3000
溶液体积/L	150

染色工艺流程：被染物先在 50℃条件下于 1 号溶液中交卷 2 次，然后进入 2 号溶液中交卷 6～8 次，再进入显色液中交卷 2 次，最后进行透风，经水洗、皂洗、水洗、烘干。

2. 轧染工艺

可溶性还原染料连续式轧染工艺适用于大批量生产，染淡色棉织物时生产效率高。

（1）工艺流程。浸轧染液（温度60℃，轧液率在70%~80%）→烘干→浸轧显色液（室温，轧液率在90%~100%）→透风（10~20s）→冷水洗→中和→皂洗后处理→烘干。

（2）染液组成。轧染液中一般含有染料、亚硝酸钠、纯碱、渗透剂等。

（3）工艺处方。

染液：

还原染料/g	x
纯碱/（g/L）	0.5~1
亚硝酸钠/（g/L）	5~10

显色液：

98%硫酸/（mL/L）	10~20
分散剂/（g/L）	1~2

（4）工艺分析。始染液必须加水冲淡，以避免初开车时得色较深产生头尾色差，一般兑水量为原液量的20%~40%。拼染的染料应尽量选用直接性和氧化速率相近的品种，这样可以获得稳定的色光。

为了防止染料再次溶落在显色液中形成不溶性染料黏附在织物上形成色斑，可加入适量的分散剂（如平平加O）。浸轧显色液后的透风是为了延长染色时间，使染料充分显色。透风后的织物要经过充分的水洗和皂洗。

五、天然还原染料染色

天然还原染料通常是指靛蓝染料，俗称蓝靛泥染料。该染料主要是从靛草（或称蓝草）根以上的茎、叶中提取而来，通常采用自然发酵法提取。靛草是一种豆科植物，以菘蓝、蓼蓝（也

4-16 植物靛蓝染料及染色

称小蓝）、马蓝和木蓝等为代表。其中，蓼蓝被认为是蓝草中最优秀的品种，如南通的"如皋靛"一直是明清时期的皇家贡品，是皇宫中染色、化妆以及药用的顶级蓝靛。**党的二十大报告提出，中华优秀传统文化源远流长、博大精深，是中华文明的智慧结晶，其中蕴含的天下为公、民为邦本、为政以德、革故鼎新、任人唯贤、天人合一、自强不息、厚德载物、讲信修睦、亲仁善邻等，是中国人民在长期生产生活中积累的宇宙观、天下观、社会观、道德观的重要体现，同科学社会主义价值观主张具有高度契合性。**

（一）染料制备

传统的植物靛蓝制作首先是浸泡蓝草使其发酵，将蓝草加到窖或桶或缸中，加入清水浸泡3~6天。当蓝草变黑接近腐烂时意味着发酵完成，捞出蓝草，在水中加入石灰，用木棍进行搅拌，这个过程称为打靛。《天工开物》中也有记载："凡靛入缸，必先用稻灰水先和，每日手执竹棍搅动，不可计数。"打靛完成后，植物靛蓝染料已经形成，并与水交互相融（图4-53）。等到靛蓝沉淀后，将其与水分离开来，靛蓝浓度逐渐增加，最终形成黏稠状，便

可作为还原染料使用。

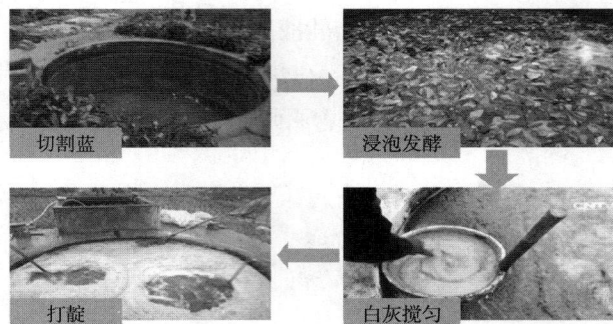

图4-53　植物靛蓝染料制作过程示意图

植物靛蓝染料的制作过程涉及植物中的吲哚酚苷的一系列化学反应，其反应式如图4-54所示。吲哚酚苷在碱性发酵液中会被糖化酶或者碱剂分解生成吲哚酚；加入石灰等碱性物质，吲哚酚在碱性条件下发生烯醇—酮互变异构而生成吲哚酮；两分子的吲哚酮在碱性条件下发生氧化缩合反应而生成靛蓝。最后，去除上层清液，即可得到浆状的植物靛蓝染料。

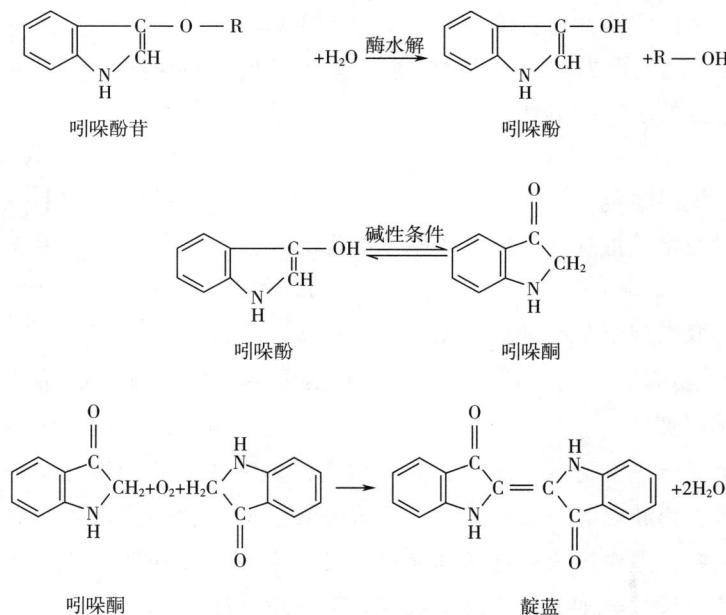

图4-54　吲哚酚苷生成靛蓝化学反应

（二）染色过程与工艺

植物靛蓝的染色过程与还原染料相似，一般也是包含染料的还原溶解、隐色体上染、氧化及水洗后处理四个阶段。染色是先将不溶于水的靛蓝在碱性溶液中还原成可溶性的隐色体靛白，使之上染纤维，然后将织物进行透风氧化，染料再次转变为不溶于水的靛蓝而固着在织物上，靛蓝的还原反应如图 4-55 所示。

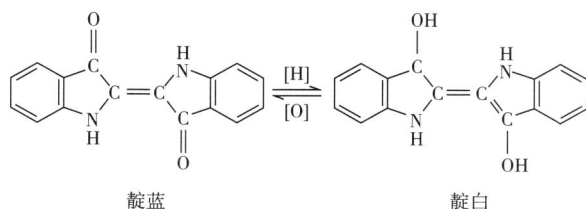

图 4-55　靛蓝的还原反应

1. 还原溶解

植物靛蓝染料的还原可采用干缸还原法，其还原工艺处方见表 4-22。

表 4-22　植物靛蓝染料干缸还原工艺处方

染化料	用量	染化料	用量
植物靛蓝/（g/L）	0.5~3.0	保险粉/（g/L）	9~18
尿素/（g/L）	0~6	浴比	1：50
氢氧化钠/（g/L）	3~6		

还原工艺曲线如图 4-56 所示。

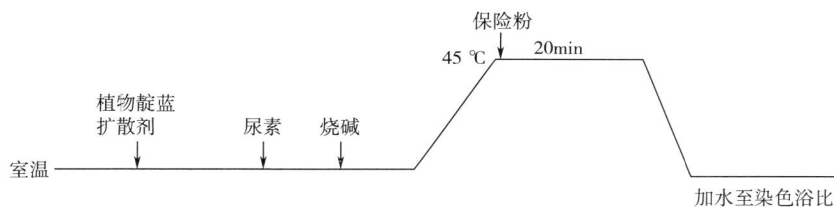

图 4-56　植物靛蓝染料干缸还原工艺曲线

2. 染色

靛蓝的染色方法主要有轧染和浸染两类。

（1）轧染。棉织物靛蓝染料轧染工艺处方及条件见表 4-23。

表 4-23　棉织物靛蓝染料轧染工艺处方及条件

工艺处方	氯化钠浓度/（g/L）	0~140
工艺条件	浸渍时间/s	10~40
	浸轧次数/次	8~26

（2）浸染。靛蓝染料棉织物浸染工艺处方及条件见表 4-24。靛蓝染料一般在常温下进行染色，通过染色时间的长短、染色次数等来控制染色的深度和牢度。

表4-24　棉织物靛蓝染料浸染工艺处方及条件

工艺处方	氯化钠浓度/（g/L）	0~120
工艺条件	染色时间/min	70~140
	染色温度	室温
	浴比	1∶30

3. 氧化及水洗后整理

染色一定时间后，可捞出被染物在空气中氧化发色，再重复染色步骤3~5遍，或反复浸染2~3天，最后经河水或冷水淋洗，自然悬挂，在空气中完成氧化发色并晾干。

可根据被染物的品种和气候条件调整染色及氧化的时间，如夏天气温高可稍短，冬天气温低可延长；布料薄，易氧化可缩短。冬季时，若染坊温度低于10℃，则需给染缸加温。为了提高染色织物的色牢度，染色氧化后可采用中性洗涤剂或皂片常温洗涤最后水洗、晾干。

六、染色质量控制

还原染料常见染色疵病及预防措施见表4-25。

表4-25　还原染料常见染色疵病及预防措施

常见疵病	产生原因	预防措施
深头	头子布较短，使用次数太多	加长头子布，注意更换
深边	卷染时，布边露出部分局部氧化	布卷应卷齐入染，并可用保险粉—烧碱液浇边
色光不一	染浴中烧碱、保险粉含量不一致；还原温度不同，氧化、皂洗条件控制不良	加强工艺条件控制
	不同纤维批号，各批工艺如控制不一致，造成染色后色光不一	印染厂应加强小样试验
皱条	部分导辊不平整，机械清洁、保养不良	应加强设备的清洁和保养
	织物运转过程中，张力控制不当	加强设备参数的检查
	卷染用接头布与待染织物厚薄差距较大	应选择与待染织物厚薄相差较小的接头布
斑渍、色点	在染色过程中，布上隐色体局部氧化而成	可在染液中适当增加烧碱、保险粉用量，如已形成，可用烧碱—保险粉处理后再氧化
	染料细度较差，扩散不良，温度过高等产生凝聚	测定染料细度与扩散情况，控制轧染槽染液至适宜温度
	轧染设备，红外线预烘用的导辊等表面沾污	应认真做好换色时清洁工作与合理控制红外线温度
	轧染时，由于散纤维、杂物等带入染槽、还原槽而造成	要做好清洁工作，防止杂物等带入
	浸轧染液、预烘、烘燥、浸轧还原液、蒸化过程中，滴水造成水渍斑	要做好全机防雾工作、防水滴工作
	染色用水硬度高，钙、镁等金属离子和氯离子容易对敏感性强的染料产生影响，造成凝聚沉析	加入软水剂，降低水的硬度

任务五　硫化染料染色

4-17　硫化染料染色

一、硫化染料概述

硫化染料是以芳烃的胺类或酚类化合物为原料，通过硫黄或多硫化钠的硫化作用而制成，因其分子结构中含有硫键而称为硫化染料。硫化染料不能溶解在水中，但在硫化钠溶液中可被还原成隐色体而溶解。硫化染料隐色体对纤维素纤维具有亲和力，上染纤维后再经氧化处理可重新生成不溶性的硫化染料而固着在纤维上。

硫化染料主要应用于棉、麻、黏胶及维纶等织物的染色，价格低廉且耐皂洗色牢度较高。染料的耐日晒色牢度变化较大，如硫化黑可达6~7级，硫化蓝5~6级，棕、橙、黄等染料耐日晒色牢度一般在3~4级。此外，大部分硫化染料的耐氯化水色牢度均非常差。硫化染料的色谱有限，品种多为黄、橙、蓝、绿、棕、酱红、黑等颜色，缺少鲜艳的红、紫色。由于染淡色时色牢度较差，故硫化染料主要用于纺织品深浓色染色，应用最多的是硫化蓝、硫化黑等染料品种。

硫化还原染料，也称为海昌染料，它比一般硫化染料具有更好的耐氯化水色牢度。液体硫化染料是一种可溶性硫化染料，是在原硫化染料基础上加适量的还原剂精制而成的一种隐色体染料，内含一定量的硫化钠还原剂。

二、贮存脆损

硫化染料染色织物在储存过程中，纤维会逐渐脆损，造成强力下降，甚至完全失去使用价值，这就是贮存脆损现象。硫化黑染色织物的储存脆损尤为严重。产生贮存脆损的主要原因是硫化染料结构中含硫，使用硫化钠还原，染色后的纺织品上有残留硫，在长期存放过程中，湿和热条件下会生成硫酸，引起棉纤维水解而强力下降。为了避免贮存脆损现象，硫化染料染后织物要加强水洗，或增加防脆处理。

三、硫化染料的化学结构

硫化染料分子结构比较大，是由含硫基团连接若干发色体单元而组成的聚合物。该聚合结构中不含水溶性基团，不溶于水，染料母体对纤维没有亲和力。

准确地说，硫化染料商品并非单一结构的化合物，而是混合物，每种染料的化学结构也难以确定。硫化染料结构中含硫链状结构主要有巯基（—SH）、硫键（—S—）、二硫键（—S—S—）、多硫键（—S$_x$—）或其他含硫基团。硫化染料包括以下品种。

（一）硫化黑

该类染料是我国应用量最大的品种，主要包括硫化黑 BN（青光）、硫化黑 RN（红光）及硫化黑 BRN 等。该类染料的特点是色泽乌黑、价格低廉且耐晒耐洗，缺点是极易发生贮存脆损。染料的化学结构仍不明确，推测可能包含下列结构如下：

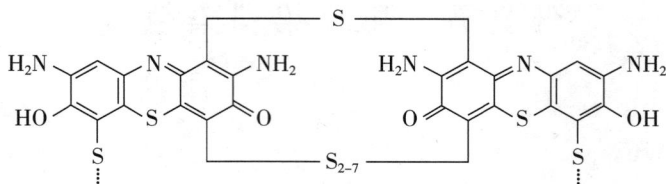

（二）硫化蓝

该类染料包括红光硫化蓝和青光硫化蓝，有硫化蓝 RN、硫化蓝 BN 和硫化蓝 BRN。另外，硫化还原蓝 R 即海昌蓝 R。其化学结构如下：

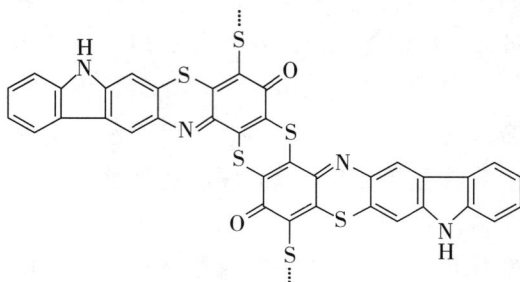

（三）硫化还原染料

硫化还原染料，又称海昌染料，其分子结构与制造方法与一般的硫化染料相似，而染色性能和染色牢度介于一般硫化染料与还原染料之间。硫化还原染料较难还原，要在碱性条件下用连二亚硫酸钠、硫化钠或葡萄糖进行还原溶解。这类染料的色光较一般硫化染料好，染色牢度尤其是耐氯化水色牢度也较一般硫化染料高。主要品种有硫化还原蓝 RNX（海昌蓝 RNX）、硫化还原黑 CLN、硫化还原蓝 B 等。

（四）液体硫化染料

液体硫化染料在加工过程中由于添加助溶剂且经多次过滤除杂，所以染料比较纯净，赋予织物较高的得色量，具有良好的稳定性。

四、硫化染料的染色过程

硫化染料染色时，需先在碱性条件下用硫化碱等还原剂将染料还原，还原时染料结构中的二硫键（—S—S—）等含硫链状结构发生断裂，染料还原溶解生成隐色体；隐色体因为对纤维素纤维有亲和力能上染纤维，但亲和力较低，染色结束后，隐色体要再次氧化为不溶于水的硫化染料沉积在纤维上，此时含硫链状结构再次复原。硫化染料染色过程与还原染料相似，上染染色过程主要包括染料的还原溶解、隐色体上染、氧化及皂煮后处理等。

硫化染料的染色性能与直接染料有相似之处，可用食盐或元明粉促染，可用阳离子固色剂或金属盐后处理等来提高染色牢度。硫化染料与还原染料相比，较易还原，故可用较弱的硫化钠作还原剂，不必采用碱性连二亚硫酸钠溶液。此外，使用硫化钠作还原剂时，染色不易产生过度还原现象，同时隐色体和硫化钠在高温时也较稳定，故可进行80℃以上的高温浸染，提高染料的扩散速率，改善匀染及透染性能。

（一）还原溶解

硫化染料本身不溶于水，对纤维素纤维没有亲和力，染色前必须还原成隐色体后才能上染纤维。在还原剂作用下，硫化染料分子结构中的二硫键（—S—S—）和多硫键（—S$_x$—）被还原成硫酚基，在碱性溶液中生成隐色体钠盐而溶解。其化学反应过程如图4-57所示。

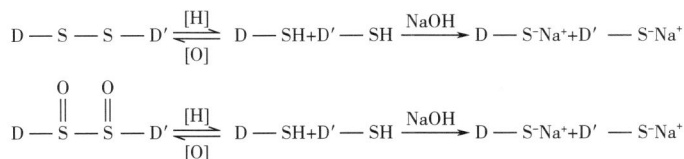

$$D-S-S-D' \underset{[O]}{\overset{[H]}{\rightleftharpoons}} D-SH+D'-SH \overset{NaOH}{\longrightarrow} D-S^-Na^++D'-S^-Na^+$$

$$\underset{D-S-S-D'}{\overset{O\quad O}{\underset{\parallel\quad\parallel}{}}} \underset{[O]}{\overset{[H]}{\rightleftharpoons}} D-SH+D'-SH \overset{NaOH}{\longrightarrow} D-S^-Na^++D'-S^-Na^+$$

图4-57　硫化染料分子中二硫键和多硫键的还原反应示意图

硫化染料隐色体电位的绝对值较低，易还原，不需使用连二亚硫酸钠等强还原剂，通常可采用价格便宜、稳定性较好的硫化钠作为还原剂，同时也是碱剂。与一般还原染料不同的是，硫化染料的还原溶解是一个还原降解的过程。

硫化钠高温时分解损耗少，在染浴中可发生如图4-58所示的反应。

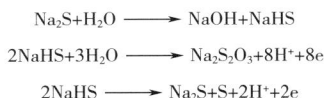

$$Na_2S+H_2O \longrightarrow NaOH+NaHS$$

$$2NaHS+3H_2O \longrightarrow Na_2S_2O_3+8H^++8e$$

$$2NaHS \longrightarrow Na_2S+S+2H^++2e$$

图4-58　硫化钠在染浴中的化学反应示意图

硫化钠是褐黄色的固体，工业用硫化钠又称硫化碱，其中硫化钠的含量一般在50%左右。染色时硫化钠的用量一般为染料用量的50%～250%（owf），具体用量根据染料品种和染色浓度而定。硫化钠用量太少则染料的还原和溶解不充分，染浴混浊，染色不匀，染料利用率较低；用量过多会影响染料的上染，降低得色量。硫化钠稳定性好，能适应高温染色。

（二）隐色体上染

隐色体对纤维素纤维有亲和力，主要是通过范德瓦耳斯力和氢键与纤维结合，但是亲和力较低，所以上染百分率较低。其染色时与直接染料一样，隐色体在染浴中带负电荷，可加入中性电解质进行促染，常用的促染剂有食盐和元明粉，也可采用小浴比染色。

促染剂的用量一般为5%～40%（owf），其中中性电解质用量要依据染料结构和染色深度而定，用量过多，会引起染料聚集，甚至沉淀，造成古铜色等染斑。浴比选择应考虑染色设备、染色深度、织物品种等因素，浅色时浴比大些，深色时浴比小些。

硫化染料染色时一般采用较高的染色温度，以提高硫化染料隐色体的溶解，提高吸附和扩散速率，缩短染色时间，并提高染色的匀透性。较高的染色温度还可以加速硫化钠的水解，增强还原能力，提高还原速率。

为了增加硫化钠的还原作用，防止隐色体过早氧化，在染浴中可加入适量碳酸氢钠，不仅能中和染浴中生成的部分烧碱，有利于硫化钠的水解，而且还可能与硫化钠反应直接生成硫氢化钠，提高硫化钠的还原性能。硫化钠与碳酸氢钠反应式如图4-59所示。

$$Na_2S+NaHCO_3 \longrightarrow NaHS+Na_2CO_3$$

图4-59　硫化钠与碳酸氢钠反应式

但碳酸氢钠是一种电解质，用量过多会使得硫化染料隐色体聚集，影响隐色体扩散，造成染色制品透染性差、白芯严重且耐摩擦色牢度较低。

硫化染料隐色体遇到钙、镁离子会发生沉淀，在织物上造成深色染斑，所以染浴中可加少量纯碱，软化水质。

（三）隐色体氧化

隐色体上染纤维后必须经氧化再转变为不溶水的硫化染料而显色并固着在纤维上。硫化染料隐色体的氧化过程是一个较为复杂的聚合过程，一般认为是巯基（—SH）被氧化成二硫键。硫化染料还原成隐色体，使染料发生分裂，而氧化时又再次缩合成相对分子质量较大的染料分子，其化学反应方程式如图4-60所示，图中D表示硫化染料母体。

$$D—SH+D'—SH \xrightarrow{氧气} D—S—S—D'+H_2O$$

图4-60　硫化染料氧化反应示意图

根据隐色体的氧化速率和难易程度的不同，选择合适的氧化方法。对于易氧化的染料，如硫化元，可采用冷水淋洗，使染色制品上的还原剂与碱的含量降低后，再透风氧化20~30min。需注意的是，水洗应从染浴逐步过渡到温和水洗，也可在含有还原剂的水中进行清洗，常称作"脚缸"，这样不仅有利于充分洗除染色制品上的碱剂和还原剂，而且有利于充分氧化固色。这种氧化方法操作简单，质量较稳定，应用最广，也称为脱碱氧化。

对于隐色体较难氧化的染料，水洗后可采用氧化剂氧化。硫化红棕B3R、硫化深蓝3R需用红矾—醋酸溶液氧化，其他大多数硫化染料隐色体可用空气、过硼酸钠、双氧水、红矾或间硝基苯磺酸钠等氧化剂氧化。过硼酸钠和双氧水的氧化作用比较温和，对纤维损伤小，且氧化后色泽较鲜艳，缺点是湿处理色牢度较差，适用于较浅及鲜艳的颜色。用红矾作氧化剂所得染色制品的湿处理色牢度较高，但颜色较萎暗。红矾氧化有红矾—醋酸、红矾—硫酸两种，前者氧化比较温和，后者得色比较鲜艳。

（四）后处理

为了改善染色制品的染色牢度、色泽鲜艳度和手感，硫化染料氧化处理之后一般还需经过水洗、皂洗、水洗等工序，还可再增加防脆、固色、柔软等后处理。硫化元染色制品在50℃以上皂洗易产生染斑，所以可不进行皂洗，但需要进行防脆处理。防脆处理工艺通常将织物经醋酸钠和尿素等碱性溶液处理，中和在贮存中生成的硫酸。这种处理一般耐久性较差，后来又开发出防脆硫化染料。

为了进一步提高染色牢度，硫化染料染制品还可进行固色处理（除硫化元）。固色处理的方法主要有硫酸铜—红矾—醋酸处理法，该方法能显著提高织物的耐日晒和耐皂洗色牢度，但对色光有影响，固色后染色制品应充分水洗，以去除未络合的金属盐。另外，还可以使用阳离子固色剂进行固色处理，提高制品皂洗色牢度。其固色机理与直接染料相似，阳离子固色剂与未被完全氧化的隐色体阴离子结合，封闭染料的水溶性，增大染料与纤维之间的作用力，从而改善染制品的湿处理牢度。

硫化染料染色制品也可进行柔软整理，使染色制品变得柔软顺滑。若柔软剂与阳离子固色剂有很好的相容性，柔软处理和固色处理可一步进行。

五、硫化染料的染色工艺

硫化染料价格低廉、耐皂洗色牢度较好，一般适合染深浓色泽的纤维素纤维制品，如棉纱线、棉织物等。染色方式有卷染及连续式轧染多种。

（一）卷染

卷染是硫化染料染色的常用方法。

1. 工艺流程

卷轴→交卷染色→水洗→氧化→水洗→皂洗→水洗（固色或防脆处理）→水洗上卷→烘干。

2. 工艺处方

卷染工艺处方见表4-26。

表4-26　硫化染料卷染工艺处方

项目	参考处方	黑色	蓝、绿、棕等色
染色	硫化染料（owf）/%	9~11	2~8
	硫化碱（owf）/%	0.8~1	0.8~1
	纯碱/（g/L）	2~3	1~3
氧化	过硼酸钠（owf）/%	—	0.3~0.5

3. 工艺说明

硫化染料配制染液时可用热的硫化钠溶液将染料调匀，加入纯碱软化水中，并添加适量太古油，以提高染料的溶解度及扩散性，搅拌15min，使染料充分还原溶解。为加快染料的还原溶解速率，可采用95~98℃高温还原溶解。由于硫化染料上染百分率较低，染料用量多会造成染浴中残留染料和硫化碱含量高，所以浓色卷染可续缸染色，如硫化黑染液的添加量为70%~90%，硫化钠25%~80%。

硫化钠的用量随硫化染料种类、染料用量以及染色设备、染色工艺不同而异。其用量一般为染料用量的50%~250%。硫化染料传统染色所选用的还原剂一般为硫化钠，其会造成染色废水含硫量较高，排放水质降解困难，难达要求，而且在染色过程中硫化钠易释放出有毒的硫化氢气体。为了减少环境污染，目前国内外研究学者一直在探索新型还原剂来替代硫化钠，如葡萄糖类生物还原剂等。

硫化染料在染中、淡色时，可添加适量食盐或元明粉进行促染，提高上染百分率。中性电解质的用量要依据染料结构和染色深度而定，用量过多引起染料聚集或沉淀，形成染斑。

硫化染料染色时一般采用沸染或近沸染色，这种高温染色可提高隐色体的溶解度，增加染料扩散速率，缩短染色时间，改善匀染与透染性。当采用往复式染纱机时，硫化蓝隐色体易过早氧化，造成红筋、色斑、色暗等疵病，因而染液温度要控制在 50~60℃。但染色温度过低，染料隐色体向纤维内部扩散速率也会降低，且透染性较差，影响染色制品的染色牢度。有研究表明，部分硫化染料浸染时，配制好染液先逐步升温至 98℃，保温染色 15~20min 后停止加热；边染色边让缸内的温度降至 80~85℃，续染 20min 后慢慢排液，同时慢慢进冷水进行清洗氧化。这种先热后温的染色方法，既有利于匀染，又有利于染料的充分溶解和还原，能克服染色疵病。

研究表明，在硫化染料染液中添加 2~3g/L 小苏打、纯碱、葡萄糖或 0.5~1g/L 连二亚硫酸钠和 1~2g/L 尿素，不仅能促进染料溶解，保持染浴稳定，而且可明显降低产生红斑、红条的概率。此外，染浴中加入适量亚硫酸钠，可与游离硫反应，生成硫代硫酸钠，避免染色制品白斑现象。若染色前发现染料已被氧化，可向染浴中补加硫化钠，然后再在 85℃左右续染 10~15min，使织物上的染料均匀后再出缸，否则极易出现染色不匀问题造成返工。

染色时间适当延长，有利于染料隐色体上染及向纤维内部扩散，染深色时，时间以 40~60min 为宜，染黑色则时间应更长些。染中、浅色时，染色时间一般为 20~30min。

染色后织物先经水洗去除或降低织物上残留的还原剂和碱，再进行透风氧化。氧化条件应合理选择，氧化条件过于剧烈，可能会导致过度氧化，降低染色制品的湿处理牢度，影响色光。最常用的氧化剂有过硼酸钠和双氧水，处理工艺一般为 1~2g/L 过硼酸钠，50~70℃处理 10~15min，氧化后充分水洗。

（二）连续式轧染

硫化染料颗粒较大，杂质含量较多，还原速率较慢，通常采用隐色体轧染而不宜采用悬浮体轧染。

1. 工艺流程

硫化染料用硫化钠还原溶解，配成轧染染液，然后进行隐色体轧染，其工艺流程为：浸轧染浴→还原汽蒸→水洗→酸洗氧化→水洗→皂洗→水洗（后处理，如固色、防脆）→水洗→烘干。

2. 染浴组成

硫化染料隐色体轧染浴染化料组成见表 4-27。

表 4-27　硫化染料隐色体轧染染浴染化料组成

项目	参考处方	用量
染浴	硫化染料（owf）/%	10~25
	50%硫化钠（owf）/%	20~30
	纯碱/（g/L）	1~3
	分散剂/（g/L）	5~10
氧化剂	过硼酸钠（owf）/%	3~6

3. 工艺说明

浸轧时应采用较长的浸渍时间，轧液率在 70%~80%，轧液温度为 70~80℃。轧槽中的染液浓度约为补充液的 70%，即轧槽初始液加水 30% 左右稀释。轧染宜采用多浸多轧，以弥补硫化染料上染率低的缺点。

湿蒸是在蒸箱底部放置一定浓度染料的染液，织物交替进入底部染液和上层蒸汽，有利于染料的扩散和透染。湿蒸箱内的染料浓度约为轧槽补充液浓度的 15%~200%，蒸汽温度为 105~110℃，时间 30~60s。干蒸可采用一般的还原蒸箱，可采用蒸汽封口，温度 102~105℃，时间 5~60s。干蒸可使硫化染料隐色体进一步扩散渗透至纤维内部。

连续式轧染工艺中，由于氧化时间较短，除硫化黑外，一般都采用氧化剂氧化。氧化剂的选用应该谨慎，使用红矾、硫酸铜以及醋酸氧化，不仅可提高染色制品的皂洗色牢度，而且耐日晒牢度也可得到改善。另外，为了防止贮存脆损，硫化染料染色的织物需进行防脆处理，以尿素和海藻酸钠结合的防脆剂使用效果较好。

六、硫化还原染料

硫化还原染料的染色性能和染色牢度介于硫化染料和还原染料之间，需采用烧碱—保险粉还原溶解染料。其染色方法多数采用卷染法，若采用悬浮体轧染法，由于染料颗粒较粗，易产生色点。硫化还原染料卷染工艺处方见表 4-28。

表 4-28　硫化还原染料卷染工艺处方

染化料	头缸	续缸
海昌蓝 RNX/g	1200	1060
渗透剂/mL	500	400
烧碱/mL	6000	3600
保险粉/g	1500+500×2	1200+400×2
液量/L	180	180

硫化还原染料的卷染工艺流程一般为：打卷→染色（60~65℃，第 4、7 道各加保险粉 500g，共 10 道）→水洗（5 道）→氧化（50℃，4 道）→冷流水洗（2 道）→皂煮（95℃，4 道）→热水洗（4 道）→冷水洗（2 道）。

染色工艺中用烧碱—保险粉做还原体系，上染时可按还原染料甲法染色工艺进行，染色温度为 65℃。由于烧碱—保险粉还原体系染色成本较高，可用硫化碱—保险粉可降低染色成本，但色泽鲜艳度较差。所以染色时先用含有硫化钠、烧碱的染液将被染织物沸染几分钟，然后再将染液温度降至 60~70℃，再加入保险粉，保温染色 20~30min，最后经水洗、氧化、皂煮、水洗等完成，既降低染色成本，又能获得色泽鲜艳的染色效果。氧化可用 2~3g/L 过硼酸钠和4mL/L醋酸代替。

七、染色质量控制

硫化染料染色常见疵病及预防措施见表4-29。

表4-29 硫化染料染色常见疵病及预防措施

常见疵病	产生原因	预防措施
边渍	染浴内硫化碱用量较少	按染料性能调整用量
	染坯带碱较重	注意染前去碱
	布卷不齐	将布边拉齐入染
色档	缝头处叠层太厚，所带染液较多	可采用平接式缝头，注意缝线张力，避免产生叠层
	丝光后，折叠风干及缝头处带碱较多	防止局部风干，并注意去碱程度
	染坯去杂不净，染前又未洗净	避免布卷放置过久，否则染前应充分净洗，若严重时则无法纠正
色斑	染料还原溶解较差	可调整染浴内硫化碱含量
	染色温度较低	控制好染色条件，尤其是温度，可采用先热后温的方法
	染后硫化碱未充分洗净	应注意水洗
	半制品退浆不净	应加强退浆处理
深头	布卷两端水洗不净	水洗时布卷调头不可过早
	染后水洗道数太多，导致染料过早氧化	可缓慢水洗，染好后应从染浴温和过渡，甚至可在含有一定还原剂的水中进行清洗
	接头布与染坯组织不同	选用合适的接头布
深浅边和阴阳面	卷染机上个别导布辊失灵，或蒸汽管接触布面	加强设备检查、维护和调节
	上、下轧辊硬度相差过多	
	轧辊左右压力不匀	

【实践操作】

纯棉织物活性染料浸染工艺

· 情景案例

纺织印染企业的化验室能够快速提供准确的染色样品，作为与客户沟通及企业生产的颜色标准，为企业接单做准备，并为企业的大货生产提供工艺配方。某印染企业化验室接到仿样任务，客户订单为棕色纯棉机织物，仿样色差要求达到 $\Delta E \leqslant 0.8$。

· 任务描述

接到客户来样后，首先要进行审样。通过审样，了解待加工织物的性能及加工要求。其次要合理制订染色工艺，生产出符合要求，且具有一定数量和经济效益的染色产品。小样染色工艺设计主要包括小样质量、染色浴比、染料品种与浓度、助剂种类及浓度、工艺流程等，制订染色打样方案时要充分考虑大生产的可操作性及稳定性，保证产品质量。

· 方案设计

纯棉织物活性染料浸染工艺实验应包括染色工艺处方、工艺曲线、工艺流程以及整理织物的大小等。实验室现有助剂、材料及检测设备，以及所需具备的知识和技能见表4-30，工艺处方见表4-31，工艺曲线如图4-61和图4-62所示。

表4-30 实验试剂、仪器及应知应会

主要试剂	活性染料、元明粉、纯碱、皂粉、平平加O 等
主要仪器	电子天平、恒温水浴锅、量筒（50mL）、烧杯（250mL）、刻度吸管（10mL）等
应知	活性染料的应用分类，活性染料染色过程
应会	活性染料一浴二步法浸染工艺

表4-31 工艺处方

染化料	用量	染化料	用量
染料（owf）/%	1.0	纯碱/（g/L）	10
平平加O/（g/L）	0.3	浴比	1：50
元明粉/（g/L）	20	布重/g	2

恒温法：

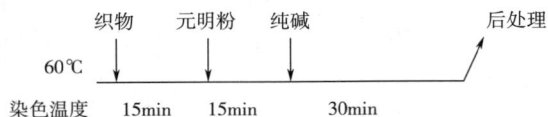

图4-61 活性染料恒温法染色工艺曲线图

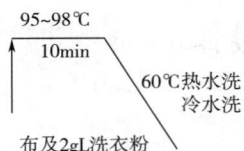

图4-62 皂煮后处理工艺曲线图

4-18 活性染料皂洗　　　4-19 活性染料染色织物的烘干　　　4-20 活性染料染色织物的汽蒸

· 操作步骤

（1）按工艺处方在烧杯中移取适量染液母液并稀释至规定液量，染料母液浓度 2g/L，浴比 1∶50。配制完染液后置于恒温水浴锅中加热至染色温度 60℃。

（2）事先用温水浸渍棉布，挤干后投入染浴中。严格按照染色工艺曲线进行染色。染色过程中不断用玻璃棒搅拌防止染花。

（3）染色结束后取出织物经冷水洗，然后皂洗（洗衣粉 2g/L，浴比 1∶50，95℃，5~10min），再热水洗、冷水洗、烘干。

· 结果与讨论

染色后的织物是否存在染色疵病？如果有，请分析其产生的原因。

将原始实验数据记录在表 4-32 中。

表4-32　活性染料染色仿样数据记录表

序号	主要助剂名称及用量			匀染性	色差 ΔE
1					
2					
3					
4					
⋮					

· 任务评价

按表 4-33 中各项指标对该任务进行评价。

表 4-33　活性染料染色仿样任务评价表

项目	指标	要求	分值	自我评价	教师评价
准备工作	面料分析	能够准确分析织物纤维类型及规格	5		
	织物	称重织物，充分润湿	5		
	染化料	准确计算染化料重量和水体积，配制染液，称量助剂	10		
过程	操作步骤	准确且条理清晰	10		
	实践器材	规范使用	5		
	皂洗	阐述皂洗的作用，精准实施	5		
结果	原始记录单	报告完整	10		
	数据记录	规范、清晰	10		
	结论	准确、合理	20		
职业素养	态度	遵守课堂纪律、学习积极	10		
	团队合作	能相互配合，顺利完成任务	5		
	7S	台面清洁无杂物、规范等	5		

【技能训练】

技能训练一　纯棉织物直接染料染色工艺

（一）实验目的

了解直接染料的染色原理、染色性能，尤其是电解质对染色效果的影响。

（二）实验原理

直接染料分子中含磺酸基较多的染料对电解质较敏感，必须加入较多的食盐或元明粉，才能显著地提高上染百分率。实际染色时，可以利用温度、电解质等染色条件来控制染料的上染，满足染色要求。

（三）实验内容

1. 主要仪器与染化料

染化料及药品：直接耐晒蓝、硫酸钠。

实验材料：棉坯布。

实验仪器：常温染色小样机、不锈钢染杯、玻璃棒、量筒、移液管。

2. 工艺处方

染色工艺处方见表4-34。

表4-34 染色工艺处方

染化料	1#	2#
直接染料（owf）/%	1	2
硫酸钠/（g/L）	10	10
浴比	1：50	1：50

3. 工艺曲线

染色工艺曲线如图4-63所示。

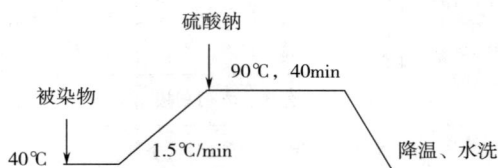

图4-63 染色工艺曲线

（四）实验步骤

（1）染液移取。母液浓度2g/L，移取一定量的染料母液至不锈钢染杯内，分别编号1#、2#。取2块棉织物，每块重2g，按照工艺处方及工艺条件进行实验。

（2）浸渍织物。用温水浸渍棉织物后，将织物挤干，待染液升温至40℃，将织物投入染液中，染色开始。

（3）染色。40℃浸染10min，然后在30min内升温至90℃，加入全部硫酸钠，在此温度下染40min。染完取出试样，用少量温水洗涤2次。将织物置于烘箱中烘干。

（五）实验结果

直接染料染色过程中，棉织物与染料之间存在哪些作用力？加入无水硫酸钠的作用是什么？

（六）注意事项

（1）染色过程中要保持织物与染液运动。

（2）染液中加入助剂时要充分搅拌溶解。

（3）染色结束后先温水洗，再冷水洗。

技能训练二　植物靛蓝染料隐色体浸染工艺

（一）实验目的

学习植物靛蓝染料的染色工艺和染色方法，理解还原染料染色原理，掌握还原染料隐色体浸染工艺流程、工艺条件和具体操作方法。

（二）实验原理

还原染料经保险粉、烧碱处理后，羰基被还原，形成可溶性的隐4-16　植物靛蓝染料及染色色体钠盐而溶解，依靠氢键和范德瓦耳斯力而上染纤维。在纤维上隐色体经过氧化，会转变成原来的还原染料而固着。还原染料隐色体性能不同，染色方法也不同。

（三）实验内容

1. 主要仪器与染化料

染化料及药品：氢氧化钠、保险粉、植物靛蓝染料（蓝靛泥）等。

实验材料：黏胶或纯棉织物。

实验仪器：不锈钢染杯、量筒、水浴锅、天平、玻璃棒等。

2. 工艺处方

染色工艺处方见表4-35。

表 4-35　染色工艺处方

染料	植物靛蓝/（g/L）	20
还原液	85%保险粉/（g/L）	5
	氢氧化钠/（g/L）	4
氧化	空气/冷水淋洗/min	10

3. 工艺曲线

染色工艺曲线如图4-64所示。

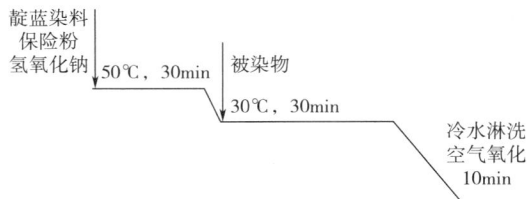

图 4-64　染色工艺曲线

（四）实验步骤

（1）将蓝靛泥溶解于水中，加入适量热水使得染液温度为50℃，加入规定量的保险粉和氢氧化钠，不停搅拌 10~30min。

（2）待染液泛起泡沫，且颜色由深蓝色变为黄绿色，说明染料已经还原溶解，将提前润湿的被染物投入染液中，浸染 20~30min。

（3）染色结束后取出织物，冷水中淋洗 2 遍，然后置于空气中氧化 5~10min，在空气中织物颜色再次由黄绿色转变为深蓝色。

（4）可将织物再次浸入染液中进行染色和氧化，重复上述步骤 3~5 次直至达到一定的染色浓度。

（5）结束后充分水洗，水洗干净后，将织物熨烫干燥，最后贴样。

（五）实验结果

观察染色后布面的匀染情况，完成贴样。

（六）注意事项

（1）染液需提前还原溶解才能染色，还原溶解时先加入氢氧化钠，再加入保险粉。

（2）还原溶解温度不能高于 50℃，染色温度不宜超过 40℃。

（3）染色后织物要充分氧化显色后再进行皂洗。

（4）染色过程中要保持织物与染液运动。

（5）染液中加入助剂时要充分搅拌溶解。

技能训练三　活性染料固色率的测定

（一）实验目的

学习活性染料固色率的测定方法，掌握固色率的定义，了解固色率在实际中的应用。

（二）实验原理

常用活性染料固色率的测定方法有酸溶解和洗涤法两种。酸溶解法是将染色纤维用硫酸溶解后用光电分光光度计测定其染料含量，并与原染液中染料量对比，以求出活性染料在纤维上的固色率。洗涤法是将纤维染色后，用分光光度计测定其残液中以及皂洗液中的染料含量，与原染液中的染料含量对比，求出固色率。本次实验采用洗涤法测定固色率，该方法简单易操作。

（三）实验内容

1. 主要仪器与染化料

染化料：硫酸钠、碳酸钠、雷马素红、净洗剂 209 等。

实验材料：纯棉坯布。

实验仪器：烧杯 250mL、染色小样机、移液管 10mL 等。

2. 工艺处方

染色工艺处方见表 4-36。

表 4-36　染色工艺处方

染化料	用量	染化料	用量
雷马素红（owf）/%	2	碳酸钠/（g/L）	15
硫酸钠/（g/L）	40	浴比	1：50

3. 工艺曲线

染色工艺曲线及皂煮工艺曲线如图 4-65 和图 4-66 所示。

恒温法：

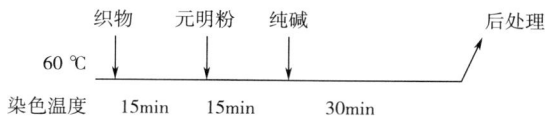

图 4-65　染色工艺曲线　　　　　图 4-66　皂煮工艺曲线

（四）实验步骤

（1）纯棉平布每块重 2g，母液浓度 2g/L，根据染料用量及浴比计算每块织物移取的染料量及染液体积。

（2）对于每个试样（每块纯棉平布）分别配制 A、B 两个相同的染浴，放入同一水浴中。要求精确移取染料母液。

（3）A 染浴不加入试样（空白），但其操作均按 B 染浴规定。当 B 染浴中的试样开始皂煮时也向 A 染浴加入相同量的净洗剂，经 15min 后取出 A 染浴并冷却至室温，然后稀释至一定体积，在其最大吸收波长处测其吸光度 A_A。

（4）B 染浴中加入试样，按规定条件染色。染毕取出试样水洗（少量水），皂煮（浴比 1：30），水洗（用少量的水多次洗至不掉色为止）。然后将洗涤液、皂煮液与染色残液合并，冲稀至 500mL 容量瓶中，定容。在其最大吸收波长处测其吸光度（A_B）。

（5）按下列公式计算固色率：

$$固色率 = \left(\frac{1 - A_B V_B}{A_A V_A} \right) \times 100\%$$

式中：A_B——B 染浴冲稀后的吸光度；

　　　A_A——A 染浴冲稀后的吸光度；

　　　V_B——B 染浴冲稀后的体积；

　　　V_A——A 染浴冲稀后的体积。

（五）实验结果

将实验数据记录在表 4-37 中。

表 4-37　固色率测定实验数据记录表

染料	移取母液体积/mL	染液体积/mL	固色率/%
雷马素红			

（六）注意事项

（1）使用分光光度计确定雷马素红的最大吸收波长。在最大吸收波长下测定染液吸光度。

（2）分光光度计需要校准，调零。

【思考题】

1. 活性染料的染色过程分为几个阶段？活性染料上染过程具有哪些特点？主要存在什么问题？解决措施有哪些？

2. 在碱性条件下，活性染料通常会发生哪些反应？一般情况下哪种反应占优势？简述其原因。

3. 简述活性染料浸染工艺中常用助剂名称及其作用。

4. 简述活性染料轧染工艺中常用助剂名称及其作用。

5. 活性染料除了应用于纤维素纤维染色外，还可用于哪些纤维制品的染色？简述其染色工艺。

6. 还原染料的染色过程分为哪几个阶段？

7. 还原染料的还原方法主要有哪些？

8. 还原染料皂煮的目的是什么？

9. 简述还原染料隐色体浸染工艺中常用助剂名称及其作用。

10. 简述可溶性还原染料的染色过程、助剂名称及其作用。

11. 什么是贮存脆损？简述贮存脆损产生的原因及防治措施。

12. 简述硫化染料的染色过程、助剂名称及其作用。

项目五　蛋白质纤维染色

【学习目标】

知识目标：

1. 理解酸性染料概念及蛋白质纤维化学组成，掌握酸性染料应用分类及染料对蛋白质纤维染色机理、酸的作用，明白酸性染料染色工艺处方及工艺流程的内涵。

2. 熟知酸性媒染染料的染色过程，掌握其染色方法及染色工艺。

3. 知晓酸性含媒染料的染色分类，理解酸性含媒染料的染色机理。

能力目标：

1. 会鉴别纺织纤维，根据纺织纤维性能选择染料及助剂，调节染浴 pH 值。

2. 会根据染色工艺处方及工艺流程，实施并完成蛋白质纤维及织物的染色。

3. 会结合信息化手段评价染色质量，分析染色疵点成因。

思政目标：

1. 培养学生细心、耐心的行为习惯。

2. 培养学生规范操作、精益求精的匠心意识。

3. 培养学生文明生产和环保意识。

情感目标：

1. 培养学生团结、协作与沟通能力。

2. 培养学生终身学习的能力。

3. 培养学生人文素养。

【学习任务】

酸性染料（Acid Dyes）是指含有酸性基团的染料，主要用于羊毛、真丝等蛋白质纤维和聚酰胺纤维的染色和印花。早期的这类染料都是在酸性条件下染色，故通称酸性染料。酸性染料大多数含有磺酸钠盐（—SO_3Na），仅个别品种是以羧酸钠盐（—COONa）形式存在。

酸性染料具有色谱齐全、色泽鲜艳的特点，其耐日晒牢度和耐湿处理牢度随染料品种不同而差异较大。和直接染料相比，酸性染料结构简单，缺乏较长的共轭双键和同平面性结构，所以对纤维素纤维缺乏直接性，不能用于纤维素纤维的染色。

任务一　蛋白质纤维及其染前准备

一、蛋白质的化学组成及分子结构概况

（一）元素组成

蛋白质是相对分子量很高的有机含氮高分子化合物，结构十分复杂，但组成蛋白质的元素种类并不多，主要有碳、氢、氧、氮等，有些还含有硫、磷、铁、铜、锌及碘等元素。

（二）氨基酸组成

蛋白质完全水解的最终产物是氨基酸，因此蛋白质的基本组成单位是氨基酸。天然蛋白质中的氨基酸主要有 20 种左右，它们的共同特点是都属于 α-氨基酸。

（三）分子结构

蛋白质的大分子可以看作是由 α-氨基酸彼此通过氨基与羧基之间的脱水缩合，以酰胺键连结而成的大分子。

（四）副键的作用力

主要有：氢键、盐键和二硫键。

二、羊毛形态结构及分类

（一）羊毛形态结构

主要包括：鳞片层、皮质层和髓质层三个部分，如图 5-1 所示。

（二）羊毛分类

（1）细绒毛。直径在 30μm 以下，无髓质层，鳞片密度较大，纤维较短，卷曲多，光泽柔和。

（2）粗毛。直径在 52.5μm 以上，有连续的髓质层，外形粗长，卷曲少，光泽强。

（3）两型毛。又称中间毛或过渡毛，直径为 30~52.5μm，有断续的髓质层，粗细差异较大，粗的部分似粗毛，细的部分如细绒毛。

（4）死毛。除鳞片层外，几乎全为髓质层，强度和弹性很差，呈枯白色，没有光泽，也不易染色，没有纺织价值。

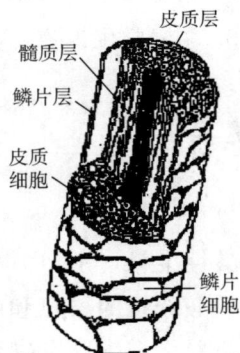

图 5-1　羊毛形态结构示意图

三、羊毛的化学组成

在羊毛纤维的元素组成中，除碳、氢、氧、氮之外，还含有一定量的硫，各元素的含量因羊毛的品种、饲养条件、羊体的部位等不同而有一定的差异，其中以含硫量的变化最为明显。

四、羊毛的分子结构

羊毛蛋白分子链的空间构象是比较复杂的，根据分析资料可以肯定，在羊毛蛋白的分子链中，具有 α-螺旋构象和 β-折叠结构，如图 5-2 所示。

五、羊毛主要机械性能

（一）羊毛的拉伸与回复性能

羊毛的断裂强度不高，但断裂伸长率都比其他纤维高，所以断裂功较大。羊毛有很好的恢复性能，这与羊毛的分子结构和聚集态结构有关。

（二）羊毛的可塑性

羊毛的可塑性是指羊毛在湿热条件下，可使其内应力迅速衰减，并可按外力作用改变现有形态，再经冷却或烘干使形态保持下来的性质。

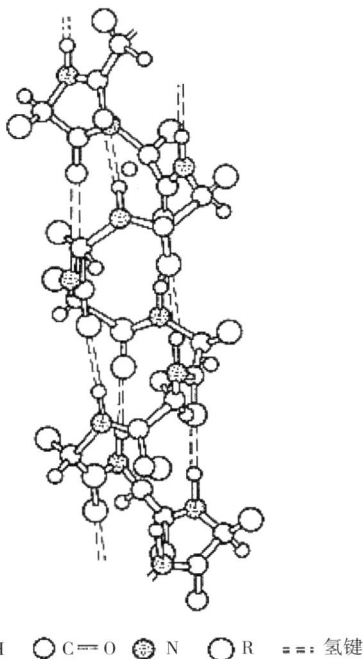

◯H ◯C—O ◯N ◯R ===：氢键

图 5-2 羊毛 α-螺旋构象示意图

"过缩"现象：将受到拉伸应力作用的羊毛纤维在热水或蒸汽中处理很短时间，然后除去外力并在蒸汽中任其收缩，纤维能够收缩到比原来的长度还短，这种现象称为"过缩"现象。原因是外力和湿、热的作用使肽链的构象发生变化，原来的副键被拆散，但因处理时间很短，尚未在新的位置上建立起新的副键，多肽链可以自由收缩，故产生过缩。

"暂定"现象：若将受到拉伸应力作用的羊毛纤维在热水或蒸汽中处理稍长时间，除去外力后纤维并不回复到原来的长度，但在更高的温度条件下处理，纤维仍可收缩。原因是副键被拆散后，在新的位置上尚未全部建立起新的副键，结合得还不够稳固，因此只能使形态暂时稳定，遇到适当的条件仍可回缩。

"永定"现象：如果将伸长的羊毛纤维在热水或蒸汽中处理更长时间（如 1~2h），则外力去除后，即使再经蒸汽处理，也仅能使纤维稍微收缩。原因是处理时间较长，副键被拆散后，在新的位置上又建立起新的、稳固的副键，使多肽链的构象稳定下来，从而能阻止羊毛纤维从形变中回复原状。

（三）羊毛的缩绒性

羊毛在湿热条件下经外力的反复作用，纤维之间相互穿插纠缠，纠结集合逐渐收缩得紧密，这种性能称为羊毛的毡缩性。

六、染色准备

蛋白质纤维及其织物在染色之前可以进行预处理，去除纤维及其制品上的污渍、松弛纤维，使纺织面料达到良好的染色性能。蛋白质纤维的预处理一般采用浸渍方式，40~60℃条件下，在含有 2~4g/L 中性洗涤剂的溶液中浸渍 30~60min，然后再充分水洗，烘干。

任务二　酸性染料染色

一、酸性染料的分类

（一）酸性染料的应用分类

按酸性染料对羊毛的染色性能，酸性染料可分为强酸性浴、弱酸性浴和中性浴染色的三类。

5-1　酸性染料染色工艺

5-2 酸性染料染色过程

1. 强酸性浴染色的酸性染料

强酸性浴染色的酸性染料，简称强酸性染料。这类染料分子结构较简单，分子中磺酸基所占的比例高，在水中溶解度较高，在常温染液中基本上以离子状态分散，对羊毛纤维的亲和力较低，染色需在强酸浴中进行（pH 为 2.5~4）。强酸性浴染色的酸性染料湿处理牢度较差，耐日晒牢度较好，色泽鲜艳，匀染性良好，通常适宜染中浅色。

2. 弱酸性浴染色的酸性染料

弱酸性浴染色的酸性染料，简称弱酸性染料。这类染料分子结构稍复杂，分子中磺酸基所占比例相对较低，溶解度稍差，在常温染液中基本上以胶体分散状态存在，对羊毛纤维的亲和力较高，染色在弱酸浴中进行（pH 为 4~5）。弱酸性染料的湿处理牢度较好，但匀染性稍差，染色性能介于强酸性浴染色的酸性染料和中性浴染色的酸性染料之间。

3. 中性浴染色的酸性染料

中性浴染色的酸性染料，简称中性浴染料。这类染料分子结构更复杂，磺酸基所占比例更低，由于疏水性部分增加，溶解度差，在常温染浴中主要以胶体状态存在，对羊毛纤维的亲和力更高，染色需在中性浴中进行（pH 为 6~7）。中性浴染色的酸性染料匀染性较差，色泽不够鲜艳，但湿处理牢度好，对湿处理牢度要求高的染色和印花可采用这类染料。

以上是根据酸性染料的染色条件进行分类的，这些分类方法所表征的结构特点和染料的应用性能之间是相互关联的。酸性染料的应用分类与主要染色性能的比较见表 5-1。

表 5-1　酸性染料的应用分类与主要染色性能的比较

染料应用分类	强酸性染料	弱酸性染料	中性浴染料
染液 pH	2.5~4	4~5	6~7
染色用酸	硫酸	醋酸	硫酸铵或醋酸铵
相对分子质量	小	较大	大
染料溶解性	好	稍差	差
染色匀染性	好	一般	差
与纤维的主要结合形式	离子键	范德瓦耳斯力、氢键、离子键	范德瓦耳斯力、氢键

染料应用分类	强酸性染料	弱酸性染料	中性浴染料
湿处理牢度	较差	较好	好

在实际应用过程中，习惯上将强酸性浴染色的酸性染料称为酸性染料，又称匀染性酸性染料（levelling acid dyes）；将弱酸性浴和中性浴染色的酸性染料通称为弱酸性染料，前者又称半耐缩绒酸性染料（half milling acid dyes），后者又称耐缩绒酸性染料（milling acid dyes）。

（二）酸性染料的结构分类

酸性染料根据化学结构可分为偶氮类染料（azo dyes）、蒽醌类染料（anthraquinone dyes）、三芳甲烷类染料（triphenylmethane dyes）和杂环类染料（heterocyclic dyes）等。其中，以偶氮类酸性染料品种最多，约占酸性染料品种总数的75%，其次为蒽醌类，约占酸性染料品种总数的12%，三芳甲烷类约占酸性染料品种总数5%。

1. 偶氮类酸性染料

偶氮类酸性染料色谱较齐，包括黄、橙、红、藏青以及棕色、黑色等各种颜色，以黄、橙、红色为主，深色较少，蓝色品种主要是藏青色，紫色和绿色品种的鲜艳度不高。

偶氮酸性染料多数为单偶氮类染料，少数为双偶氮类染料。随着偶氮基的增加，染料色光会趋向深暗，因而三偶氮染料的应用极少。

（1）单偶氮类酸性染料。这类染料有些属于强酸性染料，有些属于弱酸性染料。一般含有苯环或萘环的单偶氮染料为强酸性染料，如酸性嫩黄2G、酸性橙Ⅱ、酸性红G等。其中，吡唑酮结构的偶氮染料在嫩黄色酸性染料中占有重要地位；其他则为弱酸性染料。常见单偶氮类酸性染料化学结构如图5-3所示。

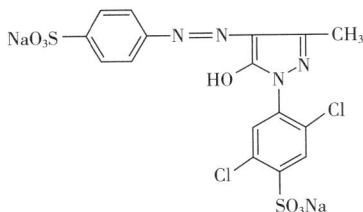

酸性嫩黄2G（C.I. 酸性黄17）　　　　酸性橙Ⅱ（C.I. 酸性橙7）

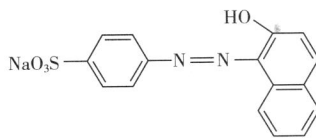

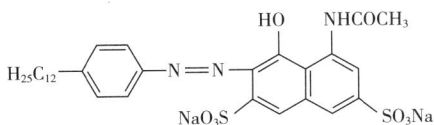

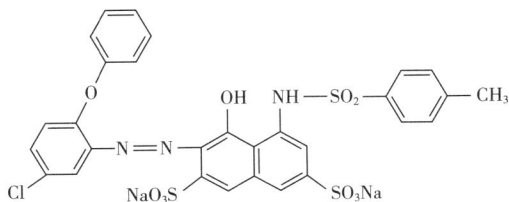

弱酸性桃红BS（C.I. 酸性红138）　　　弱酸性红B（C.I. 酸性红249）

图5-3　常见单偶氮类酸性染料的化学结构

（2）双偶氮类酸性染料。双偶氮类酸性染料品种数约占偶氮类酸性染料的20%，其主要有共轭连贯型和隔离基型两类。

共轭连贯型双偶氮类酸性染料由于两个偶氮基处于同一个共轭体系内，分子平面性较好，与纤维有一定的亲和力，具有较好的湿处理牢度，颜色一般偏深。代表性染料弱酸性藏青5R的化学结构如图5-4所示。

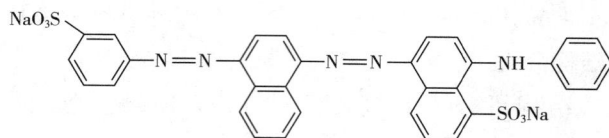

图5-4　弱酸性藏青5R（C. I. 酸性蓝113）的化学结构

隔离基型双偶氮类酸性染料分子间有一个隔离基，使两个偶氮基的共轭体系不连通，分子的平面性和直线性较差，颜色较浅而鲜艳。代表性染料弱酸性嫩黄G的化学结构如图5-5所示。

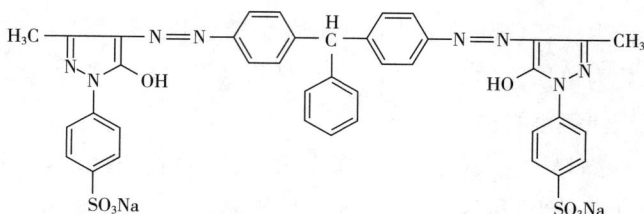

图5-5　弱酸性嫩黄G（C. I. 酸性黄117）的化学结构

2. 蒽醌类酸性染料

蒽醌结构的酸性染料除了含有磺酸基外，在 α 位上还含有2~4个氨基、芳氨基、烷氨基和羟基。根据这些基团性质和位置，蒽醌类酸性染料可分为三种主要结构类型，即芳氨基蒽醌、氨基—羟基蒽醌和杂环蒽醌。

蒽醌类酸性染料以紫、蓝、绿色为主，深色居多，尤以蓝色为最多。这类染料色泽鲜艳，耐日晒色牢度较好，匀染性和湿处理牢度随结构的变化而不同，蓝色和绿色染料广泛应用于羊毛、蚕丝和锦纶的染色。在毛纺行业，一些染料品种常与酸性媒介染料拼色，以起到增艳作用。代表性染料酸性紫3B和酸性蓝B的化学结构如图5-6所示。

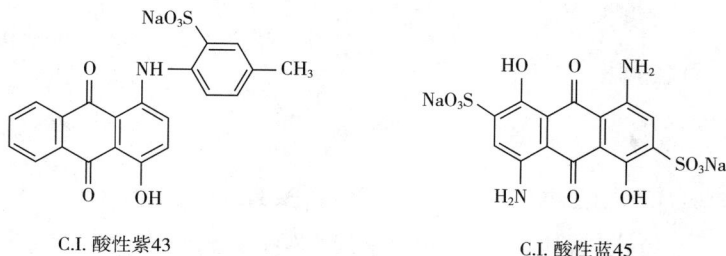

C. I. 酸性紫43

C. I. 酸性蓝45

图5-6　酸性紫3B（C. I. 酸性紫43）和酸性蓝B（C. I. 酸性蓝45）的化学结构

3. 三芳甲烷类酸性染料

如果在氨基三芳甲烷碱性染料分子中引入两个以上的磺酸基，则可转变为三芳甲烷酸性染料，其中一个磺酸基与氨基形成内盐，剩余的磺酸基可保证染料的水溶性。三芳甲烷酸性染料以浓艳的紫、蓝、绿色为主，色泽特别鲜艳，但耐日晒色牢度较差，不超过 4 级，很多品种只有 1—2 级，有些蓝色品种不耐氧漂（如含过硼酸钠的洗衣粉）。

另外，有些三芳甲烷染料对电解质、氧化剂、还原剂、温度等条件极为敏感，经常因这些不适当的条件而出现聚集、水溶性下降、变色和消色，造成严重的染色质量问题。由于这类染料色泽鲜艳，故在丝绸印染中仍占有一定的比例。代表性染料弱酸性艳蓝 6B 的化学结构如图 5-7 所示。

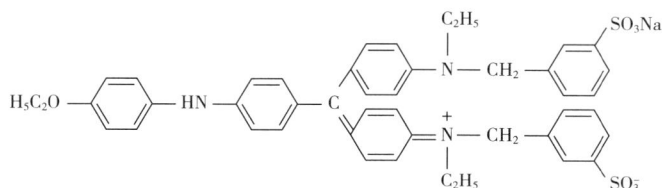

图 5-7　弱酸性艳蓝 6B（C. I. 酸性蓝 83）的化学结构

4. 杂环类酸性染料

酸性染料大多属于偶氮、蒽醌、三芳甲烷的结构类别，但也有少数染料分子中含有 O、N、S 等杂原子组成的杂环，杂环类酸性染料中比较重要的是呫吨（氧杂蒽）和吖嗪（氮杂蒽）染料，另还有喹啉、氨基酮类等。

呫吨类酸性染料大多为玫瑰红和红紫色，如酸性玫瑰红 B，其染料带有荧光，非常娇艳。这类酸性染料色泽鲜艳，但耐日晒色牢度很差，使其应用受到一定的限制，只适用于色泽要求特别鲜艳而牢度要求低的产品染色，也可作媒介染料增艳之用，在毛纺和丝绸行业有一定的应用。吖嗪类酸性染料具有较好的耐日晒色牢度，大多为深色，如弱酸性蓝 EG，化学结构如图 5-8 所示。

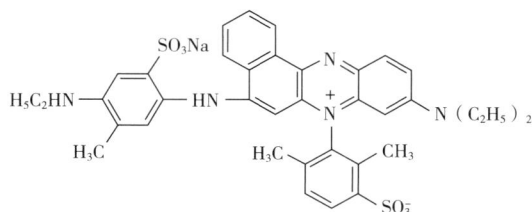

图 5-8　弱酸性蓝 EG（C. I. 酸性蓝 121）的化学结构

二、酸性染料染色原理及影响因素

(一) 羊毛酸性染料染色基本原理

羊毛纤维属蛋白质纤维，在大分子侧链上和分子末端都各自有酸性的羧基（—COOH）和碱性的氨基（—NH$_2$）存在，因而具有两性特征，羊毛纤维的等电点为 4~4.5，其在不同溶液 pH 条件下所体现的电荷状态有所差异，如图 5-9 所示。由图可知，溶液 pH 在等电点以下时，纤维带有正电荷；在等电点时纤维正负电荷数量相同，从而不带电荷；在等电点以上时，纤维带负电荷。

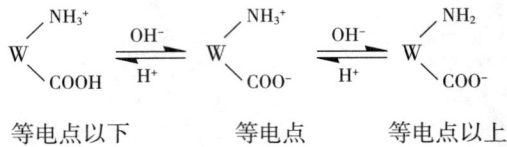

图 5-9 羊毛纤维在不同溶液 pH 条件下的电荷状态

在等电点以下的酸性溶液中，羊毛纤维呈正电性（$^+$H$_3$N—W—COOH），而酸性染料呈负电性（D—SO$_3^-$），因此两者主要以离子键结合。其匀染性较好，但湿处理牢度较差，一般不适合染深色，其结合状态如图 5-10 所示。

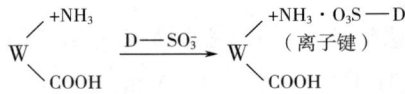

图 5-10 在等电点以下的酸性染液中羊毛纤维与染料的结合状态

在等电点以上或近中性的染液中，弱酸性染料的分子结构比强酸性染料复杂，相对分子质量较大，从而对羊毛纤维产生较大的亲和力，因而两者主要以范德瓦耳斯力和氢键结合。弱酸性染料染羊毛，湿处理牢度较强酸性染料好，但相对分子质量的增加降低了染料的匀染性，磺酸基所占比例下降，使其溶解度降低，染料在溶液中易发生集聚，一般需在近沸点上染，其结合状态如图 5-11 所示。

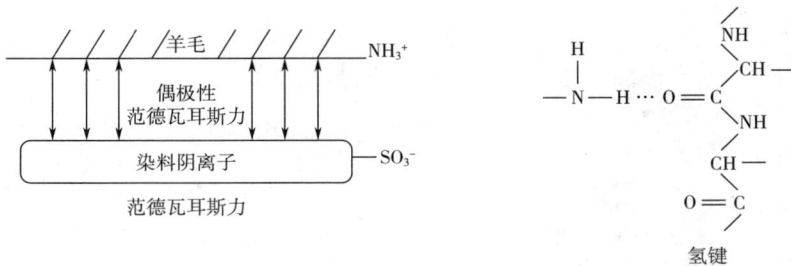

图 5-11 在等电点以上或近中性的染液中羊毛纤维与染料的结合状态

（二）酸性染料染色的影响因素

1. 染料分子结构对染色效果的影响

在酸性染料染色效果的影响因素中，染料的结构对其应用性能，如亲和力、移染性、匀染性和上染速率等密切相关，尤其体现在对染色牢度的影响。

（1）染料分子结构与匀染性能。染料的匀染性能往往与染料分子溶解度成正比，一般而言，溶解度越高，染料分子在纤维上的迁移效果越好，染色的匀染性能越好。

对于酸性染料而言，在染料分子中引入较多的水溶性基团（如磺酸基、羧基）以提高染料在水中的溶解度，加大染料分子的亲水性，降低染料对纤维的亲和力，可有效地增加染料的匀染性能。反之，引入长链非水溶性基团（如脂肪族碳链），增加相对分子质量，则降低染料的亲水性，增加染料对纤维的亲和力，从而影响染料的匀染性。如酸性嫩黄 2G 的匀染性能为 4~5 级，而含有烷基长链的弱酸性黄 3GS 的匀染性能仅为 2 级（表 5-2）。

表 5-2　引入脂肪族碳链对染料匀染性能的影响

染料名称	化学结构	匀染性能/级
酸性嫩黄 2G （C. I. 酸性黄 17）		4~5
弱酸性黄 3GS （C. I. 酸性黄 72）		2

（2）染料分子结构与耐光性能。染料在纤维上的耐光牢度与许多因素相关，如染色纤维的类型、性质、染料分子结构特征、染色条件、染色深度及加工工序等。

在染料分子结构中，主要是母体结构、取代基的性质以及它们所处的相对位置对其耐光牢度有直接影响。通常染料分子中氨基、羟基的存在不利于耐光性能的提高，而卤素（—Cl、—Br）、硝基、磺酸基、氰基以及三氟甲基等有助于耐光色牢度的提高，常见取代基团类型对染料耐光色牢度的影响见表 5-3。

表 5-3　常见取代基的类型对染料耐光色牢度的影响

染料化学结构	取代基类型（R）	耐光色牢度/级
	H—	2-3
	CH₃CO—	5
	CH₃（CH₂）₆CO—	6

分子中氨基酰化均能提高酸性染料在羊毛上的耐光牢度，但是，当脂肪链过长时，将导致耐光牢度的降低。

由氨基蒽醌磺酸衍生的酸性及弱酸性染料上染的羊毛制品，其耐光牢度均较好，这是由蒽醌母体结构所决定的。与氨基蒽醌分散染料相似，当在氨基的邻位引入磺酸基、甲基或其他取代基团时，降低了蒽醌 1 位的氨基对光氧化作用的活泼性，提高其耐光稳定性。

（3）染料分子结构与湿处理牢度。染料在纤维上的湿处理牢度具有重要的实用意义，包括水洗、皂洗、湿摩擦、碱煮以及耐缩绒牢度等。湿处理牢度与染着在纤维内的染料分子扩散性能、染料相对分子量、分子构型以及染料与纤维之间的结合方式（结合力）有直接关系。

改进酸性染料湿处理牢度的途径之一是增加染料相对分子量。可以预期，具有相同磺化程度，即含有相同磺酸基染料分子，其湿处理牢度将随着染料相对分子量或分子体积的加大而得到改进。从实用角度来看，采用相对分子量比较大的染料可以防止染料从染色纤维中解吸下来。

染料分子量可以通过在染料分子中引入脂肪族烷基、环烷烃及芳烃等憎水性基团增加。这些基团的引入不仅可以降低酸性染料在水中的溶解度和亲水性能，还可以增大染料分子与蛋白质纤维分子间的引力，提高染料湿处理牢度。取代基的类型对染料耐洗色牢度的影响见表 5-4。

表 5-4　取代基的类型对染料耐洗色牢度的影响

染料化学结构	取代基类型（R）	耐洗色牢度/级	
		40℃	60℃
	H	1	1
	CH₃	4	1
	C₄H₉	5	2
	C₁₂H₂₅	5	3

2. 染浴 pH 对染色效果的影响

在酸性条件下，纤维上的 NH_3^+ 与 $D—SO_3^-$ 形成定位吸附，所以常把 NH_3^+ 称为吸附染料的"染座"（dye sites）。纤维上的"染座"数目随着 pH 的降低而增加，即染浴的酸性越强，纤维上的 NH_3^+ 越多，对染料阴离子的吸引力就越大。因此，在染色过程中，加酸有明显的促染作用。通过控制染浴的 pH 可控制酸性染料的上染速率和得色量。为了在提高上染率的同时达到匀染，可将酸分几次加入，并根据染料与纤维的结合力不同选用不同的酸，如强酸浴染色用硫酸，弱酸浴染色用醋酸，中性浴染色采用醋酸铵或硫酸铵。

3. 中性电解质对染色效果的影响

酸性染料染色时，在 pH 不同的染浴中加入电解质有着不同的作用。

当染浴 pH 在等电点以下时，染料与纤维主要以离子键结合，加入电解质可起到缓染作用。例如，当酸性染料在硫酸存在下染羊毛时，染浴中加入食盐或元明粉后，无机阴离子 Cl^- 或 SO_4^{2-} 以及染料阴离子都能与纤维阳离子"染座"产生静电引力，由于无机阴离子相对染料阴离子来说体积小、扩散速度快，所以先被纤维阳离子"染座"所吸附。随着染色过程的继续进行，当染料阴离子靠近纤维时，由于它与纤维之间除静电引力外还存在较大的范德瓦耳斯力和氢键等其他作用力，所以就可以取代无机阴离子与纤维结合。

当染浴 pH 高于等电点时，纤维上的阳离子"染座"较少，与染料之间主要以范德瓦耳斯力和氢键结合，此时加入电解质可减小染料与纤维间的静电阻力，起促染作用。

4. 温度和时间对染色效果的影响

随着温度的升高，染料在染液中的聚集程度下降，同时纤维的膨化程度提高，则染料在纤维表面的吸附和向纤维内部扩散的速率加快。所以，要根据染料的聚集倾向大小和扩散性、移染性能高低来控制染色的始染温度、升温速率和染色时间，才能达到染匀染透的目的。

三、酸性染料的染色工艺

据统计，2020 年，我国染料总产量为 76.9 万吨，其中酸性染料的产量为 3.5 万吨，约占染料总产量的 4.6%。作为染料产品中的重要组成部分，酸性染料主要用于羊毛、蚕丝和锦纶纤维的染色。

（一）酸性染料对羊毛纤维的染色

全球羊毛纤维的消费量占所有纤维的 2%~3%，其中散染和条染染色约占 50%，约 30% 采用纱染，约 20% 采用匹染和成衣染色。根据羊毛纤维的用途、加工方式及织物外观要求，加工流程常分为精纺和粗纺。

1. 羊毛纤维精纺加工流程及染色工艺

（1）精纺加工流程。精纺加工流程一般为：

含脂羊毛→洗练→梳条→染色→精梳→纺纱→织造→洗练→整理加工

其中，整理加工一般包含蒸呢、煮呢、缩绒和热水处理等工序，其对染料提出了极高的色牢度要求，特别是耐湿处理色牢度，所以在酸性染料中常选择弱酸性染料，即耐缩绒酸性染料。

（2）染色工艺。羊毛纤维及其织物弱酸性染料染色工艺处方及工艺曲线如下所示。

工艺处方：

弱酸性染料（owf）/%	x
无水硫酸钠/（g/L）	1~2
醋酸（60%）（owf）/%	1~3（pH=4.5~5.5）
匀染剂/（g/L）	0.5~1.5
浴比	1∶（8~15）

无水硫酸钠主要起促染作用，应在染色一段时间后均匀加入（染浅色可不用加）。匀染剂一般可选择阴离子或非离子型表面活性剂，起缓染作用。

染色工艺曲线如图 5-12 所示。

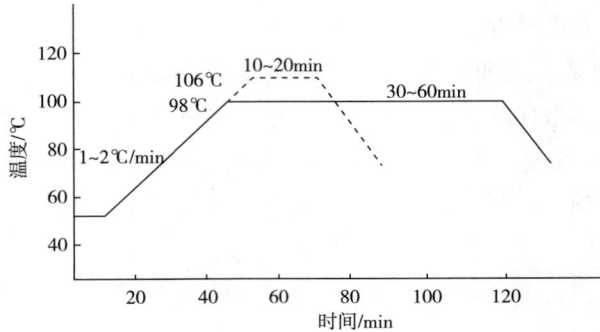

图 5-12　羊毛纤维及其织物弱酸性染料染色工艺曲线图

羊毛纤维及其织物弱酸性染料染色工艺曲线如图 5-12 所示。染色从 40~50℃ 开始，以 1~2℃/min 升温速率升温至沸后再沸染 30~60min（或升温至 106℃ 保温 10~20min），染色结束后逐渐降温清洗。由于弱酸性染料的相对分子质量较大，与纤维之间主要靠范德瓦耳斯力和氢键相结合，染料所含水溶性基团相对较少，因此化料时需使用沸水化料，注意避免因染料分子凝聚而造成染色色点。

2. 羊毛纤维粗纺加工流程及染色工艺

（1）粗纺加工流程。一般为：含脂羊毛→洗练→（散染）→梳毛→纺纱→（纱染）→织造→（匹布、成衣染色）。

其中，后整理中没有特殊的加工工艺，牢度要求主要来自最终客户，但纱线染色和织物染色必须考虑其染色匀染性能。一般而言，湿处理牢度要求不是很高时可采用强酸性染料，即匀染性酸性染料。

（2）染色工艺处方。

酸性染料（owf）/%	x
无水硫酸钠/（g/L）	1~2
硫酸（98%）（owf）/%	1~3（pH=2~4）
浴比	1 :（8~15）

无水硫酸钠主要起缓染作用，有利于匀染，可在染色开始时均匀加入，且染浅色应适当多加些。此外也可用阴离子或非离子型表面活性剂，以达到缓染效果。硫酸的加入可促进染料上染，增加羊毛纤维的"染座"，"染座"越多，染料上染纤维越快，所以应控制其分批、缓慢加入，以免造成染色不匀。

羊毛纤维及其织物匀染性酸性染料染色工艺曲线如图 5-13 所示。染料用冷水、温水或醋酸打浆，再用温水或沸水稀释、过滤。宜采用缓慢升温以控制上染速率，染液 20~30℃ 入染，然后以 0.5~1℃/min 缓慢升温至 75℃，再以 1.5℃/min 升温至沸后保温 15~45min（或升温至110℃染10~25min）。沸染时间应根据染料的扩散性、透染性、上染率、移染及匀染性来确定，沸染时间太短，透染性差，影响染色牢度，而且不利于通过移染来消除染色不匀；沸染时间过长，会使某些染料色光变浅、变菱暗，织物易发毛，毛线易毡并。染深色时也可适当延长沸染时间。

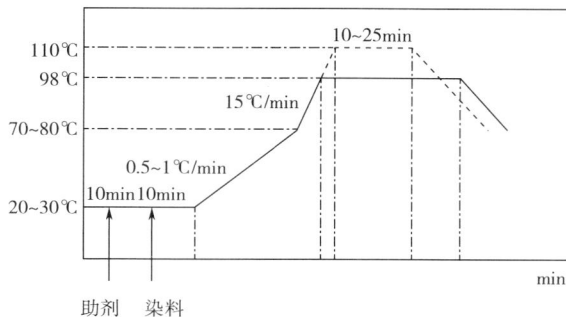

图5-13 羊毛纤维及其织物匀染性酸性染料染色工艺曲线

（二）酸性染料对蚕丝纤维的染色

1. 蚕丝纤维的染色特点

5-3 蚕丝纤维

蚕丝，是指熟蚕结茧时分泌丝液凝固而成的连续长纤维，也称"天然丝"，其纤维是由两根呈三角形或半椭圆形的丝素与外包丝胶组成。蚕丝和羊毛同属蛋白质纤维，分子中既含有氨基，又含有羧基，具有两性性质。然而蚕丝丝素中氨基的含量约为 $0.12 \sim 0.20 mol/kg$，比羊毛的氨基含量低，其等电点的 pH 为 $3.5 \sim 5.2$。由于丝素对酸的稳定性比羊毛差，在强酸性条件下染色时，蚕丝的光泽、手感、强力都会受影响，因此蚕丝纤维通常用弱酸性染料染色，染液 pH 一般控制在 $4 \sim 6$，可用醋酸调节。随着酸用量的增加，上染速率和上染率均增加，易造成染色不匀，可在染色时分次加入酸。加入中性电解质的主要目的是促染，或可加入阴离子及非离子表面活性剂起缓染作用。采用对酸比较敏感和移染性较差的酸性染料染色时，可使用释酸剂代替酸。释酸剂一般为有机酯类化合物，随着染浴温度升高，释酸剂水解释放出 H^+，从而染浴 pH 由中性调整为弱酸性，起到促染作用。

2. 蚕丝纤维的染色工艺

蚕丝主要由丝素和丝胶组成，其中丝素约占 3/4，丝胶约占 1/4，因此在染色生产前一般需进行脱胶处理。目前，国内纺织企业，特别是丝织企业主要采用绞纱加工方式对真丝进行脱胶和染色。

（1）蚕丝纤维脱胶工艺。蚕丝纤维一般采用皂—碱脱胶工艺，工艺处方如下。

纯碱（g/L）	3~6
净洗剂209（g/L）	4~8
硅酸钠35%（g/L）	2
保险粉（g/L）	1~2

pH	10~10.5
浴比	1：（8~15）

蚕丝纤维脱胶工艺曲线如图5-14所示。通常情况下30℃浸渍10min，再以1℃/min的升温速率升至95℃保温60min左右，然后90℃热水清洗15min后再进行充分水洗、烘干。

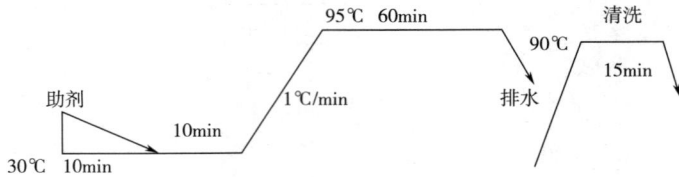

图 5-14　蚕丝纤维脱胶工艺曲线

（2）蚕丝纤维染色工艺。蚕丝纤维用弱酸性染料染色，工艺处方如下。

弱酸性染料（owf）/%	x
食盐（g/L）	1~2
醋酸（60%）（owf）/%	1~3（pH=4~6）
平平加 O（g/L）	0.5~1.5
浴比	1：（8~15）

染色工艺曲线如图5-15所示。织物40~50℃入染，40min内升温至80℃后加入食盐，然后20min内缓慢升温至95℃，再保温30~45min，最后逐渐降温清洗。蚕丝织物一般比较轻薄，对光泽要求较高。

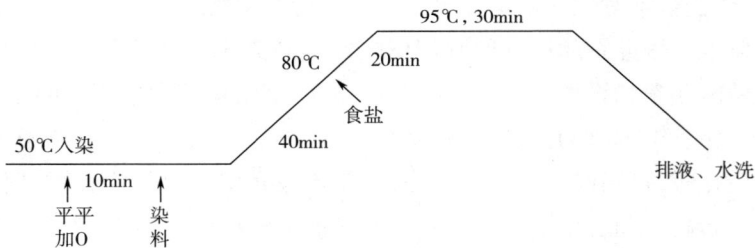

图 5-15　蚕丝纤维弱酸性染料染色工艺曲线

蚕丝织物经长时间高温沸染，会造成部分丝素溶解，影响光泽和手感，且织物之间会相互摩擦，易造成局部"灰伤"。所以，蚕丝织物一般不宜沸染。由于蚕丝表面没有鳞片层组织，无定形区比较松弛，在水中膨化较为剧烈，使得染料在纤维中比较容易扩散，上染速率较快。随着温度升高，上染速率加快，但温度过高易造成染色不匀，宜采用逐步升温的工艺。

（三）酸性染料对锦纶的染色

1. 锦纶的染色特点

锦纶分子中同时含有氨基和羧基，与羊毛及蚕丝纤维一样也具有两性性质。酸性染料是锦纶染色的常用染料，得色鲜艳，上染率和染色牢度均较高。然而锦纶中氨基含量较低，锦纶 6 约为 0.098mol/kg，约为羊毛的 1/10，锦纶 66 为 0.03～0.05mol/kg，约为羊毛的 1/20，锦纶等电点的 pH 为 5～6。

2. 酸性染料的选择

由于锦纶结构中氨基含量偏低且纤维微结构均匀性较差，所以在强酸浴染色条件下其染色饱和值非常低，且强酸性染料中磺酸基数量越多，锦纶的染色饱和值就越低，酸性染料上染锦纶的匀染性和遮盖性较差，易产生"经绺""横档"等疵病。此外，染色 pH 过低对锦纶有一定损伤，故很少应用。

弱酸性及中性浴酸性染料上染纤维时一般在纤维等电点以上，主要依靠范德瓦耳斯力和氢键上染锦纶。染料扩散进入纤维后，还能与纤维上的铵根（—NH_3^+）产生离子键结合，其染色饱和值往往超过按氨基含量计算所得的数值。由于弱酸性及中性浴酸性染料的染色饱和值高，且湿处理牢度好，是锦纶染色的常用染料。

然而，在实际生产中更常见的是锦纶/氨纶包芯纱，染色时还需考虑染色后的高温定型整理（温度约180℃，时间30s）对染色质量的影响，所以羊毛和蚕丝常用的弱酸性染料并不一定适用于锦纶，宜筛选或开发适合锦纶染色的专用染料。

3. 染浴 pH

染浴 pH 是影响锦纶染色上染性和匀染性的关键因素之一，其选择条件主要取决于纤维性质、染料类型以及染色深度。一般而言，同一染色深度，纤维饱和值越高，所需染浴 pH 则越高，否则会发生"超当量吸附"而影响纤维强力。同样，在相同染色深度下，所选染料磺酸基、羧基等水溶性基团越多，染液 pH 则越低。此外，染色深度越深，染液 pH 往往也越低。锦纶染色时纤维饱和值及染色深度对应的染浴 pH 参考值见表 5-5。

表 5-5 Telon M 锦纶染色时纤维饱和值及染色深度对应的染浴 pH 参考值

纤维饱和值（S_f）	染料浓度（owf）/%				
	<1.0	1.0～1.5	1.6～2.0	2.1～2.5	2.6～3.0
1.4	5.5	5.2	4.8	4.3	4.0
1.7	6.0	5.6	5.2	4.8	4.3
2.1	6.5	6.0	5.7	5.4	5.0
2.5	7.0	6.6	6.3	6.0	5.6

需要注意的是，实际生产时，不同的处理工艺对锦纶的饱和值有一定影响。比如往往很多锦纶织物需要高温预定型，随着温度的升高，锦纶上的氨基部分被氧化，使得有效"染座"数目减少，所以一般需加入抗氧化剂。

4. 染色工艺

以普通锦纶 66 为例，其纤维饱和值一般为 1.7，其酸性染料染色工艺处方及工艺曲线如下。

（1）染色工艺处方。

　　　　　　　　酸性染料（owf）/%　　　　　　　　　　　　　　　　　　　　　x

醋酸/醋酸钠缓冲液/（g/L）　　　　　0.5~2（pH=5~6）

匀染剂/（g/L）　　　　　　　　　　　1~2

浴比　　　　　　　　　　　　1：（8~15）

其中，醋酸/醋酸钠缓冲液具有调节染液 pH 的作用，具体用量与锦纶饱和值、染料类型及染色深度有关。常用锦纶染色用匀染剂有两种类型，一类是亲染料型匀染剂，属非离子表面活性剂；另一类是亲纤维型匀染剂，属阴离子表面活性剂。相对而言，前者具有更佳的缓染和移染效果，但用量过高会影响上色率，甚至会发生"排液效应"。

（2）染色工艺曲线。普通锦纶 66 酸性染料染色工艺曲线如图 5-16 所示。染液 20~30℃入染，以 2℃/min 快速升温至 50℃，再以 0.5~1℃/min 缓慢升温至沸后保温 30~60min（或升温至 110℃染 30min），最后逐渐降温清洗。

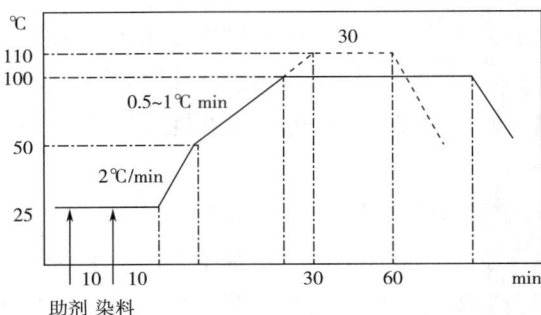

图 5-16　普通锦纶 66 酸性染料染色工艺曲线

锦纶的玻璃化温度较低。锦纶 6 的玻璃化温度为 35~50℃，锦纶 66 的玻璃化温度为 50℃左右，所以 50℃时一般需严格控制升温速率。较锦纶 66，锦纶 6 的始染温度应更低些。染色时需缓慢升温再沸染一段时间，可改善染料移染性和遮盖性，若采用 110~120℃加压染色则有助于提高移染性和遮盖性。

任务三　酸性媒染染料与酸性含媒染料染色

远在古代，人们就发现某些天然染料（主要是植物染料）本不能上染动物或植物纤维，但将纤维用铁、铝等金属盐溶液浸渍后就可用天然染料染色。党的二十大报告提出，中国共产党人深刻认识到，只有把马克思主义基本原理同中国具体实际相结合、同中华优秀传统文化相结合，坚持运用辩证唯物主义和历史唯物主义，才能正确回答时代和实践提出的重大问题，才能始终保持马克思主义的蓬勃生机和旺盛活力。在

5-4　酸性媒染染料和酸性含媒染料

大量的理论研究与实践操作中发现，部分染料能与金属离子在纤维上形成不溶性的染料固着在纤维上，所得染色制品具有良好的耐洗和耐晒牢度，而且用不同的金属离子处理后，可染

得不同的颜色。这类染料被称为媒介染料，这些金属化合物被称为媒染剂。在没有出现合成染料之前，媒介染料是一类很重要的染料。

一、酸性媒染染料

酸性媒染染料又称酸性媒介染料，可溶于水，能在强酸性染浴中上染蛋白质纤维。该染料本身不能与纤维牢固结合，但在纤维上和金属媒染剂作用生成络合物后，具有很高的湿处理牢度和耐光色牢度，是羊毛染色的重要染料之一。该染料主要用于散毛染色和条染，以深色为主，常用的媒染剂是重铬酸盐。由于其染色工艺较为复杂，且色泽较暗，一般很少用于蚕丝和锦纶染色。

羊毛纤维经酸性媒染染料染色后，虽然有较高的湿处理牢度和耐光色牢度，但是重铬酸钾是酸性媒染染料使用的媒染剂，染色过程中面临着严重的金属铬（主要是六价铬）废水排放问题。欧盟建立的《化学品注册、评估、许可和限制》（简称 REACH 法规）监管体系于2007 年 6 月 1 日起实施，该体系将重铬酸钾列入高风险物质名单，并对使用重铬酸钾为媒染剂的羊毛染色厂商施加巨大的压力，其在纺织品上的应用面临着前所未有的挑战。

（一）酸性媒染染料结构特点

酸性媒染染料一般具有强酸性染料的基本结构，它最主要的特征是分子中含有能与过渡金属元素形成络合物的配位基，在酸性染浴中上染蛋白质纤维或聚酰胺纤维后，能在纤维上与金属媒染剂（常用重铬酸盐）作用生成络合物。

按化学结构分，酸性媒染染料多数属于偶氮类，占总量75%左右，且主要为单偶氮染料，其次是三芳甲烷类，占 11%左右，再次是蒽醌类，占 5%左右，少数为噻嗪、噁嗪等类型的染料，其化学结构如图 5-17 所示。

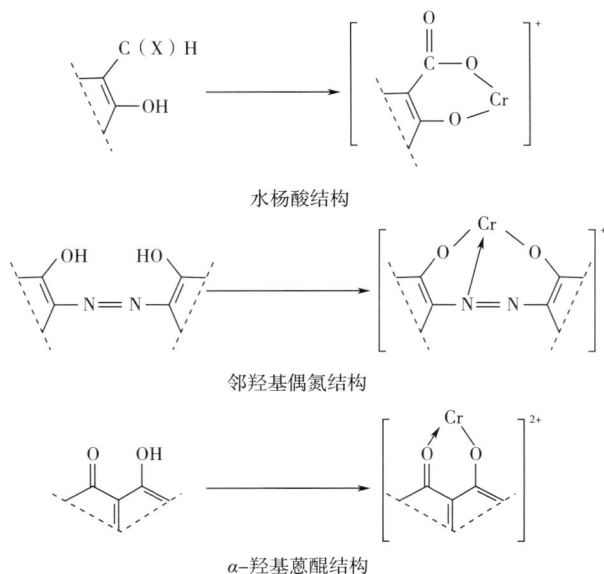

水杨酸结构

邻羟基偶氮结构

α-羟基蒽醌结构

图 5-17　水杨酸、邻羟基偶氮和 α-羟基蒽醌化学结构示意图

（二）酸性媒染染料染色原理

酸性媒染染料在酸性浴中首先借助于离子键的作用上染纤维，然后通过媒染剂产生的金属离子与纤维形成配位键结合。常用的媒染剂是重铬酸钾或重铬酸钠。

媒染过程中羊毛的二硫键与重铬酸盐发生的氧化还原反应如图 5-18 所示。一方面，羊毛纤维中的二硫键等基团被氧化；另一方面，媒染剂中的六价铬（Cr^{6+}）被还原为三价铬离子（Cr^{3+}）。

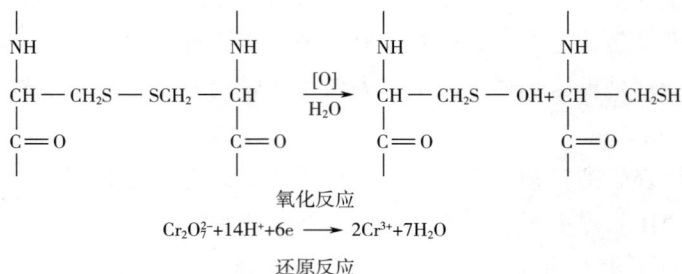

氧化反应

还原反应
$$Cr_2O_7^{2-}+14H^++6e \longrightarrow 2Cr^{3+}+7H_2O$$

图 5-18　羊毛的二硫键的氧化反应与重铬酸盐还原反应示意图

三价铬离子既能与纤维上带有配位基的染料络合，又能与纤维分子中的氨基、羧基等络合，从而形成"染料—金属离子—纤维"这种稳定的络合结构（图 5-19），并且相对分子量较大的金属络合染料与纤维之间还可形成范德瓦耳斯力，提高耐洗色牢度。

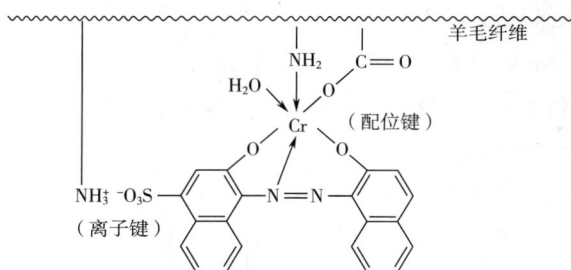

图 5-19　染料—金属离子—纤维三者之间络合结构

由于羊毛二硫键的氧化分解，强力有所下降，甚至可达到 30% 左右，为避免强力损失过大，有时使用具有还原性的甲酸等物质使重铬酸盐还原。

（三）酸性媒染染料染色工艺

酸性媒染染料可按酸性染料的染色方法染羊毛，但为了提高染色牢度，必须用重铬酸盐或其他金属盐进行媒染。媒染过程可以在染色之前、染色之后，或与染色同时进行，所以，酸性媒染染料的染色方法有预媒染色法、后媒染色法和同浴媒染法三种。

1. 预媒染色法

预媒法染色工艺流程为：预媒处理→水洗→酸性媒染染料染色→水洗。

预媒法染色时，纤维先吸附大量媒染剂，且由于金属离子与纤维的络合作用强，在染色时易调整色光。然而，染料上染纤维后立即与三价铬离子（Cr^{3+}）络合会使染料难以扩散，因此透染性和匀染性较差，而且染色过程繁复，时间长，对羊毛的损伤较大，主要适用于浅、中色和天然染料染色，目前使用较少。

2. 后媒染色法

后媒法染色工艺流程为：酸性媒染染料染色→加媒染剂处理→水洗。

后媒法染色时，先按照酸性染料的染色方法进行染色，然后在染浴中加醋酸使染料被羊毛吸尽，再加红矾等媒染剂进行媒染处理。因为染料的上染和铬媒处理是两步完成的，所以工艺路线长，耗能多，且其最终色泽要在铬媒处理后才能完全显示，从而对样及仿色较困难。但由于后媒染法染料上染率高，吸附扩散均匀，具有良好的匀染性和透染性，且染色牢度好，尤其是染浓色时，有优良的耐缩绒性和皂洗牢度，在后续的整理加工中色光变化小，所以在羊毛染色中仍然占有较大的市场份额。染色以黑色、藏青、棕等深色为主，其中60%以上用于染黑色。

（1）染色处方。

酸性媒染染料（owf）/%	x
无水硫酸钠/（g/L）	1~2
醋酸（60%）	调节 pH=4~5
匀染剂/（g/L）	0.5~1.5
浴比	1:（8~15）

（2）媒染剂处理处方。

重铬酸钾（owf）/%	0.4%~2.5%
甲酸（owf）/%	调节 pH=3.5~3.8

重铬酸钾用量一般为染料用量的25%~50%，用量太少影响络合效果，得色浅，牢度差；用量过高，羊毛损伤大，手感粗糙，污染大。

（3）后媒法染色工艺曲线。后媒法染色工艺曲线如图5-20所示。织物40℃入染，以1℃/min 快速升温至沸保温40min后加入甲酸续染15min，然后降温至70℃加入重铬酸钾，再升温至沸保温40min，然后最后逐渐降温充分清洗。为使染料尽可能吸尽、减少后媒处理时染浴中残留染料过多对环境的影响，沸染40min后如果染浴中染料较多，可追加适量甲酸、硫酸或醋酸，以提高染料的吸尽率。

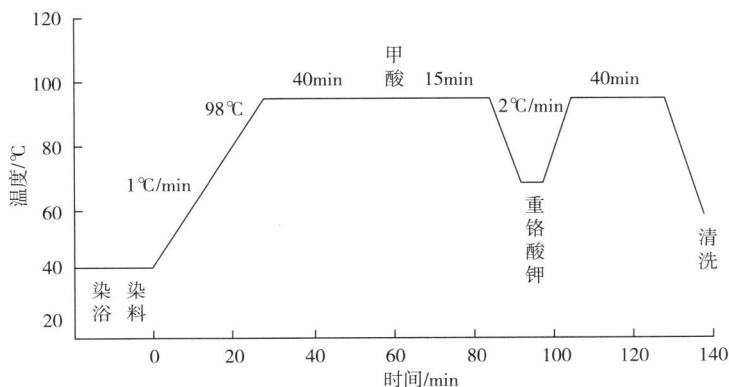

图 5-20 后媒法染色工艺曲线

3. 同浴媒染法

同浴媒染法染色是将铬媒处理和染色两个过程一浴一步完成，具有成本低、工艺路线短、操作简便、对羊毛损伤小、对样方便以及色光容易控制等优点。同浴媒染法要求染料在重铬酸盐溶液中有较好的溶解度，且两者之间不能过早络合，所以适用的染料少。而且，由于染色时 pH 较高，所以羊毛对染料的吸尽率不高，且由于染料在羊毛纤维内的扩散不充分，所以染浓色时，摩擦牢度下降，只适用于部分染料染中、浅色，使用较少。

（四）低铬媒介染料染色技术

党的二十大报告提出，我们坚持可持续发展，坚持节约优先、保护优先、自然恢复为主的方针，像保护眼睛一样保护自然和生态环境，坚定不移走生产发展、生活富裕、生态良好的文明发展道路，实现中华民族永续发展。环保和可持续发展是推动印染行业新发展的最主要驱动力，使用含有重铬酸钾和重铬酸钠等的媒介染料对羊毛染色的工厂正面临着越来越大的压力，各大服装品牌和零售商也纷纷开始关注其供应商是否使用被列入 REACH 法规的禁用产品。

目前，染料生产者和印染技术研发者都在积极寻找替代传统铬媒介染料染色的低铬或无铬染色新技术。主要有以下几个方面：

一是研究新型低铬媒染剂以替代常用的红矾钠（$Na_2Cr_2O_7 \cdot H_2O$）。这种低铬媒染剂是以三价铬（Cr^{3+}）盐为基本原料，克服了普通三价铬盐在羊毛等电点以下难以被羊毛吸附和等电点以上易生成氢氧化铬〔$Cr(OH)_3$〕沉淀的现象，从而降低对环境污染程度及对人体毒性危害。

二是研发三价铬媒染促进剂。这种助剂具有促进与染料和纤维的作用，提高三价铬的有效利用率，从而减少六价铬的投入量，降低染色残液中铬的含量，达到低铬效果。

三是开发新型羊毛专用无金属活性染料。与传统毛用活性染料相比，这类染料具有更宽广的色谱，能够达到铬媒介染料的湿处理牢度和出色的提升性。

四是对羊毛纤维进行改性。如引入阳离子基团，增加其上染率，提高染深性，并通过物理或化学的方法加以整理，达到高湿牢度效果。

二、酸性含媒染料

酸性含媒染料又称金属络合染料，是分子中已含有金属螯合结构的酸性染料，即合成时将金属离子引入染料中，所含金属离子多为铬离子，少数是钴离子。

酸性含媒染料染色时不再需要媒染处理。其色泽鲜艳度介于酸性染料和酸性媒介染料之间，优点是染色简便，具有较高的耐洗、耐晒和耐缩绒等牢度。许多酸性含媒染料是羊毛和蚕丝染色常用的染料，在锦纶染色中也有较多的应用。

（一）酸性含媒染料类型及其性能

按络合时金属离子与染料配比不同，分为 1 : 1 型和 1 : 2 型两大类。

1. 1 : 1 型酸性含媒染料

1 : 1 型酸性含媒染料又称酸性络合染料。这类染料为金属离子与邻羟基偶氮结构染料以

1∶1 比例络合的染料，染色方法与强酸性染料相似，具有优良的匀染性、较好的日晒牢度和湿处理牢度。代表性染料如酸性络合红 GRE，其化学结构如图 5-21 所示。

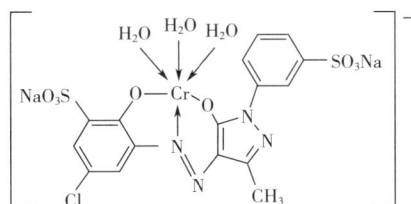

图 5-21 酸性络合红 GRE 化学结构式

为了防止在上染过程中染料中的金属离子过早与纤维上氨基形成配位键而造成染色不匀，染色时需加较多硫酸。在强酸性染浴中进行染色可使纤维上的氨基离子化，并抑制羧基的电离，从而暂时不能形成配位结构，起匀染作用。当上染完毕经水洗去除硫酸后，纤维上的氨基和离子化的羧基可与染料中的金属离子形成配位键而使染料与纤维牢固地结合在一起，最终的结合状态与酸性媒染染料相似，但络合作用不如酸性媒染染料强，且耐缩绒牢度较差。

由于这类染料需在强酸条件下染色，且为了获得良好的匀染效果而需要大量的酸，染色 pH 较低，仅适用于羊毛染色，但使用时羊毛易受到损伤，影响织物手感和光泽。

2. 1∶2 型酸性含媒染料

1∶2 型酸性含媒染料又称 1∶2 金属络合染料。这类染料为金属离子与染料分子以 1∶2 的比例络合，在弱酸性或中性条件下染色，在国产染料分类中称为中性金属络合染料，简称为中性染料。该染料大多不含磺酸基团，仅含有非离子性的亲水基团，如磺酰胺基、烷砜基及烷基磺酰胺基等，主要是含磺酸基的 1∶2 型酸性含媒染料。代表性染料如中性枣红 GRL，其化学结构式如图 5-22 所示。

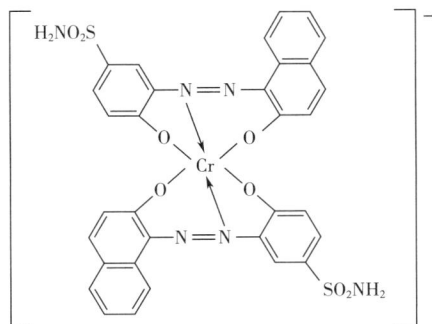

图 5-22 中性枣红 GRL 化学结构式

较 1∶1 型酸性含媒染料，1∶2 型酸性含媒染料的各项染色牢度较好，特别是耐日晒色牢度更佳。但由于染料相对分子质量大，其匀染性较差。此外，其色泽没有 1∶1 型酸性含媒染料鲜艳，色光偏暗。

　　1∶2型酸性含媒染料染蛋白质及聚酰胺纤维时，由于染料分子中的金属离子已与染料完全络合，故不能再与纤维上的供电子基形成配位键结合，其染色原理与中性浴染色的酸性染料十分相似。当染浴pH近中性时，染料与纤维间的氢键和范德瓦耳斯力起主要作用，可用于羊毛、蚕丝、锦纶、维纶等纤维的染色。

（二）酸性含媒染料染色工艺

1. 1∶1型酸性含媒染料

1∶1型酸性含媒染料对羊毛纤维及其织物的染色工艺处方及工艺曲线如下所示。

（1）染色处方。

酸性含媒染料（owf）/%	x
无水硫酸钠/（g/L）	1~2
98%浓硫酸（owf）/%	4~6（pH=2.0~2.5）
匀染剂/（g/L）	0.5~1.5
浴比	1∶（8~15）

　　（2）染色工艺曲线。1∶1型酸性含媒染料对羊毛纤维及其织物的染色工艺曲线如图5-23所示。染色从40~50℃开始，以1~2℃/min升温速率升温至沸再沸染90min（或升温至106℃保温20min），染色结束后逐渐降温至40~50℃清洗。清洗pH为4~5，加碱中和20~30min，最后清洗至中性。

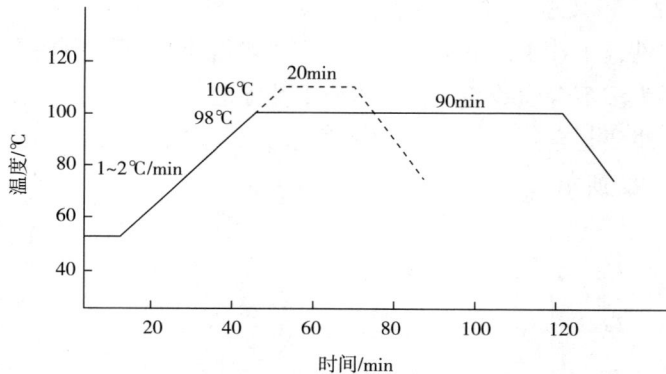

图5-23　1∶1型酸性含媒染料对羊毛纤维及其
织物的染色工艺曲线

2. 1∶2型酸性含媒染料

1∶2型酸性含媒染料对羊毛纤维及其织物的染色工艺处方及工艺曲线如下。

（1）染色处方。

酸性含媒染料（owf）/%	x
无水硫酸钠/（g/L）	1~2
60%醋酸（owf）/%	1~3（pH=4.5~6.0）
匀染剂/（g/L）	0.5~1.5
浴比	1∶（8~15）

（2）染色工艺曲线。

1：2 型酸性含媒染料对羊毛纤维及其织物的染色工艺曲线如图 5-24 所示。40~50℃开始染色，以 1~2℃/min 升温速率升温至沸再沸染 30~90min（或升温至 106℃保温 10~20min），染色结束后逐渐降温清洗。

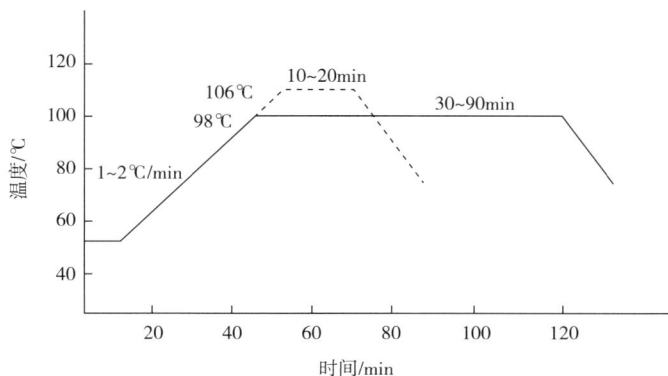

图 5-24　1：2 型酸性含媒染料对羊毛纤维及其织物的染色工艺曲线

三、酸性染料产品质量控制

（一）酸性染料、酸性媒染染料、酸性含媒染料染色常见疵病

酸性染料、酸性媒染染料、酸性含媒染料染色常见疵病及产生原因见表 5-6。

表 5-6　酸性染料、酸性媒染染料、酸性含媒染料染色常见疵病及产生原因

染色疵病	现象	产生原因
色花	表面出现不规则条状或块状色泽不匀	1. 弱酸性染料、媒染染料、1：2 型酸性含媒染料染色 pH 偏低，上染速率过快 2. 始染温度过高，初染速率过快或沸染保温时间不足，移染作用不够 3. 1：1 型酸性含媒染料染色 pH 过高，染料渗透扩散不充分，过早络合 4. 染料溶解打浆不匀，染料溶解不充分，在染浴中分布不匀 5. 弱酸性染料染色时，促染剂加得过快，或加促染剂时未关闭蒸汽并适当降温再加 6. 溶解度较低，低温时易凝聚的弱酸性染料、中性染料等，始染温度过低，染料凝聚造成色点、色斑
色差	在相同原料和染相同色号情况下，缸与缸之间产生色差	1. 每缸染色时浴比、温度、时间、助剂用量不相同 2. 部分对还原敏感的弱酸性染料染羊毛时沸染温度过高引起色光变化
耐摩擦和耐洗色牢度差	摩擦和皂洗时沾色严重	1. 染料选择不当 2. 染色时间不够，扩散不充分，表面浮色多 3. 水洗不充分 4. 酸性染料固色处理不当

（二）染色质量控制

1. 加强前道工序的质量控制

羊毛织物的洗呢或缩呢的均匀性、洗液温度、用碱量和冲洗情况等均会影响染色匀染性和重现性。此外，若坯布残留碱性高，对某些染料易造成色花。蚕丝织物脱胶精练质量也会影响染色的均匀性，可通过坯布和半成品的检验分档，根据不同的坯布和半成品状况制订合适的染色工艺。由于中性染料染色时不加酸，所以纤维上残留的碱更易造成染色疵病，因此染前织物一定要洗匀、洗净。

2. 选择合适的染料

根据不同的染色牢度要求选用染料类型。对拼色染料，要选用上染速率相近、移染性、溶解度和染浴 pH 相近的染料，以防产生色花和色差。

3. 采用适当的化料方法

对溶解度小的媒染染料、弱酸性染料以及 1∶2 型酸性含媒染料，要先用冷水打浆后再用沸水稀释，或沸煮数分钟，有时可加适量扩散剂助溶，以防化料不充分造成色点。

4. 控制染浴 pH 和加酸的方法

弱酸性染料、1∶2 型酸性含媒染料的染色 pH 不宜过低，以防染色不匀。如需提高吸尽率，可分几次加酸，逐渐降低染浴 pH。1∶1 型酸性含媒染料的染色 pH 不宜过高，以利于充分扩散，防止过早络合。

5. 严格控制染色温度

对上染速率较快的染料宜采用较低的始染温度均匀上染；对易凝聚的弱酸性染料和中性染料始染温度不宜过低，以防染料凝聚。染色时要控制升温速率，避免上染速率过快，且要保证足够的保温时间，使染料充分扩散和移染，提高匀染性和染色牢度。

6. 严格按工艺规程操作

要按各类染料的工艺规定进行操作，染化料的加料顺序、织物的缝头、卷绕和堆置方式和时间、设备的清洁、水质要求等各方面都要严格要求，才可保证染色质量的稳定。

【实践操作】

实践操作一　羊毛面料防缩水整理

· 典型案例

某一印染企业生产了两批不同花型羊毛材质的西服面料，定型预缩完成后对织物进行物理测试，发现 3 次水洗后织物纬向缩水分别达到 -8.54% 和 -9.20%，无法满足客户 -3%~0 的要求（表 5-7）。

表 5-7　不同花型羊毛面料物理指标测试结果

品名	组织规格	整理方式	幅宽/英寸①	密度/（根/英寸）	克重/（g/m²）	3 次缩水率/%	弹性伸长率/%	弹性回复率/%
YDS06-09735	W100/2×W100/2 160×90	普通整理	48.7	159×91	202	0/−8.54	20.6	4.3
YDQ06-00162	W100/2×W100/2 160×90	普通整理	49.7	159×93	205	0/−9.20	29.5	7

①1 英寸 = 2.54cm。

· **任务描述**

两种不同品名的面料，整理方式均为普通整理，组织规格也相似。通过案例可以发现，3 次水洗后织物经向缩水控制较好，但纬向缩水明显偏大。织物弹性伸长和弹性回复性能优异。请根据表 5-7 数据和所学知识，分析羊毛面料缩水可能的原因，并提出解决办法。

· **方案设计**

应包括实验工艺处方、具体工艺条件以及整理织物的大小等。实验室现有助剂、材料及检测设备，以及所需具备的知识和技能见表 5-8。

表 5-8　实验所需试剂、仪器及应知应会

主要试剂	阳离子硅油、爱芙舒 SNY（非离子微乳化硅油）和爱芙舒 PEN（非离子聚乙烯类）、树脂整理剂 FM、防毡缩整理剂 PLS、渗透剂、醋酸、皂粉等
主要仪器	电子天平、焙烘定型小样机、小轧车、量筒（50mL）、烧杯（250mL）、刻度吸管（10mL）、硬挺度测试仪、缩水率测试仪、毡缩测试仪等
应知应会	羊毛的结构特征及毡缩原因、羊毛防毡缩整理的原理、羊毛生物酶防毡缩的方法与工艺等

· **实践操作**（根据方案设计，撰写操作步骤及注意事项）

· **结果与讨论**

实验原始数据及结果记录于表 5-9 中。

表 5-9　实验原始数据及结果

序号	主要助剂名称及用量			毡缩率/%	缩水率/%
1					
2					
3					
⋮					

· **任务评价**

按表 5-10 中各项指标对该任务进行评价。

表 5-10　羊毛面料防缩水整理任务评价表

项目	指标	要求	分值	自我评价	教师评价
准备工作	面料分析	能够准确分析织物规格	5		
	测试标准	选择准确的国标方法	5		
	原因分析	精准判断面料缩水主要原因	10		
过程	操作步骤	准确且条理清晰	10		
	实践器材	规范使用	5		
	试剂	能阐述其作用，并精准量取	5		
结果	原始记录单	报告完整	10		
	数据记录	规范、清晰	10		
	结论	准确、合理	20		
职业素养	态度	遵守课堂纪律、学习积极	10		
	团队合作	能相互配合，顺利完成任务	5		
	7S	台面清洁无杂物、规范等	5		

实践操作二　　羊毛针织物酸性染料染色疵病分析

· **典型案例**

某印染企业生产了一批羊毛针织衫面料，起初觉得颜色上染过快，于是便决定在染色过程中加入了元明粉缓染，但发现颜色越染越深，且布面色花更为严重，此时测得溶液 pH 为 6.32。

· **任务描述**

以小组为单位，根据酸性染料染羊毛机理，分析羊毛面料色花现象可能产生的原因，并提出解决办法。尤其要关注不同等电点下酸性染料上染羊毛的机理，以及中性盐的作用。

· **方案设计**

应包括实验工艺处方、具体工艺条件以及染色织物的大小等。实验室现有助剂、材料及检测设备，以及所需具备的知识和技能见表 5-11。

表 5-11 实验所需试剂、仪器及应知应会

主要试剂	酸性染料、元明粉、渗透剂、醋酸、草酸、皂粉等
主要仪器	电子天平、红外线染色、量筒（50mL）、烧杯（250mL）、刻度吸管（2mL、5mL、10mL）、容量瓶（100mL、250mL）、测色配色仪等
应知应会	酸性染料性质、酸性染料羊毛染色机理、蛋白质两性性质、等电点、盐效应等

· **实践操作**（根据方案设计，撰写操作步骤及注意事项）

· **结果与讨论**

实验原始数据及结果记录于表 5-12 中。

表 5-12 实验原始数据及结果

序号	主要助剂名称及用量				上染率/%	匀染性
1						
2						
3						
⋮						

· **任务评价**

按表 5-13 中各项指标对该任务进行评价。

表 5-13 羊毛针织物酸性染料染色疵病分析中各项指标对该任务进行评价

项目	指标	要求	分值	自我评价	教师评价
准备工作	助剂准备	能够准确选择相关助剂	5		
	测试标准	选择准确的国标方法	5		
	原因分析	精准判断面料色花主要原因	10		
过程	操作步骤	准确且条理清晰	10		
	实践器材	规范使用	5		
	试剂	能阐述其作用，并精准量取	5		
结果	原始记录单	报告完整	10		
	数据记录	规范、清晰	10		
	结论	准确、合理	20		
职业素养	态度	遵守课堂纪律、学习积极	10		
	团队合作	能相互配合，顺利完成任务	5		
	7S	台面清洁无杂物、规范等	5		

【技能训练】

技能训练一 桑蚕丝织物酸性染料染色

一、实验原理

酸性染料分子结构相对简单，可溶解于水中，与蛋白质纤维间的主要以离子键、氢键和范德瓦耳斯力结合。脱胶后蚕丝织物酸性染料染色时，染浴 pH 在纤维等电点以下时纤维带正电荷，染料主要以静电引力上染，加入电解质起缓染作用；染浴 pH 在纤维等电点以上时，纤维带负电荷，染料主要以氢键和范德瓦耳斯力上染，加入电解质起促染作用。

5-5 桑蚕丝织物酸性染料染色实验

二、实验目的

知道酸及电解质在酸性染料染色中的作用，学会蚕丝织物酸性染料染色方法。

三、仪器及染化料

（1）仪器设备：烧杯，量筒，常温染色小样机、天平、pH 试纸等。

（2）染化药品：冰醋酸、酸性橙Ⅱ、无水硫酸钠等。

（3）实验材料：脱胶蚕丝织物。

四、实验方案

蚕丝织物酸性橙Ⅱ染色工艺处方见表 5-14，染色工艺曲线如图 5-25 所示。

表 5-14 蚕丝织物酸性橙Ⅱ染色工艺处方

工艺处方	1#	2#
酸性橙Ⅱ（owf）/%	2	2
冰醋酸/（mL/L）	5	0
无水硫酸钠/（g/L）	10	10
布重	2g	
浴比	1∶100	

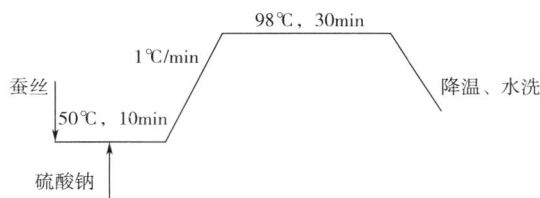

图 5-25 蚕丝织物酸性橙 Ⅱ 染色工艺曲线

五、实验步骤

（1）按处方分别配制 2 个染浴，用 pH 试纸测定各染液的 pH 并置于染色机中加热至 50℃。酸性橙母液浓度 5g/L。

（2）把事先用温水润湿并挤干的丝绸分别投入 2 个不同染浴，按工艺曲线染色。

（3）染完取出，热水洗一遍，冷水洗两遍，80℃烘干。

六、结果与讨论

（1）将试样粘贴于表 5-15 中，比较其得色浓淡及匀染情况。

表 5-15 实验结果记录表

结果	1#	2#
pH		
贴样		

（2）分析电解质及酸在染色中作用。

技能训练二 蚕丝织物草木染

5-6 桑蚕丝织物草木染实验

一、实验原理

草木染，也称"植物染色""天然染色"。是利用草本植物中提取染料对纺织品进行染色的一种方法。由于天然染料与纤维之间结合力较弱，所以染色织物牢度较差，可加入媒染剂提高染色牢度。

二、实验目的

理解草木染染色原理，知道媒染剂的作用，学会石榴皮、茜草等植物染料染液的制备方法，掌握织物草木染染色方法。

三、仪器与染化料

（1）仪器与设备：恒温水浴锅、不锈钢染杯、天平、熨斗、剪刀、玻璃棒、量筒、称量纸、滤纸等。

（2）材料：羊毛织物或者脱胶蚕丝织物。

（3）染化料：石榴皮、茜草、明矾、绿矾等。

四、实验方案

蚕丝织物草木染工艺处方见表 5-16。染色工艺曲线如图 5-26 所示。

表 5-16　蚕丝织物草木染工艺处方

工艺处方	1#	2#
石榴皮/g	5~10	5~10
媒染剂/（g/L）	20~40（明矾）	20~40（绿矾）
布重	2g	
浴比	1：100	

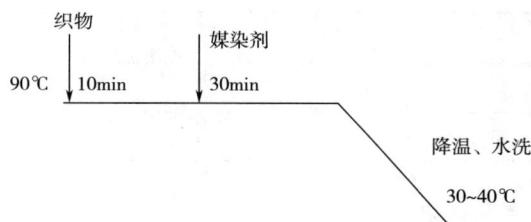

图 5-26　蚕丝织物草木染染色工艺曲线

五、实验步骤

（1）植物染液准备：称取 5g 天然植物（如石榴皮、茜草等）用剪刀剪碎，放入染杯中，加入约 200mL 自来水，在 90℃水浴锅中浸泡约 30min 制备天然植物染液。过滤去除固体留下有色透明染液，此时染液为浓郁棕色或者深红色。

（2）织物的准备工作。将织物裁剪为 2g。染色前织物经充分润湿。另外，在天平上称取规定重量的媒染剂，放置待用。

（3）染色。将润湿后的织物取出，放入植物染液中进行染色，玻璃棒搅拌让织物完全浸泡在染液中。染色过程中用玻璃棒搅拌染液，让织物在染液中保持运动。染色 10min 后，加入提前称量好的媒染剂至染液中，玻璃棒搅拌充分溶解，继续染色 30min。染色结束后进行充分水洗。

（4）水洗结束后取出织物，烘箱烘干或者低温熨斗烫干。

六、结果与讨论

（1）草木染实验中加入媒染剂的作用是什么？两种媒染剂对织物色泽的影响如何？

（2）贴样，观察织物匀染性。

【思考题】

1. 根据染料的应用，酸性染料分为哪几类？简述每类染料的结构及应用特点。

2. 简述酸性染料对羊毛纤维及其织物的染色机理。

3. 简述染浴 pH 对酸性染料染色性能的影响，并说明中性电解质在不同 pH 条件下的作用。

4. 蚕丝织物为什么常用弱酸性染料和中性染料染色？设计酸性染料对蚕丝织物的染色工艺处方及染色工艺曲线。

5. 酸性络合染料染色时对染液 pH 有何要求？简述其原因，在染色过程中应如何调节？

6. 简述酸性络合染料和中性染料的染色原理，说明两者在染色条件和性能上的不同。

项目六　合成纤维染色

【学习目标】

知识目标：

1. 了解涤纶、锦纶和腈纶的化学结构特点，清楚分散染料的主要性能特点。

2. 知晓分散染料的应用分类，掌握分散染料高温高压染色法、热熔染色法及载体染色法的染色机理，明白分散染料高温高压染色及热熔染色工艺处方及工艺曲线涵义，理解酸的作用。

3. 掌握纤维饱和值、染料染色饱和值、饱和系数以及配伍性的概念及内涵，清楚阳离子染料的结构分类，掌握阳离子染料对腈纶的染色机理。

4. 了解阳离子染料染色不匀的主要原因及解决措施，掌握腈纶阳离子染料浸染方法，理解中性电解质的作用。

能力目标：

1. 会根据工艺处方计算染化料及助剂用量。通过饱和系数计算阳离子染料工艺处方合理性。

2. 根据工艺处方和工艺曲线，实施并完成分散染料、阳离子染料对合成纤维的染色。

3. 结合信息化手段评价染色质量，分析染色疵点成因。

思政目标：

1. 培养学生规范操作、精益求精的匠心意识。

2. 培养学生科技创新意识和可持续发展理念。

3. 培养学生明辨是非的能力与职业道德的理念。

情感目标：

1. 培养学生团队协作与沟通能力。

2. 培养学生终身学习能力。

3. 培养学生非遗传承意识。

【学习任务】

20 世纪初，法国化学家奥斯卡·奥塞尔发现了尼龙人造丝，随后一大批新型合成纤维被开发出来。**党的二十大报告指出，要推动战略性新兴产业融合集群发展，构建新一代信息技术、人工智能、生物技术、新能源、新材料、高端装备、绿色环保等一批新的增长引擎。**纺织新材料是纺织现代化产业体系的重要支撑，是推进新型工业化、加快形成新质生产力的重要引擎。当前，纺织纤维新材料正朝着高性能、多功能、绿色低碳、智能化及高附加值方向奋进。常用于纺织面料的合成纤维主要有涤纶、锦纶、腈纶和氨纶，还有一些新型合成纤维（如聚乳酸纤维、舒弹纶®、泰纶®等）。合成纤维及其混纺织物主要使用分散染料染色，因被染织物品种多样，其染色工艺也不尽相同。

任务一　合成纤维及其染前准备

一、涤纶

涤纶，即聚对苯二甲酸乙二醇酯（polyethylene terephthalate，PET），是在 1941 年由英国科学家用对苯二甲酸和乙二醇进行缩聚反应而制得的一类高分子聚合物纤维。这种纤维具有优良的纺织性能，在 20 世纪 70 年代成功开发出涤纶并投入市场。涤纶的生产过程如图 6-1 所示。

对苯二甲酸+乙二醇 —缩聚→ 聚酯树脂（PET）—熔融纺丝→ 初生纤维 —集束、拉伸→ 涤纶长丝 —卷曲、干燥定型、切断→ 涤纶

图 6-1　涤纶的生产过程示意图

涤纶是发展较晚的一种合成纤维，具有断裂强度和弹性模量高、耐磨、耐酸碱、耐热、耐光性好、不易霉蛀以及优良的洗可穿等特性，虽然存在吸湿性低、易产生静电、易起球等缺点，但是近半个世纪以来发展很快，已成为合成纤维中发展最快、产量最高的品种之一。涤纶大分子的化学组成为聚对苯二酸乙二醇酯，其化学分子式如图 6-2 所示。

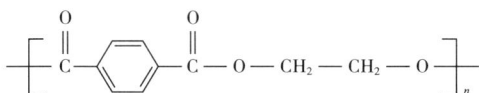

图 6-2　涤纶化学分子式示意图

涤纶化学结构中大分子链上除了两端含有羟基（—OH）外，不含亲水性基团，所以其吸湿性差，是疏水性纤维的代表。涤纶大分子为线性分子，没有大的侧基和支链，纤维结晶度高、分子排列紧密、分子间孔隙小，具有较高的断裂强度和尺寸稳定性。涤纶是热塑性纤维，其玻璃化温度在 68~81℃之间，软化点温度为 230~240℃。涤纶在玻璃化温度以下时，由于纤维结构紧密以及结晶度高，水分子无法进入纤维内部，染色也无法进行；在玻璃化温度以上时，纤维无定型区内纤维大分子链运动加剧，分子间空隙增大，为染料进入纤维提供可能，此时染料在水分子的作用下扩散进入纤维，上染速率显著提高。在水体系中，若没有载体作用，分散染料需要在 120~140℃的高温下上染涤纶；在干热条件下，分散染料在 180~210℃才能上染涤纶；温度高于软化点温度之后，涤纶无定型区分子链运动加剧，分子间作用力被拆散，结晶区的链段仍有保留，纤维发生软化而未熔融。所以在涤纶染整加工中需注意，温度必须控制在软化点温度以下。

二、锦纶

锦纶，学名为聚酰胺纤维（polyamide，PA）是合成纤维的主要品种之一，它的大分子链上含有酰胺键（—CONH—）。锦纶是世界上最早实现工业化生产的合成纤维，20 世纪 30 年代美国杜邦（DuPont）公司最先研发生产，具有耐磨性好、强度高、回弹性好、耐磨防蛀等特性，已广泛应用于纺织、汽车、电子电气、交通运输等领域。锦纶也称为尼龙，纺织工业中最常用的是锦纶 6 和锦纶 66。由己二酸和己二胺缩聚产物为锦纶 66，又称尼龙 66；用己内酰胺合成的聚己内酰胺为锦纶 6，也称尼龙 6，两者的产量约占聚酰胺纤维的 18%。目前已经开发了很多锦纶品种，如锦纶 11、锦纶 610、锦纶 1010、锦纶 46 等；芳香族的芳纶 1414、芳纶 1313、聚酰胺 6T 等；以生物基为原料的有锦纶 56、锦纶 46 等。目前应用最广的仍是锦纶 6 和锦纶 66。

锦纶与涤纶同样都属于疏水性纤维，因其分子结构中含有极性的酰胺基团，所以吸湿性比涤纶略高，但酰胺基团在锦纶分子中含量有限且并不是一个亲水性很强的基团，所以锦纶的吸湿性也有限。锦纶有一定的吸湿性，吸湿后会引起纤维膨化，故在合成纤维中属于较易染色的品种。锦纶可用分散染料染色，其染色机理与涤纶相似，温度高于纤维玻璃化温度，分散染料才能上染纤维。锦纶的玻璃化温度比涤纶低，锦纶 6 的玻璃化温度一般为 30~50℃，锦纶 66 的玻璃化温度在 47~50℃ 之间，所以锦纶比涤纶易染色，可在常压条件下进行。同时，锦纶大分子中的酰胺键与蛋白质纤维中肽键结构相同，大分子链末端含有羧基和氨基，故也可用酸性染料染色。

三、腈纶

腈纶，即聚丙烯腈纤维（polyacrylonitrile fiber），通常是由 85% 以上的丙烯腈和其他单体的共聚物组成。腈纶是合成纤维的主要品种之一，产量仅次于涤纶和锦纶。腈纶具有质轻、保暖、弹性高、耐霉、耐菌等特性，在我国是仿毛的主要纺织材料。

为了改善腈纶的纺丝性能、机械性能和染色性能，常在聚合时以丙烯腈为主，加入其他单体与之共聚。国内生产的腈纶基本是由三种单体共聚而得：第一单体为丙烯腈，它是腈纶的主体；第二单体通常是含酯基的乙烯基，可改善纤维的手感和弹性；第三单体是染色单体，为纤维提供染色基团，改善纤维的染色性能及亲水性。

腈纶与涤纶、锦纶同样都属于热塑性纤维。腈纶的吸湿性较差，在温度 20℃、相对湿度 65% 的标准状态下，腈纶的吸湿率为 1.0%~2.5%。加入第二、第三单体后，在纤维中引入带有亲水性的羧酸钠（—COONa）和磺酸钠基团（—SO$_3$Na），纤维的吸湿性明显改善。腈纶一般用阳离子染料染色，纤维中引入第三单体可为染料提供"染座"，改善纤维对染料的亲和力，大大提高染料与纤维的结合能力。

四、其他合成纤维

（一）生物基合成纤维

1. 聚乳酸纤维

聚乳酸（polylactic acid，PLA）纤维最早出现在 20 世纪 30 年代，但是由于生产工艺复杂，成本较高，仅作为医用材料使用。聚乳酸纤维以天然植物如玉米、甜菜等所提取的淀粉为基本原料，糖化后制得葡萄糖，再经过菌种作用转化为乳酸，乳酸单体通过缩聚制成一定相对分子量的聚乳酸，其化学分子式如图6-3所示。聚乳酸纤维很好地缓解了合成纤维生产原料对石油等不可再生资源的依赖性，同时还具有良好的生物相容性及优良的悬垂性、吸湿性、透气性、滑爽性等性能，已被广泛地运用于医用材料、家纺服用材料以及包装材料等领域。聚乳酸纤维可完全生物降解为二氧化碳和水，再经过植物的光合作用后又可合成生产PLA的基本原料，从而实现洁净和可再生碳循环，与党的二十大报告中提到的"我们坚持可持续发展，坚持节约优先、保护优先、自然恢复为主的方针"相吻合。

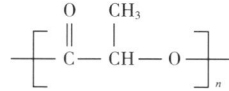

图6-3 聚乳酸纤维化学分子式示意图

聚乳酸纤维兼具合成纤维和天然纤维的特性。由表6-1可知，聚乳酸纤维密度介于涤纶和锦纶之间，断裂强度略低于涤纶和锦纶，而断裂伸长率却较涤纶大。另外，聚乳酸纤维初始模量比涤纶小，与锦纶相近。由聚乳酸纤维制成的纺织面料强力较好，手感柔软，延伸性好，具有优良的悬垂性与回弹性。由于聚乳酸纤维纵向表面具有细小沟槽，可产生芯吸效应，由此纤维制成的纺织面料具有良好的导湿排汗性，可用于贴身衣物或家用纺织品等。聚乳酸纤维还具有良好的阻燃性能，研究表明，其LOI可达26%，自熄时间短，且发烟量小，也可适用于公共场合如酒店、会场等对阻燃有一定要求的家纺产品。聚乳酸纤维作为一种热塑性纤维，一般可用分散染料染色，其染色机理与涤纶相似，但是聚乳酸纤维玻璃化温度较低，其他性能与涤纶和锦纶6相似，可在常压条件下染色。

表6-1 聚乳酸纤维与合成纤维及天然纤维力学性能对比

纤维特性	聚乳酸（PLA）	锦纶	黏胶	棉	绢丝	羊毛
相对密度	1.25	1.14	1.52	1.52	1.34	1.31
T_g/℃	55~60	90	—	—	—	—
T_m/℃	130~175	215	没有	没有	没有	没有
强力/（g/旦）	2.0~6.0	5.5	2.5	4.0	4.0	1.6
回潮率/%	0.4~0.6	4.1	11	7.5	10	14~18
回弹率（5%延伸率）/%	93	89	32	52	52	69

2. 舒弹纶®

舒弹纶®（SUSTENS®）是由上海海凯生物材料有限公司与美国杜邦公司共同打造的纤维材料品牌，其主要是成分为生物基聚酯弹性复合纤维，拥有天然的三维螺旋卷曲结构，可赋予填充产品持久、良好的弹性。

资料显示，相比普通涤纶中空纤维，舒弹纶®拥有特殊的天然三维螺旋卷曲结构和柔软饱满的手感（图6-4）其特殊的卷曲结构形成高蓬松性可容纳更多的静止空气，使得空气不易形成热对流，从而减少热量损失，具有持久的保暖效果。同样的结构同时也带来了优异的恢复性能，使纤维及其混纺面料耐用、尺寸稳定，如图 6-5 所示。舒弹纶®可与多类型短纤维混纺，如棉、黏胶、莱赛尔、涤纶、蚕丝、亚麻、羊毛等，其产品可应用于内衣、牛仔、家居服、衬衫、裤装、毛衫、T 恤以及袜子等多种服装领域。

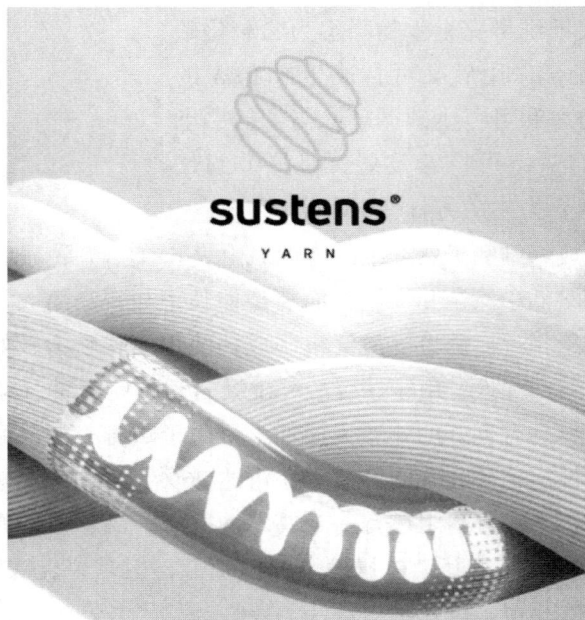

图 6-4　舒弹纶®纱线三维螺旋卷曲结构示意图

3. 泰纶®

泰纶®（英文名称 TERRYL®）是上海凯赛生物技术股份有限公司面向纺织领域推出的生物基聚酰胺纤维材料品牌，主要以生物基戊二胺和不同的二元酸聚合而成，生物基含量高达 47%~100%。相比较于传统聚酰胺纤维，泰纶®纤维具有优异的吸湿性能，公定回潮率为 5%~6%，接近于棉。其较高的吸湿性不仅降低了后道织造中的静电现象，同时也提高了织物的亲肤性，这使其在吸湿透气、抗静电等方面均优于其他合成纤维。另外，泰纶®纤维还具有低温易染、耐候耐磨及阻燃等性能。泰纶®纤维可用酸性或活性染料染色，染色牢度可达到 4 级及以上。相比于传统聚酰胺纤维，相同上染百分率下泰纶®染料的使用量最少，上色更深；泰纶®纤维材料的极限氧指数可达到 28% 以上，属于难燃性纤维。

（二）超细纤维

超细纤维最早出现在 20 世纪 70 年代的日本，一般是指单丝线密度在 0.55dtex 以下的纤维。目前，我国将单丝线密度在 1dtex 左右的纤维称为细旦纤维，0.5~1dtex 的纤维称为微细纤维，小于 0.3dtex 的纤维称为超细纤维。超细纤维主要品种有涤纶、丙纶、锦纶、腈纶及黏胶纤维等，可用于制造高吸水性材料、清洁材料、高密度防水透气织物等，如干发巾、擦

洗涤后的尺寸稳定性（洗涤10次后）

SUSTENS®/棉

聚氨酯/棉

用烘干机烘干后的尺寸稳定性（烘干5次后）

SUSTENS®/棉

聚氨酯/棉

图6-5　舒弹纶®/棉与聚氨酯/棉混纺产品尺寸稳定性实验演示图

镜布、风衣、雨衣及帐篷等。

由于超细纤维的线密度极小，比表面积极大，所以超细纤维及其制品具有手感柔软、光泽柔和的特点。此外，由于超细纤维固有的特性，使其加工难度较大，生产成本较高。采用超细纤维制造的纺织品，其织造、染色、后整理工艺不同于普通合成纤维织物。常见的超细纤维可应用于以下几个方面：

1. 高吸水性材料

超细纤维比表面积较大，纤维上可形成数量较多、尺寸较小的毛细孔洞，因此具有高吸水、高导湿性能。用这种纤维织成的纺织面料可以吸收和储存较多的液体，适用于制作高吸水毛巾及卫生用品。

2. 洁净吸污材料

由超细纤维制成的"百洁布"清洁能力强大，其较大的表面积可容纳更多的污物，较软的绒毛不会损伤被擦拭的物体，除污既快又彻底，且不会掉毛，洗涤后还可重复使用，可广泛应用于精密机械、光学仪器、微电子、无尘室及厨房用品。

3. 防水透气材料

由于超细纤维的特殊结构，细度非常低，在织物中经纬丝更易被挤压变形而相互贴紧，故可用于制造高密度结构织物，经收缩处理后可得到无须涂层的防水透气织物。穿着这种织物制成的服装舒适、透气，兼具防水效果，可用于制作运动服、休闲服、风衣、雨衣、鞋靴面料、帐篷等。

五、染色前准备

涤纶在纺丝过程中需要添加油剂来改善纤维的抗静电性、抱合性和集束性，但油剂的存在会影响纤维及其制品的染色质量，所以染色前必须去除。另外，涤纶织物的前处理和碱减量工艺通常在碱性条件下进行，而分散染料染色需在酸性至中性条件下完成。前处理过程中未洗净的浆料、油剂以及其他分解产物在酸性染浴中会导致染色疵病的产生，所以涤纶等合成纤维在染色前一般要进行除油和精炼处理，充分去除纤维上的油污、浆料及杂质等，提高产品的染色质量。除油处理可采用除油剂 1~2g/L 或纯碱 2g/L 加皂粉 2g/L，80~90℃浸渍处理 20~40min，再经充分水洗。

任务二　分散染料染色

分散染料是一类水溶性很低的非离子型染料，染色时依靠分散剂的作用以微小颗粒状均匀分散在染液中，故被称为分散染料。该染料分子结构简单，不含磺酸盐等水溶性基团，但含有氨基、羟基、偶氮基等极性基团。20 世纪 20 年代，分散染料最早应用于醋酯纤维等疏水性纤维的染色，曾被称为醋纤染料。到 20 世纪 50 年代，随着聚酯纤维、聚酰胺纤维以及聚丙烯腈纤维等一批新型合成纤维的出现，分散染料应用其中，才被称为分散染料。随着合成纤维的发展，分散染料也迅速发展，目前分散染料已成为色谱齐全、品种繁多、性能优良、用途广泛的一大类染料，是合成纤维，特别是聚酯纤维（涤纶）染色和印花的主要染料品种。

一、分散染料的分类

分散染料按照应用性能分类较为普遍，但目前缺少统一的标准，各染料厂商都有自己的一套分类标准，通常以染料尾注前加注字母来表示。以分散染料上染性能以及升华牢度的不同，国产分散染料通常分为三类：高温型（S 型或 H 型）、中温型（SE 型或 M 型）和低温型（E 型），见表 6-2。

表 6-2　国产分散染料应用分类

类型	高温型（S 型）	中温型（SE 型）	低温型（E 型）
分子大小	大	中	小
升华牢度	—	—	低
移染性	较差	中	快
扩散性能	慢	中	快
热熔染色/℃	220~220	190~205	180~195

续表

类型	高温型（S 型）	中温型（SE 型）	低温型（E 型）
高温染色/℃	130	120~130	120~125
色泽选用范围	浓色	中浓色	淡中色

（一）高温型分散染料

高温型分散染料（S 型），其分子结构大，扩散慢，耐升华色牢度、耐皂洗色牢度好，但匀染性及扩散性能欠佳，需要在高温条件下染色，多用于热熔染色和高温高压染色，不适合载体染色工艺。

（二）中温型分散染料

中温型分散染料（SE 型），其分子结构中等，扩散速率和耐升华色牢度介于高温型和低温型染料之间，适合于高温高压染色和热熔染色（190~205℃）。热熔染色温度略低，也可用于载体染色。

（三）低温型分散染料

低温型分散染料（E 型），其分子结构简单，扩散性和匀染性好，耐升华色牢度低，适合间歇式染色工艺、载体染色法或高温高压染色法。其不能用于热熔染色工艺，否则会导致固色率降低，易沾污设备。

近年来随着纤维品种的发展和染色工艺的不断进步，在这些传统分类的基础上筛选了适合新纤维或新工艺的分散染料，有专门的分类及名称，如碱性可染分散染料、超细旦纤维分散染料、快速染色分散染料等，在选用染料时应注意区别。

二、分散染料的主要性能

分散染料色泽鲜艳，匀染性、遮盖性较好；高温热处理时会升华；遇到氧化氮等气体时易产生"烟气褪色"现象。这些染色性能都与分散染料的结构与性能密切相关。

6-1 分散染料的
结构及性能

（一）溶解性

分散染料结构中不含水溶性基团，在水中溶解度很低，室温时溶解度为 0.1~10mg/L。市售的分散染料商品中已含有大量的分散剂等助剂，但染色时染浴中还要加入适量的分散剂。借助分散剂的作用，染料以微小颗粒状分散在溶液中，多数以染料晶体形式存在，部分以胶束状染料和聚集态染料形式存在，同时还存在极少量的溶解染料分子。

分散剂可以提高分散染料的溶解度，但分散染料在水中的溶解度过大反而造成涤纶不易着色，所以在染浴中添加一些助剂提高染料的溶解度可以起到缓染甚至剥色的作用。分散染料的溶解度随着温度的升高而增加，超过 100℃ 以后更为明显，所以分散染料染浴温度应控制在 45℃ 以内。

分散染料的溶解度与染料分子的相对分子量大小、极性基团的性质和数量、染料颗粒大小以及分散剂种类与用量有关。商品化的分散染料的颗粒大多数在 0.1~1.0μm 之间，颗粒

小、晶格结构不稳定的分散染料溶解度较大，而颗粒大、晶格结构稳定的分散染料溶解度较小。

（二）稳定性

在高温碱性条件下，分散染料中的一些基团会发生水解、还原反应，造成染料结构破坏，产生色浅、色萎等疵病。

1. 水解

分散染料结构中的酰氨基、酯基、氰基等基团，在高温和碱性条件下会发生水解反应，引起染料的色光变化、上染百分变化，其反应式如下：

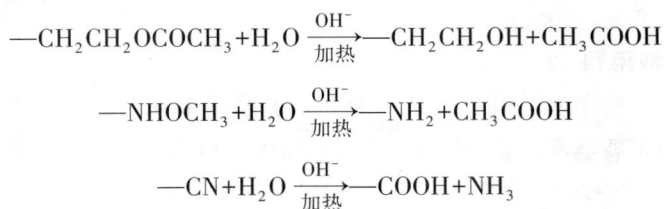

$$—CH_2CH_2OCOCH_3 + H_2O \xrightarrow[\text{加热}]{OH^-} —CH_2CH_2OH + CH_3COOH$$

$$—NHOCH_3 + H_2O \xrightarrow[\text{加热}]{OH^-} —NH_2 + CH_3COOH$$

$$—CN + H_2O \xrightarrow[\text{加热}]{OH^-} —COOH + NH_3$$

2. 羟基和氨基的离子化

分散染料结构中的羟基在高温碱性条件下发生离子化反应，染料的亲水性增加，上染百分率降低，故分散染料染浴 pH 不宜太高，其反应式如下：

$$D—OH + OH^- \longrightarrow D—O^- + H_2O$$

分散染料结构中的氨基，在高温及酸性条件下也会发生离子化反应，使得上染百分率降低，色光变化，其反应式如下：

$$—NH_2 + H^+ \longrightarrow —N^+H_3$$

由此可见，分散染料染浴的 pH 会直接影响染色织物的染色性能以及色光。分散染料染色时，染浴 pH 应控制在 5~6，此条件下染色制品颜色鲜艳，上染百分率较高。

3. 还原分解

分散染料分子结构中的偶氮基和硝基容易被还原，造成染料在被还原成胺类化合物而无法上染涤纶。一些含有硫酸盐的分散剂、纤维上残留的浆料以及纤维素纤维等都具有还原剂的作用，进而在酸性染浴中染料更易被还原，所以可在染浴中添加一些温和的氧化剂（例如间硝基苯碳酸钠），防止染料还原分解的发生，其反应式如下：

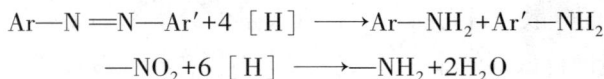

$$Ar—N=N—Ar' + 4[H] \longrightarrow Ar—NH_2 + Ar'—NH_2$$

$$—NO_2 + 6[H] \longrightarrow —NH_2 + 2H_2O$$

（三）染色牢度

分散染料染色的纺织品在高温干热、光照日晒以及遭遇氧化氮气体时，在一定条件下分散染料的结构会发生变化，产生色变、色浅等染色疵病。

1. 耐升华色牢度

耐升华色牢度是分散染料特有的评价指标。升华是指固态物质不经液态直接转变成气态的现象。而染料的耐升华色牢度就是指染色织物经一定条件的高温热处理后的褪色和沾色情况。

分散染料是一种非离子型染料，分子结构小且简单，含极性基团少，染料分子间作用力以及染料分子与纤维大分子间作用力也较弱，受热容易升华。很多分散染料在温度达到160℃就会出现升华，所以用这些分散染料染色的纺织品在受到高温焙烘、热熔固着、熨烫等高温干热处理时，易产生升华现象导致得色量降低或沾染白地，同时染料蒸气也会沾污高温热处理设备。所以须选择耐升华色牢度好的高温型分散染料。

分散染料的耐升华色牢度主要与染料的相对分子质量以及分子极性大小有关。一般来说，染料相对分子质量越大、分子中极性基团数量越多、染料分子的极性越大，耐升华色牢度就越好。但是染料分子中极性基团过多、极性过强时，织物不仅难以获得所需的色泽，而且会改变染料的染色性能，降低对涤纶等疏水性纤维的亲和力；而增加染料的相对分子质量会降低染料的上染速率，使染料需要在更高的温度下染色。因此，要提高染色织物的耐升华色牢度应通过提高染料在纤维上的均匀分布、改善染透的方式来实现。

2. 耐日晒色牢度

分散染料在涤纶上的耐日晒色牢度一般较好。偶氮类分散染料在涤纶上的耐日晒色牢度一般属于光氧化反应，在染料分子结构中引入供电子基团，使偶氮基团上氮原子的电子云密度增大，易产生光氧化反应，造成耐日晒色牢度降低；在染料分子结构中引入吸电子基团，使偶氮基团上氮原子的电子云密度降低，可减少光氧化反应的产生，耐日晒色牢度则会提高。

染料分子结构中引入极性基团时，耐升华色牢度提高，但耐日晒色牢度会降低，应综合考虑并合理地选择分散染料。

3. 耐氧化氮气体色牢度

耐氧化氮气体色牢度主要针对含氨基蒽醌类结构的蓝、紫色分散染料染色的织物，其遇到空气中的一氧化氮、二氧化氮等气体时，容易发生亚硝化和重氮化反应，使染料发生变色和褪色。

一般来说，染料分子中有吸电子基团时，耐氧化氮气体色牢度高；染料分子中有供电子基团时，耐氧化氮气体色牢度低。这是因为硝化反应是一种亲电反应，供电子基团使电子云密度增加，易发生硝化反应。在涤纶上，一氧化氮气体溶解少，牢度高；在醋纤上，一氧化氮气体溶解多，牢度低。

三、分散染料的染色过程

市售的分散染料商品中含有大量分散剂，使染料以细小晶粒形式分散在水中形成稳定的悬浮体，超过临界胶束浓度后，分散剂会形成微小的胶束将部分染料溶解其中，同时还有少量分散染料以分子形式溶解于水溶液中。分散染料在水中存在三种形式：分散状态的染料颗粒、胶束中的染料以及染料单分子，并且三者之间存在着一个动态平衡。

分散染料在水中的溶解度很低，染色时水中呈单分子状态的分散染料会上染纤维，而聚集的染料颗粒及胶束中染料无法上染纤维，所以分散染料的染色过程是一个动态过程：随着染液中染料单分子不断吸附到纤维上，并向纤维内部扩散，染液中的染料颗粒也在不断溶解，而分散剂胶束中也会不断释放出染料单分子，再吸附到纤维上，并向纤维内部扩散，一直持续动态过程直至达到染色平衡（吸附、扩散），完成整个上染过程，如图6-6所示。

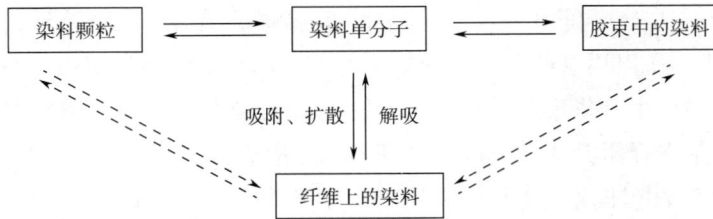

图 6-6　分散染料的染色过程

分散染料在纤维上的吸附与扩散都是以单分子形式完成的。溶解在水中的染料分子不断靠近纤维，进入扩散边界层后，当染料与纤维表面距离很近时会被纤维吸附，在纤维表面及内部形成一个浓度差，促使染料不断由纤维表面向内部扩散，直到达到染色平衡。

绝大多数情况下，染料与纤维间既有物理作用力，又有化学作用力。对于分散染料来说，它与疏水性纤维（如涤纶等）的结合以物理作用力为主，涤纶中大量存在的羰基和分散染料分子中的氨基、取代氨基或羟基等容易形成氢键；此外，还存在着偶极力和非极性的范德瓦耳斯引力。

四、分散染料的染色方法

涤纶大分子间排列紧密，在常温条件下染料分子难以进入纤维内部。涤纶属于热塑性纤维，当纤维加热到玻璃化温度以上时，纤维大分子链段运动加剧，分子间的空隙增大，染料分子可进入纤维内部，上染百分率及速率明显提高。

分散染料染色方法主要有高温高压染色法、热熔染色法及载体染色法三种，其中高温高压染色法与载体染色法为间歇式浸染，热熔染色法为连续式轧染。

（一）高温高压染色法

高温高压染色法是指将涤纶放置于盛有染液的密闭容器中，并在温度为 $120 \sim 130℃$、压力为 $196 \sim 294kPa$（$2 \sim 3kgf/cm^2$）的条件下染色的一种方法。该染色方法通过高温及高湿效应提高了涤纶的染色性能，一方面，在高温条件下纤维分子链段运动加剧，分子间微隙增大，染料分子溶解度提高，染料运动动能增加，有利于染料上染纤维；另一方面，在高湿环境下，水的增塑作用也促使纤维分子间微隙增大，利于染料的上染。

一般情况，染色温度越高，纤维分子链段运动就越剧烈，产生瞬时孔隙则越多，染料扩散越快，染色所需的时间则越短。但这时染色容器内的压力也越大，对染色设备的要求也越高。

高温高压染色可以获得优良的匀染性和透染性，适合浅、中、深各色产品，染色产品手感柔软、丰满，特别适合于手感要求柔软的仿真丝织物及超细纤维等新型合成纤维的染色，是目前应用最广泛的染色方法，但是高温高压法对染色设备要求较高，为间歇式加工，故生产效率较低。

高温高压染色法一般可选用高温型和中温型分散染料，影响染色的因素包括染色温度、染色时间、染浴 pH、染色助剂及染色设备等。

（1）染色温度。温度是影响高温高压染色的主要因素。研究表明，染色温度越高，染料扩散系数增加得越快。如果将 100℃ 的染料的扩散系数设定为 1，那么 120℃ 时为 17.6，130℃ 时为 47.6，140℃ 时高达 171。高温高压法染色温度一般在 120～130℃ 之间，温度过高对染色设备要求大，对纤维损伤也较大。

（2）染色时间。分散染料的染色时间或保温时间一般在 30～90min 为宜，确保染料在纤维内部充分扩散，将纤维染透、染匀。织物的组织结构、染料的扩散性能、染色深度及染色温度都会影响染色时间。织物结构紧密或染深色时，染料的扩散性较差，染色时间可适当延长，反之亦然。

（3）染浴 pH。分散染料一般在弱酸性染浴中染色。结构中含有酯基、酰胺基、氰基等基团的分散染料，在高温及碱性条件下，染料易发生水解，影响染色性能及染色织物色光。所以，分散染料染色时，染浴 pH 宜控制在 5～6，染色织物色泽鲜艳，上染百分率较高。

（4）染色助剂。

①分散剂。高温高压染色时需加入适量的分散剂，常用的分散剂有阴离子型和非离子型表面活性剂等，最常用的是阴离子型表面活性剂，包括木质素磺酸钠及其衍生物、萘磺酸和甲醛的缩合物。随着染色温度的升高，染料溶解度增加，小颗粒染料溶解吸附到大颗粒表面形成粗大颗粒，结晶增长或晶型转变速度加快，所以需要补充适量耐高温分散剂。

②匀染剂。常用的匀染剂多为阴离子型与非离子型表面活性剂的复配物。匀染剂不宜过量使用，否则会导致部分染料残留，染浴无法上染纤维，染色织物得色较浅，染料利用率降低。

（5）染色设备。间歇式染色设备主要有气流染色机、高温高压喷射染色机、高温高压溢流染色机、高温高压卷染机、高温高压筒子纱染色机、高温高压绞纱染色机、高温高压经轴染色机等。

小浴比染色可以节约染色用水、降低染化料用量，从而降低能耗，是大力推广的新型染色技术。气流染色机是小浴比染色的代表之一，能将染液雾化后与被染物发生相对运动促染料上染纤维，最终完成染色，其染色浴比可小于 1∶5。高温高压溢流染色机和高温高压喷射染色机为染液和被染物同时发生运动，染色的浴比约 1∶5。

（二）**热熔染色法**

热熔染色法是指涤纶织物在热熔染色机上，在 170～220℃ 的高温条件下的一种干态高温固色的染色方法，多用于平幅织物的连续式染色。染色时织物先经过轧槽将染料浸轧在织物表面，烘干后经过焙烘。在干热条件下纤维无定形区分子链段运动加剧，形成较多较大的瞬时孔隙；同时分散染料分子升华形成单分子，动能增大被纤维吸附，迅速向纤维内部扩散并完成染色。热熔染色法是连续化生产工艺，生产效率高，但染料利用率较低，设备投入大，染色制品感稍差，色泽鲜艳度一般。热熔染色法应选择耐升华色牢度高的高温型分散染料，也可选用中温型分散染料，适用于涤纶织物及涤棉混纺织物染色。

（三）**载体染色法**

载体染色法是指将涤纶织物放置于含有载体的染浴中，在常压高温条件下进行染色的一种方法。载体染色法利用载体对涤纶的增塑、膨化作用，降低纤维的玻璃化温度，使涤纶分子链间的引力减小，令纤维能形成较大的孔隙，染料易于进入纤维内部，从而完成染色。载体对纤维有一定的亲和力，同时具有较强的吸湿能力，渗入纤维后引起纤维膨化，促使纤维孔隙增大；载体还有对染料溶解能力增大的作用，使染料在纤维表面的浓度增大，提高了纤维内外染料的浓度差，从而加速了染料的扩散。由于载体的加入，染料上染百分率及上染速率提高，分散染料可在温度低于 100℃时上染涤纶。

载体染色法通常选用低温型分散染料。早期常用载体有水杨酸甲酯、苯甲酸、联苯、卤代苯、甲基萘等，因其有毒性且气味难闻，已被淘汰。近年来开发的一些环保型载体易被涤纶吸收，对纤维有膨化、增塑作用，有些载体兼有染料的增溶作用。载体染色后要充分水洗皂洗，去除纤维上残余的载体，洗除不净会降低染色织物的耐日晒色牢度。载体染色法对染色设备要求较低，可使用常压设备，也适合于毛涤、涤腈混纺织物的染色。

五、分散染料的染色工艺

（一）高温高压浸染

分散染料高温高压浸染主要有卷染、浸染等多种方法，其工艺流程与工艺处方如下。

6-2　分散染料染色
机理及工艺

1. 工艺流程

染色→水洗→还原清洗→水洗→酸洗→水洗→脱水→烘干。

2. 工艺处方

分散染料高温高压卷染工艺处方见表 6-3。

表 6-3　分散染料高温高压卷染工艺处方

染化料	用量
分散染料（owf）/%	0.5~5
阴离子型分散剂/（g/L）	1~3
醋酸/（mL/L）	0.5（调节染浴 pH＝5~6）

3. 工艺曲线

分散染料高温高压浸染工艺曲线如图 6-7 所示。

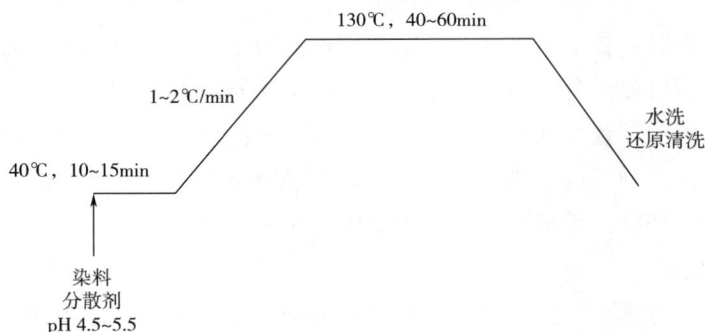

130℃，40~60min

1~2℃/min

40℃，10~15min

水洗
还原清洗

染料
分散剂
pH 4.5~5.5

图 6-7　分散染料高温高压浸染工艺曲线示意图

4. 工艺分析

始染温度为 55~60℃ 为宜，在 30min 内升温至 130℃，继续保温 40~60min，染色结束后需经水洗、还原清洗等工序，必要时可做二次还原清洗。

染色时应选用分散稳定性高、移染性好的分散染料。分散剂的使用要适量，用量过高会降低染料上染百分率或产生焦油状物质；用量过低，则分散稳定性差。磺酸盐类的阴离子表面活性剂是常用的分散剂（如分散剂 NNO、胰加漂 T），高温时稳定性好、扩散效果好，对得色量影响小。平平加 O 等非离子型表面活性剂可作分散剂使用，兼有匀染效果，但会影响得色量。

虽然分散剂在弱酸性染浴中扩散性较好，但是酸性过强，会影响染料的色光和上染率，所以高温高压染色时，一般染浴控制在弱酸性范围，pH 为 5~6（或 4.5~5.5），可用弱酸或强酸弱碱盐调节，常用的是冰醋酸或磷醋二氧铵等。分散染料如果在中性条件下染色，则色光较萎暗，易产生色差。

还原清洗的目的是去除纤维及织物表面未固着分散染料以及其他吸附物质，保证染色产品的染色牢度达到要求。还原清洗可采用保险粉（2g/L）和烧碱（2g/L），在 80℃ 浸渍处理 20min，再经热水洗（60℃）、酸洗（常温，醋酸 1g/L）、水洗（中性）。也可使用专用还原清洗剂，去除浮色一并去除涤纶上的低聚物，提高染色牢度。

5. 生产实例

（1）涤纶筒子纱高温高压浸染。以涤纶筒子纱为例高温高压浸染，其工艺流程、工艺处方及工艺曲线如下。

①工艺流程。洗油→染色→水洗→还原清洗→水洗→酸洗→水洗→脱水→烘干。

②工艺处方。涤纶筒子纱分散染料高温高压浸染工艺处方见表 6-4。还原清洗工艺：保险粉 2g/L，烧碱 2g/L，80℃，20min。

表 6-4 涤纶筒子纱分散染料高温高压浸染工艺处方

染化料名称	浅色	深色
分散染料（owf）/%	<1.0	1.0~3.0
分散剂/（g/L）	1.0	1.0~2.0
醋酸	适量，控制 pH 为 4.5~5.5	
浴比	1∶（10~20）	

③工艺曲线。涤纶筒子纱高温高压浸染工艺曲线如图 6-8 所示。

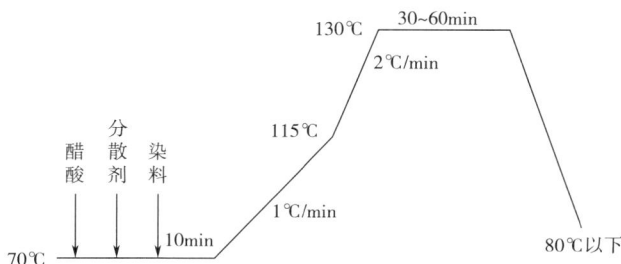

图 6-8 涤纶筒子纱高温高压浸染工艺曲线示意图

④注意事项。要根据涤纶纱线品种严格控制松筒工艺参数，压纱时要均匀，使筒纱内外层密度均匀一致，一般松筒密度为 0.35~0.45g/cm³。采用高温高压筒子纱染色机进行染色，染色机中各锭杆（固定纱筒）上筒子之间密度也要均匀，以免筒间和锭间产生色差。

在染色机中升温至 70℃，依次加入醋酸、分散剂及分散染料，结束后保温 10min，然后开始升温，保证染液充分循环，纱筒内外温度均匀一致。温度在 70~115℃ 时上染速率快，严格控制升温速度为 1℃/min，115~130℃ 升温速率可控制在 1.5~2℃/min，至 130℃ 时保温 30~60min。染毕降温至 80℃ 以下排液，然后水洗、还原清洗、酸洗、水洗，出机，脱水，烘干。

染色设备为高温高压筒子纱染色机。温控系统要确保升温速度和保温温度的准确和稳定；循环泵运行正常，确保染液循环充分，使筒纱内外得色均匀。选用相对分子质量小、分散性好的分散染料。

（2）涤纶织物高温高压卷染。以涤纶斜纹织物［规格 88~176 dtex（80 旦×160 旦）］高温高压卷染为例，其工艺流程以及工艺处方如下。

①工艺流程。冷水进缸→温水（2 道，60~65℃）→染色（2 道，60℃）→染色（1 道，100℃）→染色（1 道，110℃）→染色（1 道，120℃）→染色（1 道，130℃）→染色（6 道，130℃）→冷水洗（2 道）→还原清洗（2 道，70~80℃，38% 氢氧化钠 3mL/L，85% 保险粉 2.5g/L，表面活性剂 3g/L，）→水洗(3 道)→出缸→烘干。

②工艺处方。涤纶斜纹织物分散染料高温高压卷染工艺处方见表 6-5。

表 6-5　涤纶斜纹织物分散染料高温高压浸染工艺处方

染化料名称	浅色	深色
分散染料（owf）/%	<1.0	1.0~3.0
分散剂/（g/L）	1.0	2.0
匀染剂/（g/L）	0.5	0.5
醋酸	适量，控制 pH 为 4.5~5.5	
浴比	1∶2.5	

③注意事项。采用推进式高温高压卷染机。先将染料和分散剂加水调制成糊状，稀释和过滤，匀染剂加水至规定浴量，加入稀释过滤后的染料溶液，用醋酸调节 pH 至 5~6。头道染色首加 2/3 染液，尾加 1/3 染液。升温至 130℃，染 4~6 道，排液，60~70℃ 水洗 2 道，还原清洗 2 道，热水洗 2 道，冷水洗 1 道，出缸，烘干。

染料要选择低温型和中温型分散染料，拼色时采用同类染料、上染速率一致的为宜。分散剂提高分散染料的分散稳定性；匀染剂提高染色的均匀性。

（3）涤纶织物高温高压溢流染色。以涤/氨织物为例，面料克重 160g/m²，其染色工艺流程、工艺处方及工艺曲线如下。

①工艺流程。洗油→染色→水洗→还原清洗→水洗→酸洗→水洗→脱水→烘干。

②工艺处方。涤/氨织物高温高压溢流染色工艺处方见表6-6。

表6-6　分散染料高温高压溢流染色工艺处方

染化料名称	浅色	中深色
分散染料（owf）/%	<1.0	1.0~3.0
分散剂/（g/L）	0.5	1.0
匀染剂/（g/L）	1.0	1.0~1.5
醋酸	适量，控制pH为5~6	
浴比	1:10	

染色结束后需进行还原清洗，其处方及工艺条件为：保险粉2g/L，烧碱2g/L，温度80℃，时间20min。

③工艺曲线。涤/氨织物高温高压溢流染色工艺曲线如图6-9所示。

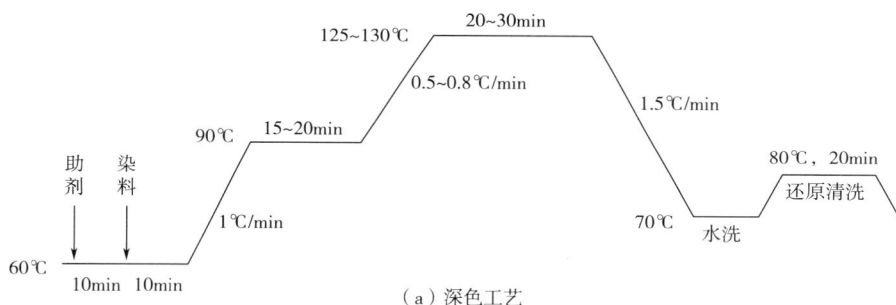

（a）深色工艺

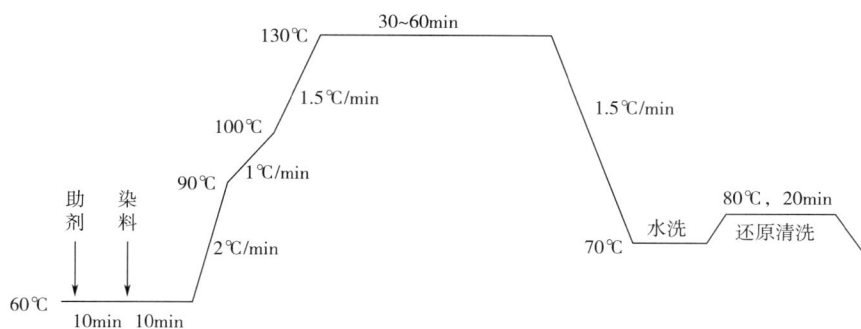

（b）浅色工艺

图6-9　分散染料高温高压溢流染色工艺曲线示意图

④注意事项。溢流染色机中织物运行速度一般在150~200m/min范围内。染色时先将助剂和染料预先溶解、稀释，加入染色机中，按浴比加水至规定量，循环10min后开始升温。

染色时，由于涤纶织物的玻璃化转变温度在80℃左右，所以染色温度在90℃以下时，升温速度可适当快些。当染色温度在 90~100℃ 区间时，上染速率快速提升，易发生染色不匀。常规弱酸性浴染浅色织物时宜在 90~95℃ 保温染色 15~20min，然后以 0.5~0.8℃/min 的升温速率缓慢升温至 125~130℃，保温染色 20~30min；染深色时，在 90~100℃，升温速度应控制在 1℃/min，然后加快升温速度至 1.5℃/min 升温至 130℃，保温染色 30~60min。碱性浴染色时，升温速率与弱酸性浴染色相似，染后织物不需要还原清洗。

（4）涤纶织物高温高压气流染色。涤纶弹力缎，规格 55dtex×55dtex（50旦×50旦），面料平方米克重 110g/m²，其染色工艺流程、工艺处方及工艺曲线如下。

①工艺流程。染色→水洗→还原清洗→水洗→（柔软整理）→脱水→烘干。

②工艺处方。涤纶弹力缎高温高压气流染色工艺处方见表 6-7。

表 6-7 分散染料高温高压气流染色工艺处方

染化料名称	用量	染化料名称	用量
分散染料（owf）/%	3.0	冰醋酸/（mL/L）	0.6
分散剂/（g/L）	1.0	浴比	1:(2.5~3)
硫酸铵/（g/L）	1.5		

染色结束后需进行还原清洗，其处方及工艺条件为：烧碱 2~3g/L，保险粉 1g/L，温度 85℃，时间 10min。

③工艺曲线。涤纶弹力缎分散染料高温高压气流染色工艺曲线如图 6-10 所示。

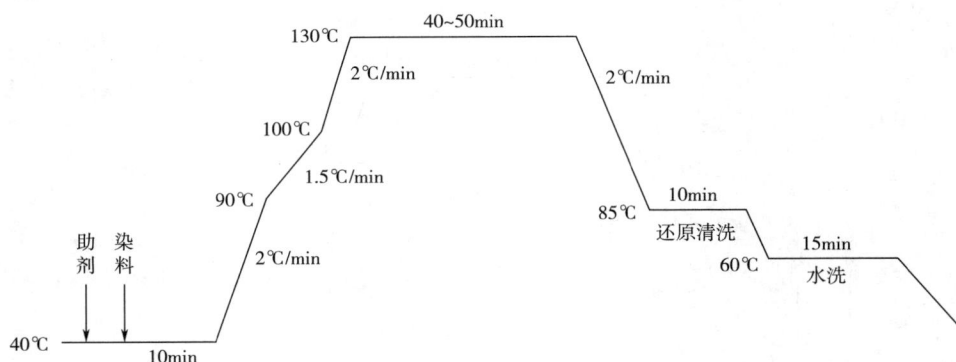

图 6-10 分散染料高温高压气流染色工艺曲线示意图

④注意事项。气流染色机浴比较小，染液量的微小变化会引起浴比的波动，直接影响染色质量和染色的重现性，应重视正确计算浴比、确定染化料用量、编制好工艺程序、确定加料的进水方式、设定缸内进水量及每缸每管的染色织物量，严格按工艺要求执行，保证染色质量，减少疵病产生。

升温速率应遵循以下原则：染色时温度在 90℃ 以下时，升温速率控制 2℃/min；温度在 90~100℃ 之间时，升温速率减少至 1.0~1.5℃/min；温度高于 100℃ 之后，升温速率可再提高为 2℃/min。温度至 130℃ 时保温 40~50min，再经降温、排液、水洗、还原清洗、水洗等工序，最后视织物情况进行柔软处理、出缸、脱水、烘干。

气流染色建议选用低温型（E 型）和中温型（SE 型）分散染料，拼色染色要选同类型分散染料。气流染色织物循环速度较快，为控制染料均匀上染，避免织物产生折痕，须严格控制升温速率，加入适量匀染剂和 pH 调节剂，可不加分散剂。

（二）热熔染色工艺

分散染料热熔染色以轧染为主，其工艺流程与工艺处方如下。

1. 工艺流程

浸轧染液（二浸二轧，轧液率 40%~65%，20~40℃）→预烘（80~120℃）→热熔（170~220℃）→水洗→还原清洗→水洗→烘干。

6-3　分散染料
热熔染色工艺

2. 工艺处方

分散染料热熔染色工艺处方见表 6-8。

表 6-8　分散染料热熔染色工艺处方

染化料	用量/（g/L）	染化料	用量/（g/L）
分散染料	x	分散剂 NNO	1
渗透剂 JFC	1	防泳移剂	5
磷酸二氢铵	2		

3. 工艺分析

（1）浸轧染液。热熔染色的浸轧染液通常在室温条件下进行，应选用耐升华色牢度好的分散染料，染液中加入适量的渗透剂，可提高织物的润湿性，便于浸轧时染料颗粒快速渗透进织物内部，有利于织物得色均匀。为了减少染料的泳移可加入适量防泳移剂（如海藻酸钠或羧甲基纤维素钠盐），其为高分子的天然化合物。该类型的防泳移剂可以吸附染料细小颗粒，使染料松散地聚集并黏附在防泳移剂大分子链上，减少烘干过程中染料的泳移。

浸轧染液后织物所含水分不宜过多，轧液率（带液率）要尽可能低，一般涤纶织物控制在 60% 左右，涤棉织物带液率以 50%~60% 为宜。轧辊压力要均匀，减少色差。

（2）预烘。红外线预烘穿透性强，可使织物内外均匀受热，水分蒸发均衡。为了防止或减少染料泳移，浸轧后织物采用红外线预烘和热风烘干相结合的烘干方式。先用红外线预烘使织物带液率降低至 20% 左右，再进行热风烘干或烘筒烘干，进而减少染料泳移。浸轧液中加入防泳移剂，也可有效减少染料的泳移。

（3）热熔。分散染料上染涤纶主要是在热熔（焙烘）阶段完成。浸轧、预烘后织物进入焙烘箱，当温度高于纤维玻璃化转变温度后大分子链运动加剧，产生大量的"瞬时空穴"，有利于染料分子快速进入纤维内部完成扩散，从而将纤维染透。

热熔温度一般在 190~225℃，热熔时间为 90s，其中织物表面开始升温 10~20s，到达指定温度后热熔固色时间 70~80s。低温型分散染料耐升华色牢度较低，高温焙烘使得染料升华损失，固色率降低，同时升华的染料会沾污设备，因而热熔染色不要选用低温型分散染料。

（4）还原清洗。焙烘后的染色织物需要进行水洗与还原清洗，去除未固着纤维上的染料，提高染色织物的各项色牢度。分散染料水中溶解度低，水洗很难去除残留染料，应采用还原清洗。还原清洗通常采用保险粉和烧碱，温度一般为 70~80℃。分散染料在高温碱性及保险粉作用下还原分解，降低对纤维的亲和力，有利于去除。还原清洗后要再充分水洗直至织物表面达到中性。

4. 生产实例

涤纶织物热熔染色。涤弹机织物，规格 55dtex×55dtex（50 旦×50 旦），面料克重 130g/m²，热熔染色工艺流程、工艺处方及注意事项如下所示。

（1）工艺流程。浸轧（带液率 30%~50%，二浸二轧）→红外线预烘→热风烘干（70~90℃，60m/min）→焙烘（200~210℃，1~1.5min）→热水洗（60℃）→温水洗（40℃）→还原清洗→热水洗（60℃）→水洗→烘干。

（2）工艺处方。涤弹机织物热熔染色工艺处方见表 6-9。

表 6-9　涤弹机织物热熔染色工艺处方

染化料	用量/（g/L）	染化料	用量/（g/L）
分散染料	30~50	渗透剂	2
海藻酸钠	8		

染色结束后需进行还原清洗，其处方及工艺为：烧碱 2g/L 和保险粉 2g/L，还原清洗温度 80℃，时间 10min。

（3）注意事项。热熔染色选用耐升华色牢度好的高温型分散染料，焙烘温度在 200~220℃时染料损失少，对焙烘设备污染少；使用中温型分散染料，焙烘温度要适当降低至 195~200℃，防止染料过多升华且污染设备。水洗和还原清洗可在高效水洗联合机中完成。

（三）载体染色工艺

载体染色常见于合成纤维的染色。载体对织物具有良好的亲和力与溶解度，染色时可比分散染料先扩散进纤维内部，与纤维发生氢键或范德瓦耳斯力结合从而削弱纤维之间的相互作用力，降低活化能，使染料分子易进入纤维分子中，可使涤纶的染色温度低于 100℃，其染色工艺流程及工艺处方如下所示。

1. 工艺流程

浸轧载体（2 道，60℃）→浸轧载体（2 道，80℃）→染色（染料和磷酸二氢铵，2 道，95~98℃）→冷水洗（2~4 道）→皂煮（4~6 道）→热水洗（2~4 道，80~90℃）→冷水洗（2 道）。

2. 工艺处方

分散染料载体染色工艺处方见表 6-10。

表 6-10 分散染料载体染色工艺处方

染化料	用量/（g/L）	染化料	用量/（g/L）
分散染料	x	苯甲酸甲酯	3~4
磷酸二氢铵	1		

3. 工艺分析

常见载体有苯甲酸甲酯、苯甲醇、N-甲基甲酰苯胺、N，N-二甲基乙酰胺等。载体用量要适当，随着载体用量增加，涤纶的玻璃化转变温度降低，染料上染量增加，但是载体用量增加到一定程度后，染料上染量反而降低，所以有时用一定浓度的载体溶液浸渍染色织物会有剥色的效果。磷酸二氢铵使染浴 pH 保持在 4.5~5.5，有利于载体发挥作用。染色后必须进行充分皂洗，去除残留的载体，洗除不净会造成耐日晒色牢度降低。

（四）碱性染色工艺

涤纶及其制品分散染料染色的传统工艺是在酸性染浴中进行。为了适应不断涌现的纤维新材料，降低生产成本，生产高质量涤纶染色产品，逐渐出现了分散染料碱性染色新工艺，这也符合党的二十大报告中提出的全面建设社会主义现代化国家开局起步关键时期的主要目标，即"经济高质量发展取得新突破，科技自立自强能力显著提升，构建新发展格局和建设现代化经济体系取得重大进展"。

随着涤纶差别化原料的开发，尤其是细旦纤维和超细旦纤维，在纺丝及织造过程中添加了大量的油剂及浆料，造成在酸性浴染色中析出黏稠性物质，导致染色疵病的产生，从而促使碱性染色工艺的产生及发展。

涤纶中不可避免地含有少量低聚物，含量在 2% 左右，在细旦和超细旦纤维中含量会略高。它有环状和链状两种形式，其中以环状为主，其结构如式 6-11 所示。涤纶中所含的低聚物在染色温度从 110℃升至 130℃时，易从纤维内部扩散进入染浴，在染浴中形成一种黏稠物质，若黏附在纤维上形成难以洗除染疵，造成染色牢度下降；若黏附在染色设备上，则形成难以去除的积垢而又再次沾污织物，严重影响产品的质量和生产效率。另外，织物表面的低聚物还会严重影响手感。研究表明，涤纶织物采用碱性染色工艺在很大程度上能避免这些麻烦，可以有效减少低聚物的产生，且比酸性染浴中更易去除。

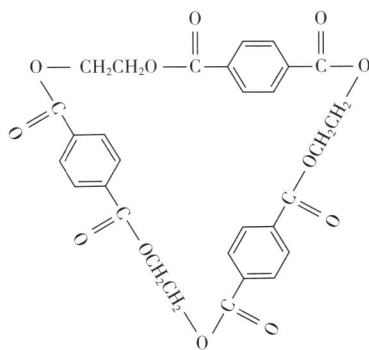

图 6-11 涤纶中低聚物化学结构

涤纶织物在碱性条件下进行高温高压染色，染浴中加入纯碱调节染浴 pH 为 8~9，还可另加入 1.5~2g/L 的匀染剂。碱性染色工艺的优点很明显，可以防止低聚物的析出，减少染色疵病，简化或省略还原清洗，改善织物手感，工艺相对简单。但是，碱性染色工艺也存在一些问题，一是对染液 pH 稳定性要求较高，二是对染料提出新的要求，在高温碱性介质中分散染料不能与钙、镁离子等形成络合物及发生还原分解反应。所以，碱性染色工艺的发展与碱性染色助剂及耐碱性染料的开发密切相关，目前主要应用于一些特殊品种的染色。

六、分散染料对其他纤维染色

（一）超细旦涤纶

超细旦涤纶是一种高品质、高技术的纺织原料，近年来发展迅速。超细旦纤维可赋予纺织面料优异的性能，具有如手感柔软、轻盈飘逸、悬垂性好、透气吸湿快干以及光泽柔和等优点。

6-4 分散染料对其他纤维染色

超细旦纤维与常规涤纶相比，在染整加工中存在着初染率高、上染速率快、匀染性差、难染深色以及色牢度低的问题，其主要原因为纤维纵向表面光滑、反应性基团少、结晶度较高、抱合紧密、比表面积大、折射率和表面反射率大。因此，超细旦涤纶分散染料染色时，应选用亲和力大、提升性能好的分散染料以及匀染剂；其次要合理制定和控制染色工艺条件，如严格控制温度与延长染色时间等，以获得良好的匀染性、染色重现性，以便获得令人满意的染色效果。超细旦涤纶及其面料的分散染料高温高压染色工艺流程、工艺处方及工艺曲线如下所示。

1. 工艺流程

染色→热水洗→温水洗→还原清洗→热水洗→水洗→（柔软整理）→脱水→烘干。

2. 工艺处方

超细旦涤纶及其面料分散染料高温高压染色工艺处方见表 6-11。

表 6-11 超细旦涤纶及其面料分散染料高温高压染色工艺处方

染化料	用量	染化料	用量
分散染料（owf）/%	1.0~3.0	冰醋酸	适量（调节 pH 为 4~5）
分散剂/（g/L）	1.0	浴比	1:（5~10）
匀染剂/（g/L）	1.0~2.0		

3. 工艺曲线

超细旦涤纶分散染料高温高压染色工艺如图 6-12 所示。

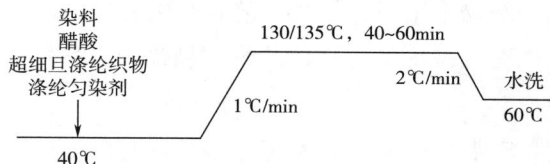

图 6-12 超细旦涤纶分散染料染色高温高压工艺曲线图

染后还原清洗处方及工艺条件为：烧碱 2g/L 和保险粉 2g/L，还原清洗温度 80℃，时间 20min。

4. 注意事项

染色设备可选用气流染色机或溢流染色机，气流染色机对织物冲击力大，有利于改善超细旦纤维织物的染色均匀性。染料应选择专用染料，如克莱恩 RD 型分散染料。因为超细旦纤维单根纤维细，比表面积大，对光的反射较强，等量上染时超细旦纤维表面显色性较差，所以染色时染料用量要比常规涤纶染色增加 2~3 倍。始染温度要比常规纤维低 10~20℃，在 40~60℃ 为宜。在染色过程中应严格控制升温速度、降温速度以及保温温度与时间，使染料在不同温区都能充分移染。分散染料在弱酸性染浴中较稳定，通常用醋酸、磷酸二氢铵调节染浴 pH 为 5，有利于超细旦涤纶及其织物在此条件下可以获得较好的染色深度和均匀性。

（二）聚乳酸纤维

聚乳酸是一种脂肪族聚酯纤维，分子链中含有较多的酯键，没有亲水基团，耐酸不耐碱，其耐化学稳定性相比涤纶较差，对氧化剂及还原剂稳定性不高，常温下强碱和强还原剂对聚乳酸纤维强力损伤明显。分散染料对聚乳酸纤维的亲和力高于涤纶，只具有中等亲和力。聚乳酸纤维及其面料分散染料高温高压染色工艺流程、工艺处方及工艺曲线如下所示。

1. 工艺流程

染色→热水洗→温水洗→还原清洗→热水洗→水洗→烘干→成品。

2. 工艺处方

聚乳酸纤维及其面料分散染料高温高压染色工艺处方见表 6-12。

表 6-12　聚乳酸纤维及其面料分散染料高温高压染色工艺处方

染料及化学助剂	用量	染料及化学助剂	用量
分散染料（owf）/%	1.0~5.0	冰醋酸	适量（调节 pH 为 4~5）
匀染剂/（g/L）	1.0~2.0	浴比	1∶（5~10）

3. 工艺曲线

聚乳酸纤维分散染料染色工艺曲线如图 5-13 所示。

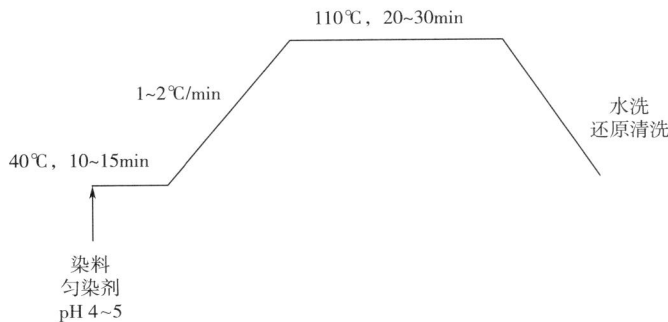

图 6-13　聚乳酸纤维分散染料染色工艺曲线图

染后还原清洗处方及工艺条件为：酸性还原净洗剂 3g/L，还原清洗温度 80℃，时间 25min。

4. 注意事项

由于聚乳酸纤维的玻璃化温度和临界染色温度均比涤纶低，所以其初始染色温度也应该较低些；聚乳酸纤维对温度比较敏感，较涤纶其染色保温时间应短一些，综合考虑织物上染百分率和纤维机械性能，染色温度宜控制在 100~110℃；当染色温度在 70~110℃ 之间，染料上染速率随着染浴温度的上升而显著提高，应该注意控制染色速率，升温速率相对慢一些，有利于织物的匀染。由于常温下强碱和强还原剂对聚乳酸纤维强力有明显损伤，所以可采用酸性还原净洗剂。另外，研究表明，聚乳酸短纤维的热定型温度不要高于 120℃，温度过高会使得聚乳酸纤维力学性能变差，不利于纤维的后续加工。

（三）醋酯纤维

醋酯纤维属于再生纤维素纤维，将纤维素纤维分子中的羟基（—OH）用乙酰基替代制得而成。根据乙酰基替代的程度不同，醋酯纤维分为二醋酯纤维和三醋酯纤维。醋酯人造长丝具有明亮的光泽，酷似真丝、手感柔软、质地轻薄、悬垂性好、透气滑爽，与棉纤维混纺后，可明显提升面料的光泽度及尺寸稳定性。醋酸纤维常被用来制作男女职业装的面料以及各类高端晚礼服，同时还具有耐细菌、真菌等防霉防蛀的特点，用于制作内衣、睡衣等贴身产品。

分散染料上染醋酯纤维及其面料的机理与上染涤纶基本相同，符合能斯特型吸附等温线。醋酯纤维无定形区的结构比较松弛，结晶度及取向度较低，所以分散染料在醋酯纤维中的扩散系数较高。醋酯纤维属于热塑性纤维，宜在张力小的染色设备中进行印染加工。因其耐碱性较涤纶差，若使用传统的烧碱或烧碱加保险粉的还原清洗工艺往往会使得织物清洗前后色光偏差较大，还会造成纤维强力下降，故应选用温和的碱性还原清洗工艺或使用酸性还原净洗。醋酯纤维及其面料的分散染料高温高压染色工艺与聚乳酸纤维相似。

（四）锦纶

锦纶也可用分散染料染色，染色方法简单，匀染性良好，受 pH 影响较小，拼色容易，遮盖性好。缺点是不易染得深浓色，耐皂洗色牢度较差，通常只用于染淡色织物。部分分散染料在锦纶上的耐日晒色牢度也比较差，因此应用受限。

分散染料上染锦纶的机理与上染涤纶基本相同。与涤纶相比，锦纶吸湿性较好，在水中溶胀程度较好，玻璃化温度较低，所以染色温度较低，可在常压及沸染条件下染色，不需要采用高温高压染色方法。分散染料染锦纶时可使用非离子型分散剂，或使用阴离子和非离子复合助剂。

（五）氨纶

氨纶是一种嵌段共聚纤维，其中软段为聚酯，硬段为聚酰胺，因此它具有涤纶和绵纶的特性，可使用酸性染料、中性染料、酸性媒染染料、分散染料等对其染色。分散染料上染氨纶具有上染容易、上染率较低、湿处理色牢度较差的特点。氨纶可用酸性类染料染色，但涤氨、氨锦混纺织物多用分散染料染色。

七、质量控制

在分散染料染色过程中，染色制品会出现色花和色点、色斑疵病，由于染料的泳移还会出现色差、深边、浅边、白芯等。了解染色疵病产生的原因，可以有效控制及减少染色疵病的产生。

（一）色花

（1）产生原因。煮练后水洗不充分，布面残留碱或 pH 不均匀；化料加料方式不当；染色升温速率过快，保温时间不够；缸内的容布量不当，容布量太多，循环时间长，易产生色花；容布量太少容易翻锅，造成色花，且轻薄织物易发生缠绕产生色花。

（2）预防措施。经松弛煮练后的半成品应充分水洗，布面 pH 控制在 7～7.5，必要时水洗后用 1% 的冰醋酸中和后再水洗；分散染料应先用冷水打浆，再用温水（<50℃）化料，充分搅拌均匀，稀释过滤后加入染缸；加料时，先加入稀释冰醋酸（或染色酸），再加入溶解好的助剂（匀染剂或分散剂），最后加入分散染料；严格控制升温速度和保温时间，确保匀染、透染；应根据染色设备型号和织物的厚薄程度确定容布量，一般容布量控制在原设计量的 80% 左右；根据织物厚薄程度及时调整喷嘴直径的大小，以便织物顺畅进行，防止喷嘴过大织物堆置混乱，造成染色时打结。

（二）色点及色斑

（1）产生原因。化料不当以及染料分散性不好引起高温凝聚；前处理过程中浆料去除不尽造成的染料凝聚；染浴中生成低聚物产生色点及色斑。

（2）预防措施。降低染浴中的电解质浓度；选择相容性好的助剂，防止助剂和染料两者沉淀；严格控制上染速率和染色时间，不可过快过长；确保染料的加工质量；染料的浓度不能太高；增加分散剂的用量；加入低聚物控制剂；在后处理中采用助剂进行清洗，帮助去除沉积的油脂和染料。织物在染色前应充分洗净，同时加强设备的清洁与保养。

（三）色差

（1）产生原因。在涤棉双组分纤维混纺织物的轧染染色工艺中，由于染色工艺流程长、染色过程复杂，各工序条件控制不当，极易造成色差。头尾色差的产生原因主要有染料对纤维的亲和力较高，连续轧染时后期染液中染料浓度降低；轧烘时织物的湿度前后不一致。左右和边中色差的产生原因主要有轧点压力不匀；织物中有残留碱剂、表面活性剂等；辊磨损程度不同；轧辊选用不当等。

（2）预防措施。减少头尾色差的预防措施主要有轧烘、焙烘的湿度要均匀；浸轧液的浓度、补充液位高度前后要一致、染料配伍性要好等。减少左右和边中色差的预防措施主要有保证织物的前处理质量，确保白坯均匀；调节轧点压力，确保控制轧点的空气压力的恒定，定期将轧辊表面磨平；采用均匀轧车等手段确保轧染时带液率均匀；确保汽蒸时带液率均匀等。

（四）折皱（鸡爪皱痕）

（1）产生原因。半成品入染时具有皱痕；染后降温速度过快，急速降温冷却造成折皱；

染色布量过多，喷嘴选用不合理造成折皱。

（2）预防措施。对半成品进行仔细检查，发现皱痕严重应进行回修；染后自然降温，降温速度不超过 2℃/min，温度降至 80℃ 以下再采用边加水边排液水洗；根据不同机型和织物的厚薄不同确定容布量，一般容布量控制在原设计量的 80% 左右，织物翻转速度和移动速度尽量高；按照织物厚薄不同及时调整喷嘴直径的大小，以便织物顺畅进行，防止喷嘴过大织物堆置混乱，造成染色时打结；染色液中可加入防皱匀染剂促使织物沉降润滑，减小鸡爪皱痕，提高织物手感；染色时可选用低毒膨化剂使纤维充分膨化，减少皱痕；染后织物采用轧热水烘燥减少鸡爪皱痕。

（五）泳移

（1）产生原因。泳移是指由于分散染料的疏水性，使其在水溶液中能产生移动，从而产生染色不匀。分散染料的泳移主要发生在水蒸发的阶段，染料对纤维的亲和力越小，泳移越严重；织物轧余率越高，泳移越严重；烘燥时空气流速越高，泳移越严重。泳移易造成染色制品产生色差、浓边、淡边、白芯等一系列疵病。

（2）预防措施。为了减少烘燥过程中染料的泳移，通常在染浴中加入防泳移剂，同时织物要有良好的渗透性，浸轧均匀一致，轧余率要低；浸轧后烘燥速度要低，烘燥温度应先低后高，烘燥时风速小于 3m/s 时，泳移较少。

（六）热迁移

（1）产生原因。分散染料还可能在染后的高温后处理阶段发生泳移，如热定形过程中由于助剂的影响，分散染料会产生的热迁移现象。热迁移的原因是纤维外层的助剂在高温时对染料产生的溶解作用。热迁移会造成染色制品色光改变，同时其耐水洗、摩擦、酸碱溶液和耐晒色牢度的降低。

（2）预防措施。在染色前、染色中使用到的全部化学助剂必须完全洗除干净；在染色后整理时，要严格控制织物上的化学助剂，如柔软剂、抗静电剂、防污剂等，以免造成热迁移。使用树脂整理时，要兼顾到分散染料的升华性以及热迁移性。

任务三　阳离子染料染色

一、阳离子染料概述

阳离子染料（Cationic Dyes）是一类色泽浓艳的水溶性染料，在水中电离生成色素阳离子及简单的阴离子，因其分子结构中的阳离子部分具有碱性基团，所以常称为碱性染料（Basic Dyes）。阳离子染料是含酸性基团腈纶及其织物的专用染料，具有色谱齐全、色光鲜艳、强度高、耐光色牢度好等优点，但匀染性较差。此外也可对部分改性涤纶、锦纶及芳纶等染色。

二、腈纶的结构及其染色性能

（一）腈纶的结构

腈纶，即聚丙烯腈纤维，是以丙烯腈为主要单体的共聚物。其主要结构由以下部分组成，如图 6-14 所示。

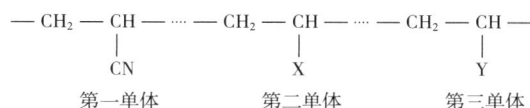

$$— CH_2 — CH —\ \cdots\ — CH_2 — CH —\ \cdots\ — CH_2 — CH —$$
$$\underset{\text{第一单体}}{\overset{|}{CN}} \qquad \underset{\text{第二单体}}{\overset{|}{X}} \qquad \underset{\text{第三单体}}{\overset{|}{Y}}$$

X常为：$— COOCH_3$、$— OOCCH_3$
Y常为：$— CH_2SO_3H$、$— COOH$、$— CH_2COOH$

图 6-14　腈纶主要结构组成示意图

其中，腈纶中第一单体为丙烯腈，约占腈纶的 85% 以上，对纤维许多物理和化学性能起主要作用；第二单体为含有酯基的乙烯基系中性单体，常有丙烯酸甲酯、醋酸乙烯酯等单体，含量在 3%~12% 之间，可松弛纤维结构，改进纤维弹性，增加纤维的热塑性和热收缩性；第三单体为可离子化的乙烯系单体，常有丙烯磺酸、丙烯酸和衣康酸等含酸性基团的单体，含量在 1%~3% 之间，可改进纤维的亲水性，进一步提高染料的染色性。

（二）腈纶的染色性能

1. 玻璃化温度

腈纶是热塑性纤维，其尺寸热稳定性与涤纶、锦纶相似。腈纶的玻璃化转变温度跟其纺丝方式相关，一般而言，采用干纺纺丝的纤维玻璃化温度为 80~90℃，湿法纺丝的玻璃化温度要略低些，为 70~80℃。

2. 电荷性

腈纶上由于引入了含酸性基团的第三单体，因而纤维上带有永久性的负电荷，在染液中这些负电荷将与阳离子染料的正电荷以离子键的结合，形成盐键。

3. 纤维饱和值

腈纶的纤维饱和值（S_f）是指某腈纶用指定的标样染料（一般用相对分子质量为 400 的纯孔雀绿）在 100℃、pH 为 4.5±0.2、浴比为 1∶100 的条件下回流染色 4h，或平衡上染百分率达到 95% 时，100g 腈纶上吸附的染料量（染料重/纤维重×100%）。腈纶共聚组分不同，则纤维品种不同，纤维饱和值也就不同，但对某一特定的腈纶，其饱和值是一常数。纤维饱和值是评价腈纶可染性的重要参数之一。纤维饱和值越大，表示对染料的吸收量越大。染色时，根据纤维饱和值计算染料和助剂的最大用量，饱和值小（1.2~1.7）的纤维宜染浅淡色，饱和值大（2.1~2.7）的纤维宜染深浓色和黑色。

三、阳离子染料的结构分类及性能

国产腈纶第二单体多为丙烯酸甲酯，含量为5%~10%；第三单体多为衣康酸钠或丙烯磺酸钠，含量为1%~3%。因此，基本都是含酸性基团的腈纶可用阳离子染料进行染色。阳离子染料根据染料分子结构特点可分为非共轭型阳离子染料、共轭型阳离子染料、迁移型阳离子染料和分散型阳离子染料。

（一）非共轭型阳离子染料

染料分子中的阳离子基团与染料发色体的共轭体系不贯通，不参与共轭体系，两者通过隔离基，如$—CH_2—$、$—CH_2CH_2—$、$—CH_2CH_2CH_2—$等相连接，常见的阳离子为取代的季铵盐，阳离子就固定在季铵盐的氮原子上，所以也称定域型阳离子染料，其染料结构通式如图6-15所示。这类染料的染色牢度较高，但匀染性差，色泽不及共轭型阳离子染料浓艳。

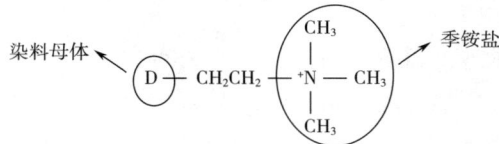

图 6-15　非共轭型阳离子染料结构通式示意图

（二）共轭型阳离子染料

共轭型阳离子染料所带电荷贯穿于整个共轭体系中，也常称为非定域型阳离子染料。共轭型阳离子染料是阳离子染料中的主要类型，约占90%以上，其色泽艳丽，品种众多，常用于腈纶、酸改性涤纶等染色，但有些品种耐光性和耐热性较差。共轭型阳离子染料从化学结构分主要包括三芳甲烷类、噁嗪类、菁和半菁类、氮杂菁和氮杂半菁类、萘内酰胺类等。

1. 三芳甲烷类阳离子染料

三芳甲烷染料以甲烷分子中的碳原子为中心原子，三个氢原子被芳烃所取代，具有平面对称的结构，与中心碳原子相连的碳碳键具有部分双键的特征。如图6-16所示的孔雀绿为一种典型的三芳甲烷类共轭型阳离子染料，具有高的着色力和色泽鲜艳度，其在腈纶上的耐日晒色牢度虽比在天然纤维（如丝、毛）上有所提高，却往往仍达不到要求，且其移染性较差。

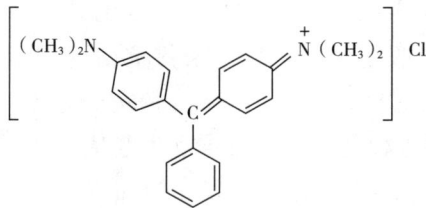

图 6-16　阳离子孔雀绿化学结构示意图（C. I. Basic Green 4）

要改善三芳甲烷染料的耐光牢度，通常可在染料分子上引入氰乙基等基团，以降低氨基的碱性；或在其中一个苯环用吲哚基取代，均可提高染料的耐晒牢度。此外，三芳甲烷类染料对溶液 pH 和还原剂较敏感，在 pH 大于 5 时就会出现变色或沉淀；在还原性介质中会被还原为无色的隐色碱。

2. 噁嗪类阳离子染料

噁嗪结构染料是一类具有实用价值的阳离子染料，其色泽以蓝色为主，少量是紫色的，比较鲜艳。在腈纶上有较好的耐光牢度，对染浴 pH 的变化较稳定，也可以用于蚕丝染色。常用的噁嗪类染料是阳离子翠蓝 GB，其结构式如图 6-17 所示。

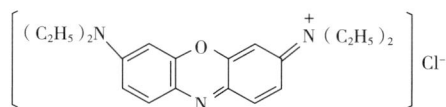

图 6-17　阳离子翠蓝 GB（C. I. Basic Blue 3）的化学结构

阳离子翠蓝 GB 的色光十分鲜艳，耐光色牢度较好，一般能够达到 5 级。为了进一步提高其耐日晒色牢度，通常在氨基氮原子上引入氰乙基来进行改善，其化学结构如图 6-18 所示。

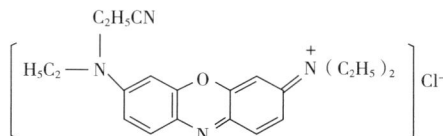

图 6-18　引入氰乙基的阳离子翠蓝 GB（C. I. Basic Blue 3）的化学结构

3. 菁类阳离子染料

以—CH＝C—作为发色体系的染料称为（多）甲川染料，在含氮杂环结构中有一个或多个甲川基（—CH＝CH—）连接，其化学结构如图 6-19 所示。

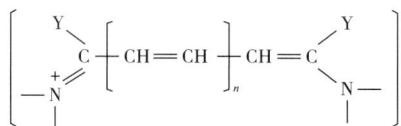

图 6-19　甲川染料的化学结构

菁类阳离子染料是（多）甲川链（$n=0$ 或正整数）两端分别连接含氮杂环（一般为含氮杂环或硫氮杂环）而成发色体系的（多）甲川阳离子染料，又分为菁类及半菁类、氮杂菁及氮杂半菁类、菁型偶氮阳离子染料。

（1）菁类及半菁类。菁类染料常分为对称菁染料和非对称菁染料。两端杂环相同的为对称菁类阳离子染料，其色泽浓艳，但不耐晒，在纺织品上应用很少，主要用于感光材料，如阳离子桃红 FF，化学结构如图 6-20 所示。

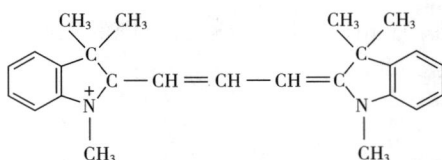

图 6-20　阳离子桃红 FF 的化学结构

两端杂环不相同的为非对称菁类阳离子染料，如阳离子橙 R，化学结构如图 6-21 所示。

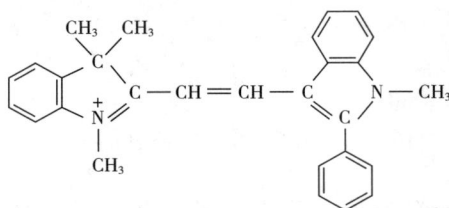

图 6-21　阳离子橙 R 的化学结构

当（多）甲川链只有一端连接含氮杂环时称为半菁类染料，这类染料分子共轭体系较菁类染料短，主要吸收波长较短的可见光，其色谱主要为黄、红等浅色，耐日晒色牢度一般较菁类有所提高，如阳离子桃红 FG，化学结构如图 6-22 所示。

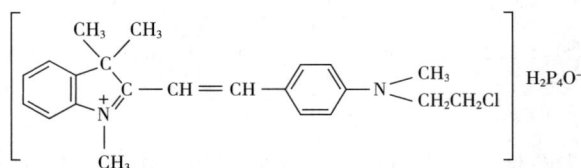

图 6-22　阳离子桃红 FG 的化学结构

（2）氮杂菁及氮杂半菁类。当菁类及半菁类染料结构中（多）甲川链中的一个或几个甲川（—CH＝）基被—N＝所取代时，所得氮甲川染料分别称为氮杂菁和氮杂半菁类染料。由于染料结构中引入了电负性较强的氮原子，使其在腈纶上具有很好的耐日晒色牢度，一般可达 5～6 级，广泛用于腈纶及其他阳离子染料可染改性纤维的印染加工。如国产阳离子金黄 X-GL（C. I. Basic Yellow 28），除主要用于腈纶的染色和直接印花外，也用于酸改性涤纶、醋纤和氯纶等的染色，为重要的阳离子染料品种，其化学结构如图 6-23 所示。

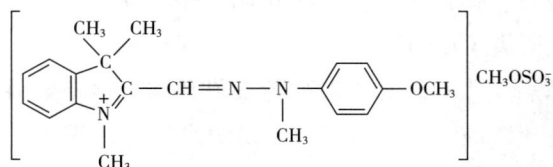

图 6-23　阳离子金黄 X-GL（C. I. Basic Yellow 28）的化学结构

（3）菁型偶氮阳离子染料。菁型偶氮阳离子染料是为适合腈纶印染而研发出的一类重要的共轭型阳离子染料。其大部分为半菁型单偶氮结构，在腈纶上的日晒牢度优良。国内外生产的此类产品品种众多，常见的有阳离子红 X-GRL（C. I. Basic Red 46，图 6-24）和阳离子蓝 X-GRRL（C. I. Basic Blue 41，图 6-25），而且有相应的分散阳离子型及液状产品，以及无锌型产品上市，属于环保产品。

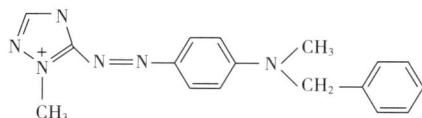

图 6-24　阳离子红 X-GRL（C. I. Basic Red 46）的化学结构

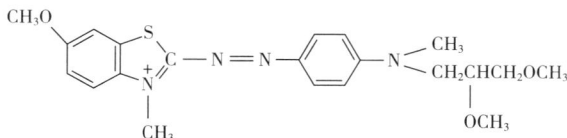

图 6-25　阳离子蓝 X-GRRL（C. I. Basic Blue 41）的化学结构

国内生产的该类染料阳离子蓝 X-BL（C. I. Basic Blue 66）及其分散型阳离子 SD-BL，用于腈纶染色的耐日晒色牢度可达 7~8 级，耐皂洗及耐汗渍色牢度达 5 级。该类染料的化学结构如图 6-26 所示，主要用于腈纶纺织品染色和直接印花，匀染性能优良。

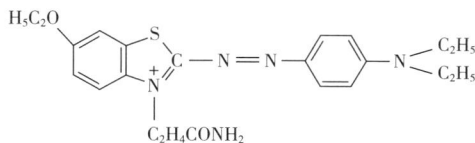

图 6-26　阳离子蓝 X-BL（C. I. Basic Blue 66）的化学结构

（三）迁移型阳离子染料

党的二十大报告中提出，我们要推进美丽中国建设，坚持山水林田湖草沙一体化保护和系统治理，统筹产业结构调整、污染治理、生态保护、应对气候变化，协同推进降碳、减污、扩绿、增长，推进生态优先、节约集约、绿色低碳发展。这一思想指明了纺织印染行业的发展方向。腈纶是一类重要的合成纤维，其性能在不断改进，应用领域在不断拓展，印染技术也在不断创新。随着国家对环境和生态保护的不断加强，阳离子染料应满足环境和生态保护的要求。此外，改性纤维制造技术的不断完善与发展，对阳离子染料也提出一些新的性能要求。迁移型阳离子染料是一类结构比较简单，相对分子质量和分子体积较小而扩散性和匀染性能良好的染料，目前已经成为阳离子染料中的一大种类，常见的有阳离子黄 M-4GL 和阳离子红 M-RL，化学结构如图 6-27 和图 6-28 所示。该类型的阳离子染料具有较好的迁移性和匀染性，初步地改善了腈纶染色不匀的问题。同时，其染色工艺简单，染色时间较短，可不加或少加缓染剂，染色成本降低。

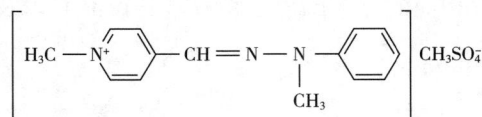

图 6-27 阳离子黄 M-4GL 的化学结构

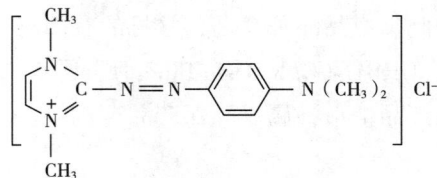

图 6-28 阳离子红 M-RL 的化学结构

（四）分散型阳离子染料

分散型阳离子染料指的是将传统阳离子染料的阴离子部分（如氯离子、甲基硫酸根、醋酸根、磷酸根）用相对分子量较大的萘磺酸、二硝基苯磺酸等芳香族磺酸置换，封闭其水溶性基团形成络合物，使得染料的溶解度大大降低至几乎不溶，经研磨至细粉或超细粉制得的一类染料。

分散型阳离子染料的阳离子基团被封闭，在染浴中形成不溶于水的悬浮液，对腈纶的亲和力降低，易在纤维上均匀地吸附、扩散和渗透。随着染浴温度的升高，染料络合物逐渐分解，染料的阳离子与腈纶的酸性基团以离子键结合。

分散型阳离子染料的移染性、匀染性好，染色时不必加缓染剂，特别是对于极难控制色差的灰色和驼色，用分散型阳离子染料染色，效果较佳。分散型阳离子染料热稳定性较高，在 100~110℃之间较为稳定，适用于腈纶混纺织物一浴一步法染色，也可用于酸改性涤纶的染色，如分散阳离子嫩黄 7GL 和分散阳离子红 2GL，其化学结构分别如图 6-29 和图 6-30 所示。

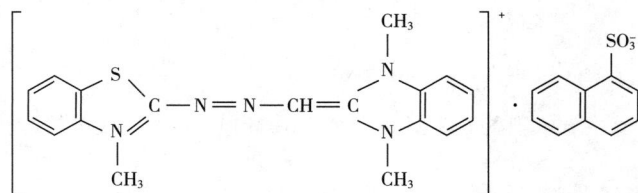

图 6-29 分散型阳离子嫩黄 7GL 的化学结构

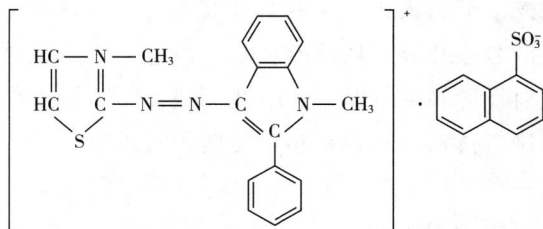

图 6-30 分散型阳离子红 2GL 的化学结构

（五）活性阳离子染料

活性阳离子染料是在染料分子上引入活性基团，可同时上染多种纤维，如腈纶、阳离子可染聚酯纤维以及其他结构上含有羟基或氨基的纤维，染色制品色泽鲜艳、均匀，而且湿处理牢度优良。如均三嗪型活性阳离子染料（图6-31）和乙烯砜型活性阳离子染料（图6-32）。

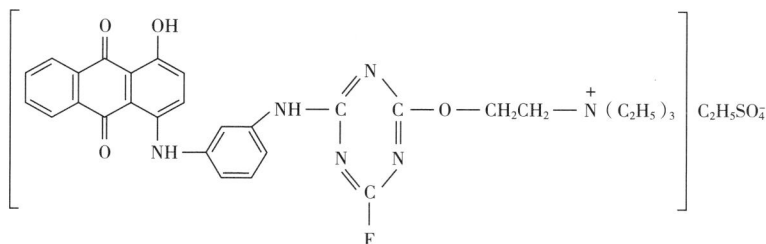

图6-31　均三嗪型活性阳离子染料的化学结构

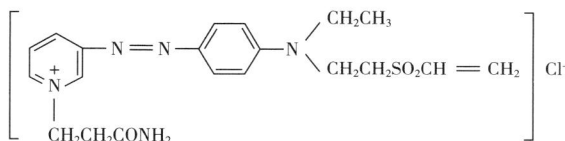

图6-32　乙烯砜型活性阳离子染料的化学结构

四、阳离子染料的染色机理

腈纶中的主要品种是含酸性基团的纤维。由于酸性基团的存在和氰基的电子结构特征，染色时腈纶上的酸性基团在染浴中发生电离，纤维表面带负电荷，电离反应如图6-33所示。

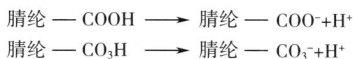

6-6　阳离子染料的染色机理及染色工艺

$$腈纶—COOH \longrightarrow 腈纶—COO^- + H^+$$
$$腈纶—CO_3H \longrightarrow 腈纶—CO_3^- + H^+$$

图6-33　腈纶在染浴中电离反应示意图式

阳离子染料溶于水，在染浴中电离后带正电荷。染浴中带负电荷的腈纶与带正电荷的染料阳离子之间产生静电引力，使染浴中的染料阳离子向纤维表面迁移并吸附在纤维表面，从而在纤维表面和纤维内部形成染料的浓度差；由于腈纶的结构紧密，染料很难从纤维表面向纤维内部渗透，只有在温度超过玻璃化转变温度（Tg）后，染料才能由纤维表面向纤维内部扩散和渗透；最后，纤维上的酸性基团与染料阳离子之间通过离子键结合，其反应如图6-34所示。

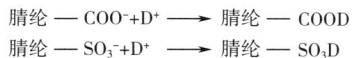

$$腈纶—COO^- + D^+ \longrightarrow 腈纶—COOD$$
$$腈纶—SO_3^- + D^+ \longrightarrow 腈纶—SO_3D$$

图6-34　腈纶与阳离子染料离子键反应示意图式

纤维与染料之间主要以离子键结合，还存在氢键和范德瓦耳斯力的作用力。染料在纤维上的吸附属于定位吸附（化学吸附）。纤维上酸性基团的强弱及数量决定了染料的上染率、染色速度及染色温度。不同类型的腈纶阳离子染料同浴染色时上染率情况如图6-35所示。图中曲线1为仅含弱酸性基团的腈纶，曲线2为仅含强酸性基团的腈纶，曲线3为两种纤维的综合上染，其染色条件为：300%阳离子艳蓝0.5%（owf），醋酸4%（owf），醋酸钠5%（owf）。由图可知，仅含弱酸性基团的腈纶阳离子染料的染色速率较慢，且上染率较低，仅为20%左右；而仅含强酸性基团的腈纶阳离子染料的染色速率在80min后提升明显，上染率较高可达70%左右。

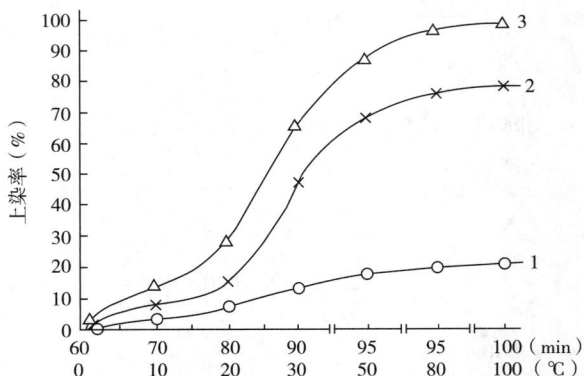

图6-35 不同类型的腈纶阳离子染料同浴染色时的上染率

五、阳离子染料应用性质

（一）染料的溶解性

阳离子染料的溶解性与其分子中的成盐结构、阴离子基团以及商品化染料的填充物有关。绝大多数国产阳离子染料由于其制成氯化锌复盐，且商品化时的填充剂以元明粉为主，因此溶解性相对较差，需提高温度或加入尿素等助溶剂。此外，染色介质中如果有阴离子化合物，也会与阳离子染料结合形成沉淀，一般可加入防沉淀剂。

（二）对pH的稳定性

一般阳离子染料稳定的pH范围是2.5~5.5。当pH较低时，染料分子中的氨基被质子化，由给电子基转变为吸电子基，引起染料颜色发生变化；若pH较高，阳离子染料可能形成季铵碱，或结构被破坏，染料发生沉淀、变色或褪色现象。如噁嗪类阳离子染料在碱性介质中转变为非阳离子染料，失去对腈纶的离子力而不能上染，化学反应如图6-36所示。

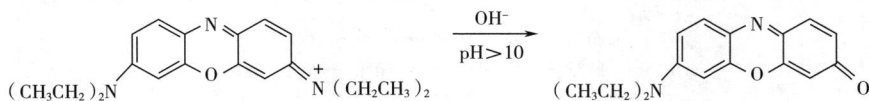

图6-36 噁嗪类阳离子染料在碱性介质中结构变化

（三）配伍性

配伍性是指两只或两只以上染料拼色时，上染速率相等，则随着染色时间的延长，色泽深浅（色调）始终保持不变的性能（只有浓淡变化）。上染率相似的阳离子染料拼色染色时，往往不易得到均匀的染色效果。这是因为两种或两种以上的染料在拼色染色时发生竞染，即争夺"染座"所致。亲和力大的染料争得的"染座"多，亲和力小的染料争得的染座少。竞染又和两只染料在纤维内部的扩散有关，争得"染座"少的染料若扩散速度快，则单位时间内以"染座"为起点扩散到纤维内部的染料量增多；反之，争得"染座"多的染料，若扩散速度慢，则单位时间内以"染座"为起点扩散到纤维内部的染料量仍较少。由此可见，染料的配伍性，由阳离子染料的亲和力和扩散速度共同决定。

目前，在阳离子染料配伍性能的测定方法中，最常用的方法为配伍值法，用数值表示阳离子染料的配伍性能称为配伍值，常以 K 值表示，配伍值相同或相近的染料方才可以拼染。

阳离子染料配伍值的测定：采用黄、蓝两组标准染料，每组染料由 5 只染料组成，其配伍值分别为 1，2，3，4，5，详见表 6-13。待测的阳离子染料样品选定一组标准染料，按规定分别配成 5 个拼色染浴。在相同条件下，各染浴用 6 份同重的纤维试样依次用前份纤维染后的残浴染色，这样，在每一个染浴中都可得到一组染色系列试样，共有 5 组。如果在某一个配伍值的染浴中所得到的系列试样只有浓淡的变化而无色光变化，则被测染料的配伍值就是该标准染料的配伍值（表 6-14）。

表 6-13　标准染料名称及其配伍值

染料用量（owf）/%	蓝色标准染料	配伍值（K 值）
0.76	Astrazon RR	1.0
0.5	Cathilon GLH	2.0
0.3	Maxilon 4RL	3.0
0.76	Cathilon K-3RLH	4.0
0.65	Synacril R	5.0
0.55	Astrazon FRR	1.0
2.7	Astrazon 5GL	2.0
1.2	Astrazon 3RL	3.0
0.6	Cathilon K-2GLH	4.0
2.4	Astrazon FGL	5.0

表 6-14 标准染料与样品染料的配伍值

黄色染料的配伍值	1.0	2.0	3.0	4.0	5.0
蓝色染料样品拼染后的色光	较黄	稍黄	恰好	稍蓝	较蓝

注 蓝色染料样品的配伍值应评定为 3.0。

配伍值大的染料，亲和力低，上染速率慢，匀染性好。因此对于某些比较难染的淡色，例如米色、豆沙、淡棕、驼色、灰色等，可以选用配伍值均为 5.0 的一组染料相互拼染。配伍值小的染料，亲和力高，上染速率快，匀染性差，但得色量高，可用于染浓色或中浓色。实际生产时，单一染料染色，淡色选用 K 值大（$K=5$）的染料比 K 值小（$K=1\sim2$）的染料更易获得匀染效果；浓色选用 K 值小的染料对上染有利。拼色时，选用配伍值相同或相近的（各染料的配伍值之差不大于 0.5）配成一组，使拼色染料上染速度一致，染液中各染料之间的比例关系始终如一，有利于生产上控制成品色光和分批染色的重现性（缩小色差）。如果这样仍解决不了某些难染色号的匀染问题，则可考虑选用迁移型阳离子染料。某些阳离子染料的配伍值见表 6-15。

表 6-15 某些阳离子染料的配伍值

染料名称	配伍值	染料名称	配伍值
阳离子金黄 7GL	1.0	阳离子黄 7GLL	2.5
阳离子黄 RR	1.0	阳离子红 BBL	2.5
阳离子橙 R	1.0	阳离子紫红 3R	2.5
阳离子橙 3R	1.0	阳离子黄 X-6G	3.0
阳离子橙 FL	1.0	阳离子金黄 GL	3.0
阳离子嫩黄 7GL	1.5	阳离子橙 FRL	3.0
阳离子深黄 GL	1.5	阳离子红 RL	3.0
阳离子橙 G	1.5	阳离子棕 G	4.0
阳离子红 2GL	1.5	阳离子艳红 RTL	4.0
阳离子深蓝 R	1.5	阳离子桃红 FG	4.0
阳离子黄 GRL	2.0	阳离子黄 R	5.0
阳离子蓝 5GLA	2.0	阳离子黄 5G	5.0
阳离子蓝 TGL	2.0	阳离子蓝 FGL	5.0
阳离子绿 F3B	2.0	阳离子绿 BH	5.0

（四）染色饱和值

1. 纤维的染色饱和值

阳离子染料染色时，腈纶上的酸性基团与染料阳离子之间通过离子键结合。由于第三单体酸性基团的含量是有限的，所以在不同的温度条件下结合也是有限的。纤维上所能吸附的染料最大值称为纤维的染色饱和值，通常以 S_f 表示。纤维的染色饱和值是评价腈纶可染性的重要参数之一。纤维饱和值 S_f 越大，表示对染料的吸收量越大。实际染色时根据纤维的染色饱和值计算染料和助剂的最大用量。纤维饱和值小的（1.2~1.7）用于染浅淡色，纤维饱和值大的（2.1~2.7)可用于染深浓色和黑色。

2. 染料的染色饱和值

对于部分品种的腈纶，其分子结构中酸性基团的数量是有限的，染色时当染料阳离子与腈纶上的酸性基团全部作用完后，纤维即失去染色反应能力。此时染浴中的染料浓度即使再增加，纤维上的染料浓度也不再相应增加。染浴中染料浓度与纤维上的染料含量关系曲线有一明显转折点，此转折点就是一定染料对一定纤维的染色饱和值。不同的染料在同一纤维上的上染限度是不同的，它们有各自对应的染色饱和值，通常以 S_D 表示。

3. 饱和系数

纤维的染色饱和值 S_f 与染料的染色饱和值 S_D 的比值称为该染料的饱和系数，一般用 f 表示，又称饱和因数或相对饱和值。可以用下式表示。

$$f = S_f / S_D$$

饱和系数 f 对阳离子染料是一常数。用它可以判断阳离子染料上染腈纶的能力。f 值越小，染料上染量越高，越易染得浓色。根据染料的饱和系数和纤维的饱和值，通过公式可算出该染料在该纤维上的染色饱和值。单一染料染色时，该染料的饱和值即为染色处方中染料用量的上限。在实际生产中，往往用几种染料拼色，所用各染料的量 $[D_i]$（包括阳离子助剂用量）与各自的饱和系数 f_i 的乘积之和不能超过腈纶的染色饱和值，此时染料的利用率高，且不产生浮色。否则染料上染不完全，不但会造成染料的浪费，而且易造成浮色，影响染色牢度。各染料和助剂之间的关系可用下式表示：

$$[D_1] f_1 + [D_2] f_2 + [D_3] f_3 + [D_4] f_4 + \cdots + [D_i] f_i \leqslant S_f \times D.C.$$

式中：$D.C.$ 为染色系数。$D.C.$ 越高，染色速度越慢，易得到匀染。$D.C.$ 若超过100，则表示有染料残留在染浴中。其数值要综合生产实践经验、纤维和染料特性、染色设备、加工方式等因素而定。

例如：已知腈纶的饱和值 S_f 为2.3，用以下阳离子染料配方染深咖啡色，问此配方是否合理？

染料助剂	用量（owf）/%	f 值
阳离子嫩黄 7GL（500%）	1.2	0.45
阳离子红 2GL（250%）	1.5	0.61
阳离子艳蓝 RL（500%）	0.3	0.38
醋酸（60%）	3.5	
醋酸钠	1.0	
无水元明粉	10	
阳离子匀染剂 TAN	1.0	0.58

根据上述公式，计算得到：

$$1.2×0.45+1.5×0.61+0.3×0.38+1.0×0.58=2.149$$

该数值小于待染腈纶的饱和值常数（2.3），所以此配方合理。部分国产阳离子染料的 f 值和 K 值见表 6-16。

表 6-16　部分国产阳离子染料的 f 值和 K 值

染料	f 值	K 值	染料	f 值	K 值
阳离子青莲 2RL	0.26	1.0	阳离子红 BL	0.35	3.0
阳离子黄 7GL	0.54	1.5	阳离子蓝 GL	0.37	3.0
阳离子深黄 GL	0.41	1.5	阳离子红 6B	0.41	3.5
阳离子红 2GL	0.45	1.5	阳离子红 X-GRL	0.25	3.5
阳离子青莲 3BL	0.47	1.5	阳离子黄 X-6G	0.55	3.5
阳离子艳蓝 RL	0.70	1.5	阳离子蓝 X-GRL	0.54	3.5
阳离子黄 2RL	0.25	2	阳离子翠蓝 GB	0.56	4.0

六、阳离子染料染色方法及染色工艺

腈纶织物，特别是纯纺织物，一般多用浸染的方法进行染色。染色前，应将纤维上的油剂洗去，一般可用非离子型净洗剂，如果用阴离子型净洗剂，洗后必须将净洗剂充分洗净，以防止它们和阳离子染料发生沉淀。

一般阳离子染料在腈纶上的移染性能很差，一旦造成上染不匀便很难通过移染的方法来加以补救，所以在浸染过程中控制染浴的温度和上染速率十分重要。为了避免因染浴温度不匀而产生上染不匀，阳离子染料浸染腈纶织物的温度可用升温控制和恒温染色两种方法进行控制。

1. 升温控制染色法

升温控制染色方法是在上染过程中缓慢升温进行染色，使染浴温度、浓度通过染液循环保持良好的均匀状态，使染料均匀上染。这个方法使用较为广泛。

（1）普通阳离子染料染色工艺。染色始染温度接近于腈纶的玻璃化温度（60～80℃）。投入各种染料、印染助剂及织物后缓慢升温，或在升温过程中选择某一温度保温一定时间再继续升温，或加入一定的缓染剂控制染色速度，最后升温至沸点，保持足够时间，完成染色。普通阳离子染料腈纶染色工艺处方见表 6-17，染色工艺曲线如图 6-37 所示。

表 6-17　普通阳离子染料腈纶染色工艺处方

染化料	用量	染化料	用量
阳离子染料（owf）/%	x	元明粉/（g/L）	8.0
冰醋酸（60%）（owf）/%	2.5	匀染剂 TAN（owf）/%	0.5
醋酸钠/（g/L）	1.0	浴比	1：（8～15）

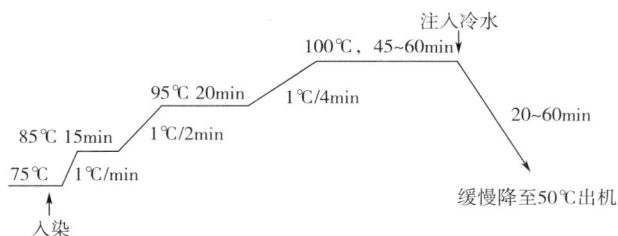

图 6-37 普通阳离子染料腈纶染色工艺曲线图

（2）迁移型阳离子染料染色工艺。迁移型阳离子染料腈纶的染色工艺与普通型阳离子染料相似，不同的是匀染剂不能用普通型阳离子染料的缓染剂（如匀染剂 TAN、表面活性剂1227 等），要使用与迁移型阳离子染料配伍的阳离子缓染剂（如匀染剂 MR），否则容易染花，其染色工艺处方见表 6-18，工艺曲线如图 6-38 所示。

表 6-18 迁移型阳离子染料腈纶染色工艺处方

染化料	用量	染化料	用量
阳离子染料（owf）/%	x	元明粉/（g/L）	10.0
冰醋酸/（60%）/%	2.5	匀染剂 MR（owf）/%	0.5
醋酸钠/（g/L）	2.0	浴比	1∶（8～15）

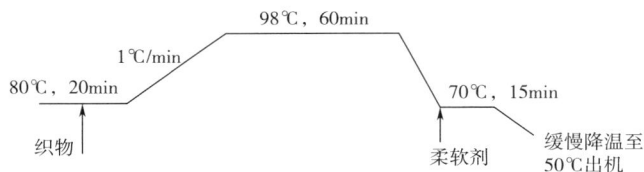

图 6-38 迁移型阳离子染料腈纶染色工艺曲线图

（3）分散型阳离子染料。分散型阳离子染料通常为浆状产品，配制染液时染料需用 60℃热水调稀，其染色工艺处方见表 6-19，工艺曲线如图 6-39 所示。常规染色工艺保温的温度及沸染时间可根据染色要求来选择，一般淡色宜 60～80℃保温，100℃染20～30min；若中等色泽则 75～85℃保温，100℃染 30～45min；浓色可不保温，直接升温至沸，沸染 45～60min。

表 6-19 分散型阳离子染料腈纶染色工艺处方

染化料	用量	染化料	用量
阳离子染料（owf）/%	x	元明粉/（g/L）	10.0
冰醋酸（60%）（owf）/%	2.5	平平加 O（owf）/%	1.0
醋酸钠/（g/L）	1.0	浴比	1∶（8～15）

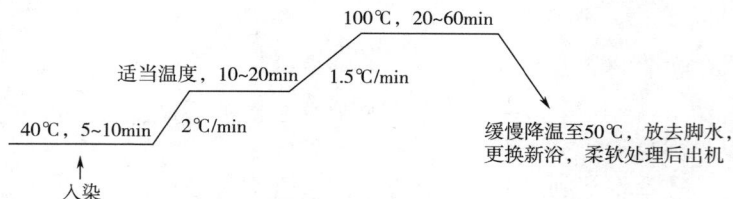

图 6-39　分散型阳离子染料腈纶染色工艺曲线图

2. 恒温染色法

升温控制染色法要准确地控制升温速度，产品才能获得良好的染色效果。若升温速度控制不当，会造成染缸各部位温度不均一，影响染料的均匀上染，为弥补这一方法的缺陷，可采用恒温染色法。恒温染色法是在纤维玻璃化转变温度以上、沸点以下的温度范围内选择一个适宜的温度，作为固定的恒温染色温度，在此温度下染色 45~90min，使上染率达到 80% 以上，再快速升温至 100℃，在较短时间内完成染色。

恒温染色法是由升温、恒温及升温三个阶段组成，升温阶段是指染色温度小于 80℃ 时，此时上染率很低；恒温指染色温度在 80~90℃ 之间，上染率随温度升高急剧增加；升温指染色温度达到 90℃ 及以上时，上染率逐渐趋于稳定。该染色方法上染均匀，不易染花，操作容易掌握，染色所用时间比升温控制法染色缩短 20%~30%。缓染剂可用阳离子缓染剂 1227，pH 用醋酸和醋酸钠组成的缓冲溶液来控制，当 pH 为 3~5 时，颜色纯正，残液较清。其染色工艺处方见表 6-20，工艺曲线如图 6-40 所示。

表 6-20　腈纶阳离子染料恒温染色工艺处方

染化料	用量	染化料	用量
阳离子染料（owf）/%	x	匀染剂 TAN（owf）/%	1.0
冰醋酸（60%）（owf）/%	3.0	浴比	1：（8~15）
醋酸钠/（g/L）	1.0		

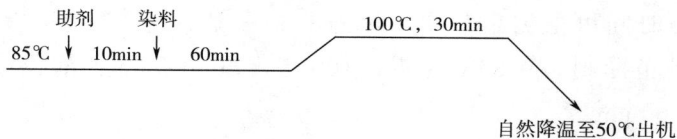

图 6-40　腈纶阳离子染料恒温染色工艺曲线

3. 生产案例

（1）腈纶针织物的染色。腈纶针织物多数在绳状染色机中进行，采用浸染工艺。其染色工艺处方见表 6-21，染色工艺曲线如图 6-41 所示。

表 6-21　腈纶针织物阳离子染料染色工艺处方

染化料	用量	染化料	用量
阳离子染料（owf）/%	x	表面活性剂 1227（owf）/%	0.2~1.0
冰醋酸（98%）（owf）/%	1.0~3.0	浴比	1∶（10~20）
醋酸钠/（g/L）	1.0		

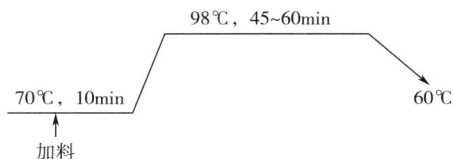

图 6-41　腈纶针织物阳离子染料染色工艺曲线

在染色操作过程中，染料用醋酸调匀，使用沸水溶解、稀释后加入染浴，再加表面活性剂 1227 做缓染剂，控制染浴 pH 在 4~5。温度 70℃入染，根据工艺曲线逐渐升温，染色结束后以 1℃/min 速率降温至 60℃，放残液，清洗。需要时再经柔软剂处理。

（2）腈纶散纤维、长丝束、毛条的染色。散纤维、长丝束、毛条（腈纶正规条）的阳离子染料浸染工艺处方见表 6-22，染色工艺曲线如图 6-42 所示。

表 6-22　腈纶散纤维、长丝束、毛条阳离子染料染色工艺处方

染化料	用量	染化料	用量
阳离子染料（owf）/%	x	醋酸钠/（g/L）	1.0
冰醋酸（98%）（owf）/%	1.0~3.0	表面活性剂 1227（owf）/%	1.0~2.0
元明粉（owf）/%	0~10.0	浴比	1∶（10~20）

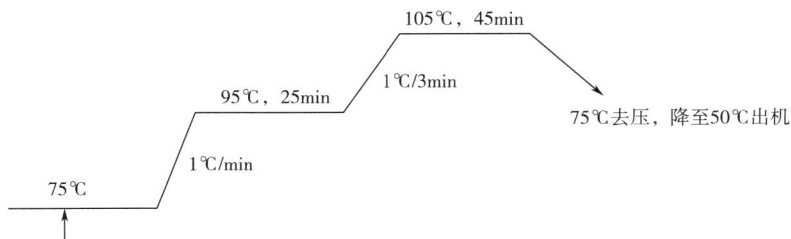

图 6-42　腈纶散纤维、长丝束、毛条阳离子染料染色工艺曲线

在染色过程中，染料及印染助剂添加的顺序一般为：元明粉、醋酸、醋酸钠、表面活性剂 1227、溶解好的染料。在玻璃化温度以下，升温速率可快些；接近玻璃化温度时，升温速率开始缓慢。升温速率由纤维的性能和阳离子染料的上染速率决定，可根据小样试验结果制订升温工艺。染色完毕，以 1℃/min 降温至 55℃，柔软处理 30min 后出机。

柔软处理工艺：向 0.5%～3.0%柔软剂 VS 中缓缓滴入冷软水，搅拌、稀释至 30 倍溶液。过滤至 55℃染液，循环处理 30min 后出机。

七、阳离子染料染色质量控制

（一）常见染色疵病及产生原因

腈纶用阳离子染料染色，染料和纤维之间以离子键结合，在生产实践过程中常会出现色花、色斑、磨白等染色疵病。

1. 色花

产生的原因主要有染料的相容性不好、温度控制不当，如升温速率太高或不均匀，酸、缓染剂等助剂用量不当、车速或泵速不当。

2. 色斑

产生的原因主要有染料溶解不良、配方不合理以及染色机械不清洁等。

3. 磨白

主要发生在条染和散纤维染色的色纺织物中。产生的原因主要是染色不透，由于腈纶不耐摩擦，在织造和整理过程中，局部过分摩擦便会出现磨白的疵点。

4. 织物的变形和纬斜

产生的原因主要有织物承受的张力过大且不均匀，特别是稀薄织物或疏松织物更为明显。染色时要调整好染整设备，注意防止染浴温度高于玻璃化转变温度时张力过大和不均匀。腈纶织物染色一般用液流染色机较好。

（二）常见染色疵病的处理方法

1. 色斑的处理

已经上染到腈纶上的阳离子染料，在沸点及沸点温度以下时迁移性较差，一旦产生色花和色斑，则很难用煮沸移染的方法来改善，所以生产过程中要以预防为主。染色过程注意以下几点来减少色斑的产生。

（1）染料溶解时用与染料等量的醋酸充分打浆，然后用沸水溶解，必要时加尿素助溶，过筛入染缸，有些难溶的染料可提前 30～60min 化料。

（2）如果染料的上染速率不快，一般可不加阳离子缓染剂，但若在生产过程中时而出现色斑，则可加入少量阳离子缓染剂或非离子净洗剂，利用其渗透、扩散和净洗作用，防止色斑的产生。

（3）染缸的清洁可用保险粉 2g/L、纯碱 1g/L、净洗剂 LS 1g/L 煮沸处理 3～4h，放液，更换清水，用少量硫酸中和。如仍不干净，则可再用阳离子助剂煮沸 2～3h。对于特别污染的设备，可以偶尔用亚氯酸钠或次氯酸钠 2g/L 于 pH＝3～4 的条件下煮沸清洗。

2. 修色方法

对于某些无法控制而造成的色花和色斑疵点，也可将色泽剥浅或剥落进行重染或改染，常见的有修色、剥色和复染三种方法。

（1）修色。对于较轻的色花和色斑，可以在酸性浴中，用缓染匀染剂或移染匀染剂与无机盐共同沸染处理，实现脱色匀染效果。修色工艺处方见表6-23，染色工艺曲线如图6-43所示。

表6-23 阳离子染料修色工艺处方

化学药品及助剂	用量	化学药品及助剂	用量
匀染剂 AN（owf）/%	1.0~3.0	浴比	1:（8~15）
元明粉/（g/L）	10~20		

注 该修色工艺处方根据实际实验材料进行调整。

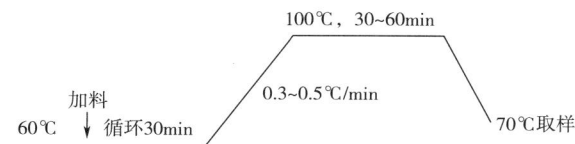

图6-43 阳离子染料修色工艺曲线

（2）剥色。对于严重的色花和色斑，需要完全脱色的可用剥色剂处理。剥色工艺处方见表6-24，染色工艺曲线如图6-44所示。

表6-24 阳离子染料剥色工艺处方

化学药品及助剂	用量	化学药品及助剂	用量
剥色剂（owf）/%	4.0~5.0	pH	4~5
元明粉（owf）/%	5.0~10.0	浴比	1:（8~15）

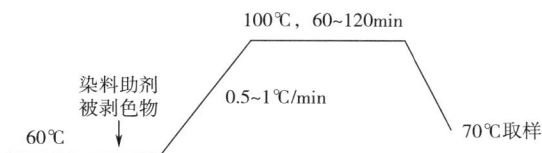

图6-44 阳离子染料剥色工艺曲线

（3）复染。对于严重的色花和色斑，也可以不经脱色，直接复染。复染的温度要高于造成色花的染色温度，一般控制在110~115℃，处理60min，即可修正色花，并可消除一般沸染已经造成的夹花疵点。

任务四 双组分纤维染色

21世纪以来，随着材料科学技术、时尚文化的快速发展，双组分纤维纺织面料因其优异的性能得到了市场的广泛关注，应用前景广阔，深受国内外消费者的喜爱。党的二十大报告中提出，推动战略性新兴产业融合集群发展，构建新一代信息技术、人工智能、生物技术、新能源、新材料、高端装备、绿色环保等一批新的增长引擎。在国家政策的大力支持下，双组分纤维纺织面料产业将加速与新一代信息技术、人工智能等新兴产业的融合发展。通过引入智能化生产设备和管理系统，实现生产过程的自动化、数字化和智能化，提高生产效率和产品质量。利用人工智能技术进行面料设计和研发，能够快速准确地模拟和预测面料的性能和效果，缩短研发周期，降低研发成本。今后，双组分纤维纺织面料产业有望成为推动经济增长和社会发展的重要力量，为人们的生活带来更多的美好和便利。

一、双组分纤维及其性能

（一）双组分纤维概述

双组分纤维，一般是指由两种化学及物理性能不尽相同的聚合物制得。也可定义为在同一根纤维上，沿纤维轴向同时存在着两种不同聚合物的复合纤维，或称为共轭纤维。双组分纤维的首次商业化应用是美国杜邦公司于 20 世纪 60 年代中期推出的一种命名为"Cantrese"并列型针织纤维，它是由两种聚酰胺聚合物复合而成。70 年代初日本研制出溶解型复合超细纤维，随后，各种皮芯型、并列型复合导电纤维研发成功并进入工业化生产。80 年代初期，由于超细纤维纺织品（如高级仿丝绸、超高密织物、仿皮革制品等）在日本、欧美市场屡获成功，在国际纺织品市场掀起一股"超细热"，从而进一步鼓励了复合纺丝技术的发展。

进入 21 世纪，纳米技术的兴起为双组分纤维的发展带来了新的契机。通过将纳米材料引入双组分纤维的制备过程中，能够显著改善纤维的物理和化学性能。例如，纳米级的添加剂可以增强纤维的强度、耐磨性和抗紫外线性能等。同时，随着人们对环保和可持续发展的关注度不断提高，可生物降解的双组分纤维成为研发的热点之一。这类在使用后能够在自然环境中逐渐分解，减少对环境的污染，符合绿色发展的理念。

双组分纤维及其面料可实现单一组分无法达到的风格、功能与质感，比如由天然纤维与合成纤维组合的双组分纤维，既具有天然纤维的亲肤、吸湿、透气、柔软，又与合成纤维取长补短，通过织物组织结构的变化和染整工艺技术革新，赋予纺织面料特殊的性能与高附加值，如耐磨、抗皱、抗菌、阻燃等。近年来，双组分纤维在医疗、卫生、过滤等领域的应用也越来越广泛。在医疗领域，双组分纤维可以用于制造手术缝合线、人造血管等医用材料，其良好的生物相容性和力学性能为医疗技术的发展提供了有力支持。在卫生领域，双组分纤维制成的吸液材料具有高效的吸液性能和柔软的触感，被广泛应用于卫生巾、纸尿裤等产品中。在过滤领域，双组分纤维的特殊结构和性能使其能够有效地过滤空气中的微小颗粒和有害气体，为改善空气质量发挥了重要作用。

（二）双组分纤维的性能

双组分纺织面料可通过混纺、交织、合股、包芯、包覆、交捻、交编等工艺将不同种类、形态、性能与功能等的两类纤维组合在一起，从而使纺织面料兼具几种纤维的性能，扬长避短、优势互补，不仅提高纺织面料的性能，而且改善织物的质感及外观，甚至降低纺织面料的生产成本等。

将天然纤维与合成纤维混纺交织，开发出舒适性佳且耐久、防缩、免烫的混纺纺织面料。

天然纤维制成的纺织面料最大的优点是吸湿性好、舒适性高，但普遍存在抗皱性差的缺点；然而合成纤维制成的纺织面料最大的缺点是吸湿性差、易起静电、舒适性差，但其耐久性和尺寸稳定性明显好于天然纤维。

杜邦公司（DUPONT）的双色双光泽锦纶在纺丝时采用了两种聚合物，一种是圆形截面全消光，另一种是光三叶型，制成的纺织面料具有闪烁的双色双光泽效果，该纤维使得纺织品设计更灵活、更丰富。美国杜邦公司的金银丝是一种特殊纤维，它在纺前着色，与其他类型纤维交织可使产品获得特殊的光泽及彩虹效果。

蚕丝和羊绒都是蛋白质纤维，两者具有优良的性能，但缺点是价格昂贵。将羊绒与绢丝混纺，不仅降低了产品的制造成本，而且扩大了产品的季节穿着性，扩大了消费层次，提高了绢丝的附加值。

（三）双组分纤维的分类

双组分纤维根据纤维的种类可分为以下几种类型。

1. 异种天然纤维的组合

该组合可分为异种天然蛋白质纤维、异种天然纤维素纤维及天然蛋白质纤维与天然纤维素纤维组合，其中前者包括蚕丝/羊毛、蚕丝/羊绒，后者包括棉/蚕丝、棉/羊毛以及蚕丝/麻等。

2. 天然纤维与人造纤维组合

该组合可分为天然纤维素纤维/人造纤维和天然蛋白质纤维/人造纤维，前者包括棉/黏胶纤维、棉/醋酯纤维、棉/铜氨纤维以及麻/黏胶纤维等，后者包括羊毛/黏胶纤维、羊毛/铜氨纤维、蚕丝/大豆纤维等。

3. 天然纤维与合成纤维组合

该组合可分为天然纤维素纤维/合成纤维和天然蛋白质纤维/合成纤维，前者包括棉/涤纶、棉/氨纶等，后者包括羊毛/涤纶、羊毛/腈纶、羊毛/锦纶、羊毛/阴离子染料可染腈纶和蚕丝/阳离子染料可染涤纶等。

4. 合成纤维与人造纤维组合

该组合主要包括涤纶/黏胶纤维、锦纶/黏胶纤维、腈纶/黏胶纤维、涤纶/醋酯纤维等。

5. 异种人造纤维的组合

该组合主要包括醋酯/黏胶纤维、黏胶纤维/大豆纤维等。

6. 异种合成纤维的组合

主要包括涤纶/锦纶、锦纶/氨纶、涤纶/氨纶、阳离子染料可染涤纶/氨纶和涤纶/阳离子染料可染涤纶等。

较单一纤维的纺织面料，因为组成纤维的物理及化学性能的差异，所以双组分纤维制成的纺织面料染色加工难度较大。在实际生产中，往往会出现各种问题，如配色困难、色泽鲜艳度不高、染色牢度降低、染色色相和深度受到限制等；染化料的相互作用也会造成各种染色疵病增加、染色工艺流程延长、生产成本高、重现性降低、剥色、重染或修色难度增加、在线检测与控制难度很大、染色设备选用困难等。因此，在制定双组分纤维的染色处方及工艺流程之前，应充分了解双组分纤维的性能及染色机理，合理选用染料、化学助剂及染色设备，减少染色疵病的产生，提高实际生产能力。

二、双组分纤维的染色原理

纤维与染料的作用是相互的。一种纤维可用多种染料染色，如棉纤维可用直接、活性、还原及硫化染料染色，锦纶可用酸性和分散染料染色；相似地，一种染料可用于多种纤维的染色，如分散染料可以染涤纶、维纶和锦纶。由同一大类的两种纤维组成的双组分纤维，其染色性能相近，在多数情况下染色效果往往是同色或同色浓淡色调；由不同种类的纤维组成的双组分纤维，其染色性能差异较大，有同色、留白、浓淡、异色等多种染色效果。同色效果是指两种纤维染成相近的色相或色调，而且表观颜色深度及浓淡相近，也就是 K/S 值相近，同时颜色鲜艳度也接近。同色染色是双组分纤维纺织面料使用最多的一种染色方法。对于染色性能接近的双组分纤维面料，同色染色相对较容易；对于染色性能差别较大的双组分纤维面料，可将两种纤维分别染色，通过配色解决同色性问题。组成双组分纤维的纤维类型是染色基础，它决定了选用的染料类型及化学助剂，不同种类的纤维适用染料如表 6-25 所示。

表 6-25 常见纺织纤维适用染料

纤维大类	适用染料（离子性）	可染纤维
纤维素纤维	直接染料（阴离子）	棉、麻、黏胶纤维、铜氨纤维、天丝、莫代尔
	活性染料（阴离子）	
	还原染料	
	硫化染料	
蛋白质纤维	酸性染料（阴离子）	羊毛及其他动物纤维、蚕丝、大豆纤维、牛奶纤维、蚕蛹纤维、锦纶
	分散染料（非离子）	锦纶
合成纤维	分散染料（非离子）	涤纶、PLA、PTT、醋酯、聚氯乙烯、氨纶、锦纶
	酸性染料（阴离子）	氨纶、酸性染料可染腈纶
	阳离子染料（阳离子）	腈纶、阳离子染料可染涤纶

纤维素纤维包含天然纤维素纤维及再生纤维素纤维，可用直接、活性、还原及硫化染料染色；蛋白质纤维包含天然蛋白质纤维及合成蛋白质纤维，通常用酸性染料染色；合成纤维主要用分散染料染色，但一些纤维也可用酸性染料染色，如氨纶可采用筛选的酸性染料或1∶2金属络合染料染色；腈纶通常用阳离子染料染色，阳离子染料可染涤纶也可使用阳离子染料染色。

三、双组分纤维的染色方法

双组分纤维及其纺织面料通常有四种染色方法。

（1）一种染料一浴一步染色法。一种染料在同一染浴和同一染色条件下同时对两种纤维上染，适用于同类纤维的双组分纤维纺织面料染色，如棉/麻、棉/黏胶纤维混纺或交织物，也可以用于结构类型接近的纤维织物染色，如毛/锦混纺织物。

（2）两种染料一浴一步染色法。两种染料在同一染浴中同时分别上染两种纤维，如涤/棉混纺织物可用分散/直接染料同浴染色，毛/涤混纺织物可用酸性/分散染料（载体）同浴染色。

（3）两种染料一浴二步染色法。两种染料同浴分二步上染两种纤维，如涤/棉织物用分散/活性染料同浴二步法染色，初始染浴中同时加入两种染料，先在高温高压下完成分散染料对涤纶的染色，随后降温至 $60 \sim 80 ℃$ 加入碱剂，使活性染料与棉纤维发生反应，从而完成棉纤维的染色过程。

（4）两种染料二浴染色法。两种染料按先后顺序分别在两个染浴中上染两种纤维，如涤/棉织物先用分散染料染色，还原清洗后再用活性染料套染。该方法适用于任何双组分纤维纺织面料，缺点是工序长，耗水、耗能高。

四、双组分纤维的染色工艺

双组分纤维纺织面料在手感、色彩以及外观等方面独具风格，这些风格的获得与染色设备的选用密切相关。双组分纤维纺织面料主要采用连续染色机染色，如涤/棉双组分纤维纺织面料使用分散/活性、分散/还原和分散/硫化染料染色；另外，双组分纤维的机织物常用平幅卷染机、经轴染色机、喷射溢流染色机染色，针织物则采用绞盘绳状染色机和喷射溢流染色机染色，高温染色设备适用于含涤纶品种的双组分纤维纺织面料的染色。

（一）涤/棉双组分纤维染色

考虑到两种纤维的性质不同，涤纶可选用分散染料染色，而棉纤维可选用的染料相对较多，主要有活性染料、还原染料、可溶性还原染料或硫化染料。其中，分散/硫化染料染色用于某些特定的深色产品；由于还原染料的隐色体浸染易产生白芯及环染等染色疵病，故分散/还原染料染色以悬浮体轧染工艺为主。因为分散/还原染料浸染工艺存在工艺流程长、操作繁复、成本较高的缺点，目前已经被分散/活性染料染色工艺所取代。

1. 分散/活性染料一浴法轧染

两种染料与化学助剂放在同一染浴中，染后分别处理，使两种纤维分别染色。分散、活性两种染料同浴染色时应减少染料之间相互干扰。要求分散染料耐升华牢度高，耐碱性好，分散染料热熔染色温度应控制在低限；活性染料要求耐高温性好，固色碱剂一般选择碱性较弱的小苏打，并严格控制共用量，汽蒸时小苏打分解成碳酸钠使碱性提高，促使活性染料固色。

65/35 涤/棉平纹机织物分散/活性染料染色工艺流程：浸轧→预烘→热熔固着→水洗→

皂洗→水洗→烘干。

染色工艺处方：

分散染料（owf）/%	X
活性染料（owf）/%	Y
小苏打/（g/L）	30~50
尿素/（g/L）	5~12
海藻酸钠/（g/L）	1
渗透剂 JFC/（mL/L）	0.5~1

注意事项：因为染浴中同时存在分散染料、活性染料及弱碱，两种染料会产生相互干扰，所以要求分散染料耐碱性好，对棉沾色少，不易与活性染料反应，同时活性染料在高温弱碱性乃至近中性条件下不易水解，固色率高，且在染色过程中不会与分散染料和分散剂发生反应。一般应选用相对分子质量较小的活性染料，活性基为二氟一氯嘧啶、乙烯砜及一氯均三嗪等。

2. 分散/活性染料一浴一步法浸染

相对来说，分散/活性染料一浴一步法染色工艺流程较短，具有耗能、耗水量较低的优点，但是染色过程中干扰因素较多，一般染浅色、中色为主。涤棉混纺面料染色工艺处方：

分散染料（owf）/%	X
活性染料（owf）/%	Y
元明粉/（g/L）	20~30
匀染剂/（g/L）	2
小苏打/（g/L）	10~30
浴比	1：（10~15）

染色工艺曲线如图 6-45 所示。

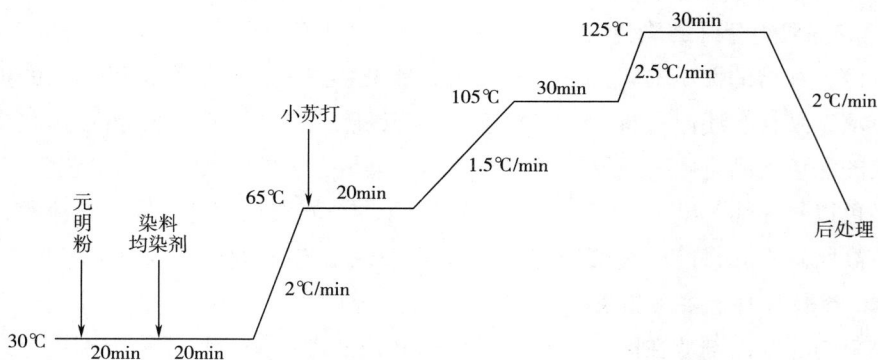

图 6-45　涤棉混纺织物分散/活性染料一浴一步法染色工艺曲线

后处理工艺及条件：水洗（30℃，10min）→皂洗（85℃，20min，中性皂片 1~2g/L，纯碱 1g/L）→水洗（80℃，10min）→水洗（60℃，10min）→水洗（30℃，10min，2 次）。

注意事项：分散染料与活性染料存在于同一染色体系中，且两者染色温度及染浴条件差异较大，分散染料需要高温（120~130℃）染色，活性染料要在碱性条件下固色，所以要求分散染料在高温碱性条件下不发生水解或水解程度很小，而活性染料必须有一定的高温稳定性，两种染料在一起不会发生沉淀及化学反应，在织物上能达到较高的上染率和固色率。

活性染料染色需加入大量中性电解质促染，高浓度的盐会影响分散染料染液的稳定性，易引起染料凝聚，出现色花和染斑，加重分散染料对棉沾色和对染缸的沾污，耐水洗和摩擦色牢度随之降低，应选用直接性高的低盐活性染料；另外，还要选用分散和匀染作用均佳的染色助剂，提高分散体系的稳定性。

因为分散染料对棉纤维的沾色问题，沾色会导致产品染色牢度降低，分散染料的还原清洗也很难解决这类型的问题。

3. 分散/活性染料二浴法浸染

涤棉混纺织物采用分散/活性染料二浴法染色时，染料适用范围广，染色条件较温和，分散染料对棉组分的沾色可通过中间的还原清洗去除，染色制品具有重现性好、色牢度高的优点，但是工艺流程长，耗能、耗水量高。

35/65 涤棉混纺汗布分散/活性染料二浴法浸染涤纶染色工艺处方：

分散染料（owf）/%	X
冰乙酸/（g/L）	2
pH	3.5~4.2
匀染剂/（g/L）	1.0~2.0
浴比	1:6

35/65 涤棉混纺汗布分散/活性染料二浴法浸染棉染色工艺处方：

活性染料（owf）/%	Y
无水硫酸钠/（g/L）	20~60
无水碳酸钠/（g/L）	10~30
匀染剂/（g/L）	0~0.5
浴比	1:6

35/65 涤棉混纺汗布分散/活性染料二浴法浸染涤纶染色工艺曲线如图 6-46 所示，棉染色工艺曲线如图 6-47 所示。

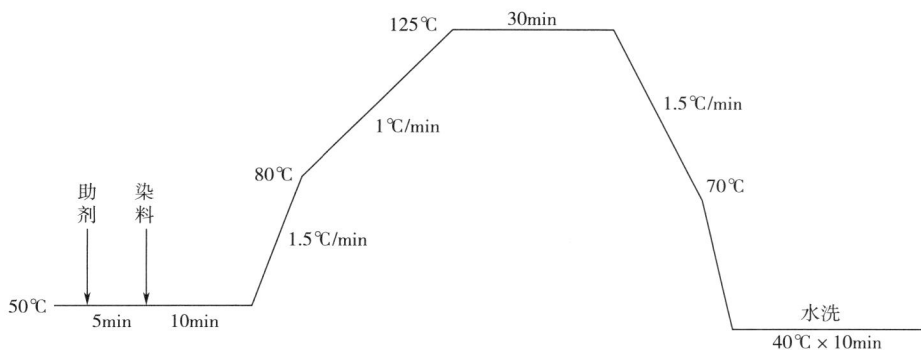

图 6-46　涤纶染色工艺曲线

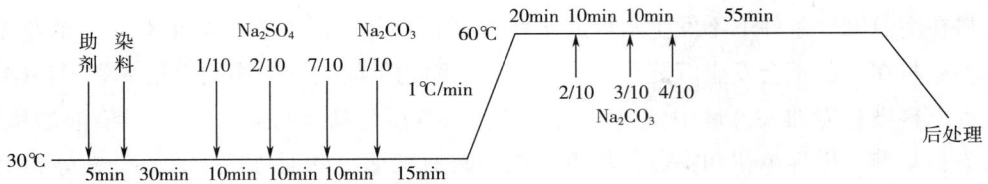

图 6-47　棉染色工艺曲线

染色后处理工艺及条件：水洗（30℃，10min）→水洗（40℃，15min）→皂洗（95℃，15min，皂洗剂 2～3g/L）→水洗（80℃，10min）→水洗（60℃，10min）→水洗（30℃，10min）。

（二）锦/棉双组分纤维染色

锦/棉双组分织物兼有锦纶和棉两种纤维的优良性能，锦纶质轻、高弹、耐磨、耐蛀虫，棉纤维亲肤、透气、舒适，锦/棉混纺织物手感丰满滑爽，穿着舒适，具有优异的回弹性和光泽，颇受消费者喜爱。由于锦纶和棉纤维具有不同的化学结构，故它们的染色性能和染色方法有所差异，锦纶一般采用酸性或中性染料上染，棉采用活性染料上染。对于锦/棉混纺织物的染色，目前国内外生产厂家多采用溢流或卷染的染色方式进行。

1. 酸性/活性染料二浴二步法染色

锦/棉混纺织物通常采用酸性/活性染料二浴法染色，即先用活性染料染棉，皂洗后再用酸性染料染锦纶。其工艺流程为：活性染料染棉→对色→排液、水洗→皂洗→水洗→弱酸性（中性）染料染锦纶→对色→排液、水洗→后处理。

活性染料棉纤维染色工艺处方：

活性染料（owf）/%	X
无水硫酸钠/（g/L）	20～60
无水碳酸钠/（g/L）	10～30
匀染剂/（g/L）	0～0.5
浴比	1∶（6～15）

活性染料棉纤维染色工艺曲线如图 6-48 所示。

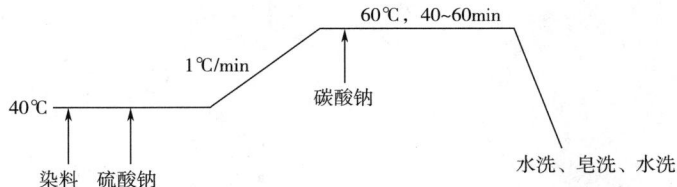

图 6-48　锦/棉混纺织物酸性/活性染料二浴法染色活性染料染色工艺曲线

弱酸性染料锦纶染色工艺处方：

弱酸性染料（owf）/%　　　　　　Y

匀染剂（owf）/%　　　　　　　　　　1

醋酸钠（owf）/%　　　　　　　　　　2

醋酸（owf）/%　　　　　　　　　　　0.3

固色剂/（g/L）　　　　　　　　　　　Z

浴比　　　　　　　　　　　　　　　1∶（6~15）

弱酸性染料锦纶染色工艺曲线如图6-49所示。

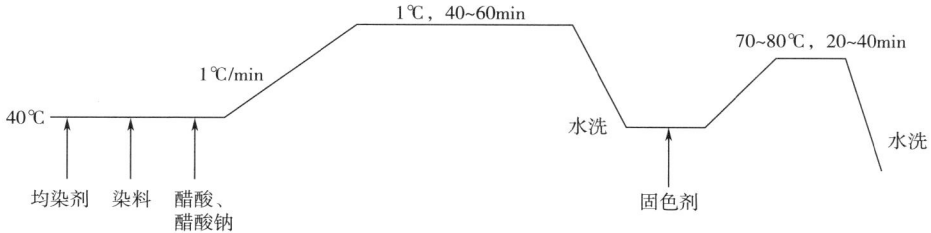

图6-49　锦/棉混纺织物酸性/活性染料二浴法染色酸性染料染色工艺曲线

二浴法染色工艺路线长，工艺较复杂，耗时、耗水、耗能量较高。

2. 酸性/活性染料一浴一步法染色

随着环保要求的提高、行业竞争的加剧以及新型活性染料的出现，研究学者不断探索锦/棉混纺织物酸性/活性染料一浴法染色工艺。锦纶通常使用弱酸性或中性的酸性染料染色，染浴一般为弱酸性条件，pH 4.5~5.5，染色温度98℃；而棉纤维常用活性染料、直接染料等染色，传统活性染料染色工艺中需在碱性条件下固色，染色温度60℃。因此，要实现酸性染料和活性染料一浴法染色，科研工作者开发及筛选了染料及染整助剂，同时不断优化染色工艺，将锦/棉双组分纤维的酸性/活性染料一浴法染色变为可能。

常规活性染料因为染色温度及染浴pH的特点，与酸性染料不可以同浴染色，锦/棉混纺织物一浴法染色所选用的活性染料要求在中性、无碱条件下的具有较高的固色率；酸性染料要求匀染性好、重现性佳，能在近中性条件下染色，在中性染浴中有近似于酸性染浴中的固色率。酸性/活性染料一浴一步法染色工艺流程为：锦/棉坯布→染色→水洗→皂洗→后处理。

染色工艺处方：

活性染料（owf）/%　　　　　　　　X

酸性染料（owf）/%　　　　　　　　Y

匀染剂（owf）/%　　　　　　　　　1

硫酸钠/（g/L）　　　　　　　　　　15~40

浴比　　　　　　　　　　　　　　1∶（6~15）

染色工艺曲线如图6-50所示。

染色过程中加入硫酸钠等中性电解质既可以作为活性染料的促染剂，又可作为酸性染料的缓染剂，保证了酸性染料染锦纶的匀染性。一浴一步法染色工艺缩短了染色时间，降低能

图 6-50 酸性/活性染料一浴一步法染色工艺曲线

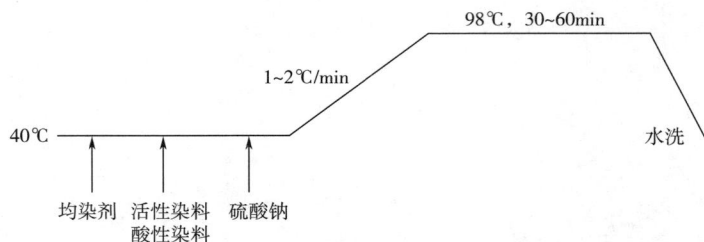

耗，一般适用于浅中色锦/棉混纺面料的染色，一浴一步法染深色、特深色还需进一步开发、筛选适合的染料及染色助剂，并不断优化工艺，保证固色率和色牢度能满足客户要求。

（三）毛/腈双组分纤维染色

羊毛和腈纶混纺纱线性能优良，具有手感独特、穿着舒适、质地轻柔和保暖性好等优点，兼具良好的经济性，在纺织行业中应用广泛，深受大众喜爱。

1. 酸性/阳离子染料二浴法染色

羊毛可采用酸性染料、中性染料，或经筛选的直接染料、活性染料等阴离子型染料染色，腈纶只能用化学结构中带有阳离子的阳离子染料染色。因两类染料同浴染色时染料易发生反应而产生沉淀，故毛/腈双组分纤维的传统染色工艺为二浴法。但是，二浴法染色存在染色工艺流程长，耗能、耗水量较大，生产效率低等缺点，目前使用较少。

阳离子染料因受到饱和系数的制约，且与纤维成盐后难以剥除，染色过程中易出现腈纶得色过深的问题，故染色过程要合理筛选染料及助剂，规范地控制染色工艺。阳离子染料应选用亲和力较低、上染速率较小、迁移性好的染料品种；缓染剂应选用非离子型或弱阳离子型缓染剂，也可用中性电解质元明粉作缓染剂。这是因为非离子型缓染剂和元明粉不会牢固占据纤维的"染座"，即使暂时占据了"染座"，也是松散的，容易移染，所以追加或剥除腈纶上的阳离子染料较为容易；而弱阳离子型缓染剂具有一定的阳荷性，会与阳离子染料对腈纶发生竞染，一旦占据"染座"就很难退出，这对腈纶上的加色或剥色不利，若产生色花则更难移染均匀。染色流程为可先用阳离子染料上染腈纶组分，然后用酸性染料套染羊毛。

2. 活性/阳离子染料一浴法染色

一浴法染色生产周期短、操作方便、节能节水，能大大提高生产效率，降低成本，解决了二浴法染色的缺点，适应市场快速反应的需求。毛/腈双组分纤维中两种纤维不同的理化性能，决定了染色工艺的不同，对于一浴法染色，须在染料、助剂、工艺等方面进行筛选与完善。

科技工作者研究了双组分纤维中的一种纤维改性整理，再使用单一染料一浴法染色。如科技工作者等研究了毛/腈双组分纤维中的羊毛组分阴离子改性剂处理，使羊毛纤维在等电点以下带有负电荷，再采用阳离子染料一浴法染色毛/腈双组分纤维，研究资料表明，织物上染百分率明显提高，染色牢度较好；另外，科技工作者研究了先对毛/腈双组分纤维中腈纶进行阳离子改性，再采用酸性染料一浴法染色，并优化染色工艺。资料显示，该方法可以缩短工艺流程，染色制品的 K/S 值、上染百分率及各项染色牢度均满足要求。还有一些科技工作者研究了兰纳素染料和阳离子染料对腈纶/巴素兰羊毛混纺纱线一浴法染色工艺。该工艺染制的产品色泽优良,织物染色牢度优于传统工艺染品。

【实践操作】

涤纶织物分散染料高温高压染色

6-7 涤纶织物分散染料高温高压染色

·情景案例

纺织印染企业的化验室在产品质量控制和检测中扮演着至关重要的角色。其主要工作内容主要包括:订单染色配方的有效管理、染色仿样及复样等。作为企业与客户沟通及企业生产的颜色标准,为企业接单做准备,并为企业的大货生产提供工艺配方。企业化验室接到面料染色打样任务时,根据客户来样要求,设计涤纶织物染色工艺处方、工艺流程,完成面料打样,色差要求 $\Delta E \leqslant 0.8$。

·任务描述

接到客户来样后,首先要进行审样。通过审样,了解代加工织物的性能及加工要求。其次要合理制订染色工艺,生产出符合要求,且具有一定数量和经济效益的染色产品。小样染色工艺设计主要包括小样质量、染色浴比、染料品种与浓度、助剂种类及浓度、工艺流程等,在制订染色打样方案时要充分考虑到大生产的可操作性及稳定性,保证产品质量。

·方案设计

涤纶织物分散染料高温高压染色工艺应包括染色工艺处方、工艺曲线、工艺流程以及色差评定方法等。实验室现有助剂、材料及检测设备,实践中所需具备的知识和技能见表6-26,染色工艺处方见表6-27,染色工艺曲线如图6-51所示。

表6-26 实践准备

主要试剂	分散染料、醋酸、纯碱、皂粉、分散剂 NNNO、保险粉等
主要仪器	电子天平、红外线染色小样机、量筒(50mL)、烧杯(250mL)、刻度吸管(10mL)等
应知	分散染料的应用分类、分散染料高温高压染色原理
应会	分散染料高温高压染色工艺

表6-27 染色工艺处方

染化料	用量	染化料	用量
分散蓝 2BLN(owf)/%	2	布重/g	2

续表

染化料	用量	染化料	用量
分散剂 NNO/（g/L）	1	浴比	1∶50
醋酸	调节 pH 至 5 左右		

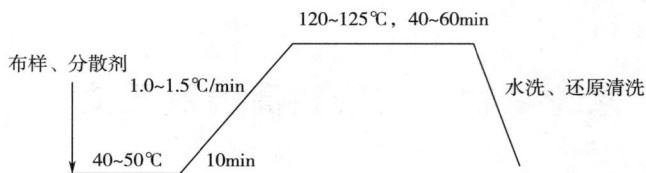

图 6-51　染色工艺曲线

还原清洗：保险粉 1~3g/L，碳酸钠 2g/L，洗衣粉 2g/L，浴比 1∶50，80~90℃皂洗 5~10min。

· **操作步骤**

（1）涤纶织物除油。碳酸钠 2g/L，洗衣粉用量 5g/L，浴比 1∶50，配制除油清洗液。在 90℃条件下将涤纶织物浸渍 30min，然后取出织物充分水洗去除织物残留的洗衣粉和碳酸钠。

（2）分散染料母液浓度 2g/L，准确称取染料母液，置于烧杯中，加入醋酸及助剂，加水至规定浴量。

（3）将配制好的染液倒入高温高压染色机的染杯中，布样用水润湿并挤干放入染杯中，拧紧杯盖。

（4）启动染色机，开始染色。

（5）染色完成后，戴上手套取出染杯放入自来水中冷却，打开杯盖，取出布样依次进行水洗、还原清洗、水洗、烘箱内烘干。

（6）K/S 值与色差评级。

注意：染色时红外线染色机染杯保持密封状态，降温至 60℃以下再打开，严格按照使用说明进行操作，防止烫伤！

· **结果与讨论**

将原始实验数据及结果记录在表 6-28 中。

表 6-28　实验数据记录表

序号	主要助剂名称及用量			K/S 值	色差/级
1					
2					
3					

序号	主要助剂名称及用量			K/S 值	色差/级
⋮					

·任务评价

按表 6-29 中各项指标对该任务进行评价。

表 6-29 分散染料染色仿样任务评价表

项目	指标	要求	分值	自我评价	教师评价
准备工作	面料分析	能够准确分析织物规格	5		
	染色织物	称量织物，除油处理	5		
	染化料	准确计算染化料重量和水的体积，操作自动配液系统	10		
过程	操作步骤	准确且条理清晰	10		
	实践器材	规范使用	5		
	染色后处理	阐述还原清洗的作用，精准实施	5		
结果	原始记录单	报告完整	10		
	数据记录	规范、清晰	10		
	结论	准确、合理	20		
职业素养	态度	遵守课堂纪律、学习积极	10		
	团队合作	能相互配合，顺利完成任务	5		
	7S	台面清洁无杂物、规范等	5		

【技能训练】

技能训练一 涤纶织物分散染料热熔染色工艺

一、实验准备

（1）仪器设备。热定型机、小轧车、烧杯、量筒、电子天平、玻璃棒等。

（2）染化药品。分散红玉 S-3GL 或分散艳蓝 S-2GFL、渗透剂 JFC、醋酸、纯碱、净洗剂 209 等。

（3）实验材料。涤纶织物 2g。

二、实验方案

（1）涤纶除油工艺处方。

净洗剂 209/（g/L）	5
纯碱/（g/L）	10
浴比	1∶50
温度/℃	95
时间/min	30

（2）染色工艺流程。织物→浸轧染液（室温，二浸二轧，轧液率 60%～70%）→烘干（60℃，5～10min）→热熔（210～220℃，90～120s）→水洗→还原清洗→水洗→烘干。

（3）染色工艺处方。

分散染料/（g/L）	2
渗透剂 JFC/（g/L）	1
醋酸/（mL/L）	2
海藻酸钠糊（owf）/%	0.5～1

三、实验步骤

（1）按配制 100mL 染液计算染料及化学药品用量。

（2）将称取的染料置于不锈钢染杯中，加入规定量的渗透剂和少量水，充分调匀后加水至规定浴量。海藻酸钠糊先称取好，然后将配好的染液加入海藻酸钠糊中，先加少量充分搅拌然后再多加。

（3）织物投入染液中进行二浸二轧，浸渍时间约 10s，然后放在烘箱中烘干。烘干后织物在热熔机内处理。

（4）热熔后织物需进行水洗和还原清洗，最后水洗、烘干。

四、注意事项

（1）染色前先做除油处理，除油处理后水洗烘干。

（2）浸轧染液应均匀，烘干温度不超过 60℃为宜。

（3）织物烘干后热熔，避免遇到水滴产生水渍疵布。

五、结果与讨论

将染色后的布样粘贴于表 6-30 中，并对染色试样的鲜艳度、匀染性进行分析。

表 6-30 实验结果与讨论 (一)

贴样	热熔后	未热熔
试样鲜艳度及匀染性		

技能训练二 腈纶纱阳离子染料浸染工艺

一、实验准备

（1）仪器设备。高温高压染色小样机、烧杯、量筒、电子天平、玻璃棒、移液管等。

（2）染化药品。阳离子艳红、醋酸钠、醋酸、匀染剂 1227、净洗剂 209 等。

（3）实验材料。腈纶纱线 2g。

二、实验方案

（1）染色工艺处方。

阳离子艳红（owf）/%	1.5
醋酸钠/（g/L）	2
冰醋酸（owf）/%	1
匀染剂 1227/（g/L）	0.5
元明粉/（g/L）	10
浴比	1∶50

（2）腈纶纱阳离子染料染色工艺曲线如图6-52所示。

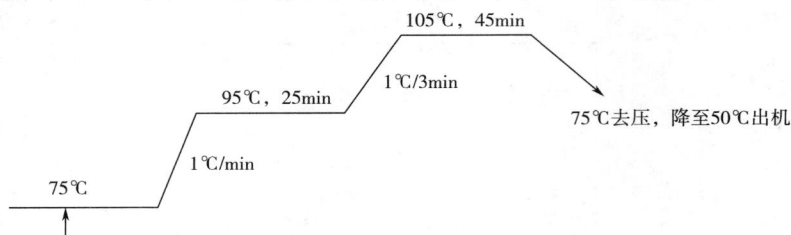

图6-52 腈纶纱阳离子染料染色工艺曲线

三、实验步骤

（1）母液浓度2g/L，根据染色工艺处方计算母液移取量、化学药品及助剂的用量。

（2）将移取的染料母液加入不锈钢染杯中，加入规定量的水，再依次加入醋酸钠、匀染剂及醋酸，充分搅拌溶解后放入水浴锅中加热。

（3）称取规定重量的纱线，润湿后投入染液中染色，严格按照工艺曲线进行。

（4）染色结束后纱线冷水冲洗干净，最后烘干。

四、结果与讨论

将染色后的纱线粘贴于表6-31中，并对染色试样的鲜艳度、匀染性进行分析。

表6-31 实验结果与讨论（二）

贴样	
试样鲜艳度及匀染性	

【思考题】

1. 分散染料的性能有哪些？试述分散染料染色时染浴pH条件及原因。

2. 分散染料的染色方法有哪些？试述每种染色方法的染色机理。

3. 分散染料的染色工艺有哪些？试述每种染色工艺的不同之处。

4. 试设计分散染料对涤纶织物的染色工艺，需包含染色处方、工艺曲线以及工艺流程等。

5. 试述分散染料染色制品常见的疵病有哪些以及其预防措施。

6. 阳离子染料对腈纶染色时，何为腈纶的染色饱和值和配伍值？试述饱和值和配伍值对实际生产的意义。

7. 阳离子染料的染色中常用的匀染剂有哪些？试述匀染剂的作用原理。

8. 已知腈纶的染色饱和值为2.3，用阳离子红X-GRL及阳离子黄X-6G对腈纶进行染色。已知所用染料浓度分别为2.8%（owf）和2.4%（owf），这两种染料的饱和系数分别为0.35和0.66，试计算染料的用量是否合理。

9. 试设计阳离子染料对腈纶织物的染色工艺，需包含染色处方、工艺曲线以及工艺流程等。

项目七　成衣染色

【学习目标】

知识目标：

1. 了解成衣染色的基本特点，掌握扎染、吊染的概念及形成原理。
2. 明白天然蓝靛染料的染色机理，掌握扎染基本技法及工艺流程。
3. 理解染料混合的规律，掌握吊染染色工艺。

能力目标：

1. 能根据成衣性质及应用特性合理选用染料、染色方法和助剂等。
2. 会制订染色工艺流程，操作仪器并完成成衣染色。
3. 会利用信息化手段评价染色质量与色彩搭配，分析染色疵点成因。

思政目标：

1. 培养学生细心、耐心的行为习惯。
2. 培养学生精益求精的匠心意识。
3. 培养学生团队合作精神和创新思维能力。

情感目标：

1. 培养学生沟通与表达的能力。
2. 培养学生终身学习的能力。
3. 培养学生弘扬文化传承之道。

【学习任务】

成衣染色指的是将纺织面料制成白坯成衣以后再进行染色的一种方法，如牛仔服装、上衣、运动服以及休闲服装等。成衣染色具有小批量、生产周期短、反应快速、色彩丰富、尺寸稳定等特点，它不受订单大小限制，几件到几十都可以染色，还可以将染色与水洗后处理结合起来，得到不同风格的成品，以满足不同消费者的需求。成衣染色工艺多用于纯天然纺织制品，如梭织布休闲服、针织汗衫以及羊毛针织品或锦纶针织品，常用的染料有天然靛蓝染料、活性染料、酸性染料以及涂料等，染色设备多为工业洗衣机或件染机等。

党的二十大报告提出，加快发展方式绿色转型。推动经济社会发展绿色化、低碳化是实现高质量发展的关键环节。近些年，绿色低碳的生活理念蔚然成风，人们注重高品质的生活，追求健康的生活方式，个性化、绿色化、艺术化的服装服饰制品越来越受到年轻一代的喜爱与追求。区别于千篇一律的机械化染色工艺，将传统的手工印染工艺（如扎染、型染、蜡染）与新兴手工印染工艺（如吊染、涂鸦、泼染、段染）结合，综合应用于成衣染色，可制做出多色交融、渐变、晕染的成衣服装。不仅提高成衣的附加值与艺术性，而且还能充分表达设计师的理念与思想，将艺术设计蕴藏与成衣染色有机融合。当前，成衣染色主要包括扎染、吊染、段染、手绘等多种工艺，本书主要介绍扎染和吊染。

任务一　扎染

一、扎染概述

扎染是一种扎结成绺，浸染成花的染色方法。《资治通鉴》备注中描述了扎染的制作工艺及原理：缬撮彩线结之而后染色，即染，则解其结，凡结处皆原色，余则入染矣。其色斑斓。扎染就是用线将布扎成结，形成一个个疙瘩，起到防染的作用，染色后解开疙瘩会发现结扎的部分依旧保留布的原色，而其他部分染上色形成一定的图案效果。

7-1　手工印染用染料　　7-2　手工印染发展历史

二、扎染工具

（一）线、绳工具

扎染工艺中捆绑工具主要使用线和绳（图7-1）。细线用于缝、扎精细线条和图案，粗线或绳用于大面积的捆绑图案。另外，在缝扎中可以选择不同型号的缝衣针与线配套使用，可选用棉线、尼龙线、混纺线等，主要以结实、不掉色为宜。面积大的花型捆扎，可综合使用棉绳、麻绳、毛线、布条、丝带、塑料绳、金属丝等。

图7-1　扎染绳线

（二）扎结工具

在实际扎染中可结合实际情况综合选用多种工具，且选用的工具应有耐高温、不掉色、耐腐蚀的特点。扎结工具可以是线、绳与其他工具的共同使用，比如木板、木夹、塑料膜与线、绳综合使用，以创造出不同的面料肌理效果，其他工具还包括石子、玻璃球、别针等日常生活物品，如图7-2所示。

图7-2　夹板、石子等扎结工具

三、扎染的典型技法

（一）自由塔扎法

将织物揪起一点，用线绳扎紧，可扎成同样大小的花纹，也可由小到大排列。这是一种最基本的扎结技艺，制作出的图案自由随意且充满变化，可制作窗帘或裙料。制作效果如图7-3所示。

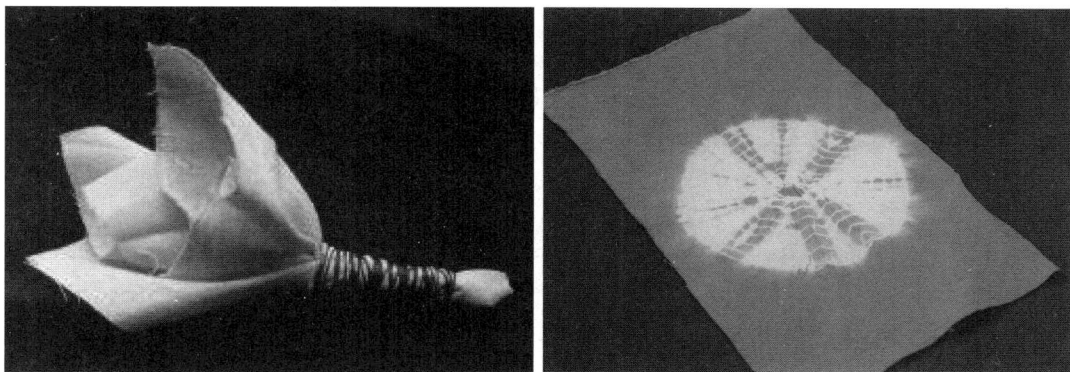

图7-3　自由塔扎法效果图

（二）串缝结扎法

第一步，用针线分别将各部分平针串缝好；第二步，分别将各部分缝线抽紧；第三步，在串缝处紧扎3~4圈，确保图案轮廓清楚；第四步，由下往上进行绕扎，注意扎线之间的距离；第五步，再由上往下进行绕扎，同样要保持扎线之间的距离；第六步，最后将绕线抽紧。制作步骤如图7-4所示。

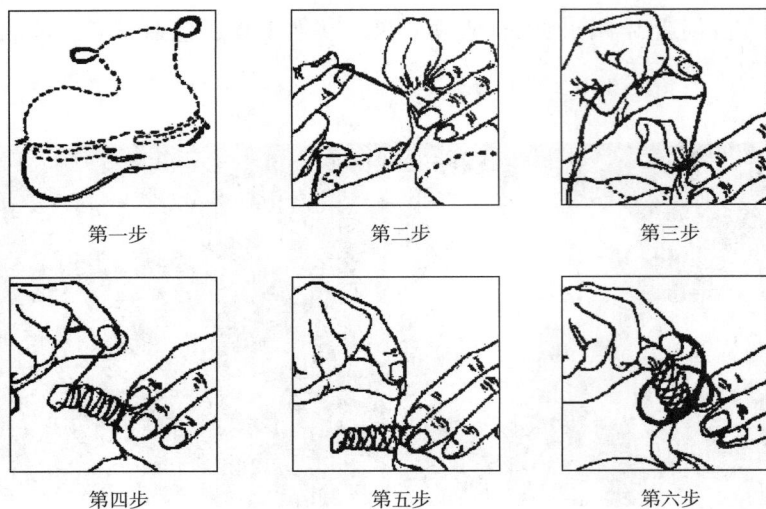

第一步　　　　　　　　第二步　　　　　　　　第三步

第四步　　　　　　　　第五步　　　　　　　　第六步

图 7-4　串缝结扎法步骤示意图

（三）大梅花

先用水消笔设计花稿，分花心和花瓣两部分。然后，对花心和花瓣部分分别走针，其中花心部分可小一些，花瓣部分适当大一些，注意这两部分为独立单元，走线需各自分开。最后，走针完成后分别抽紧，花心和花瓣之间可采用自由塔扎法扎线捆紧。其针迹及效果如图7-5 所示。

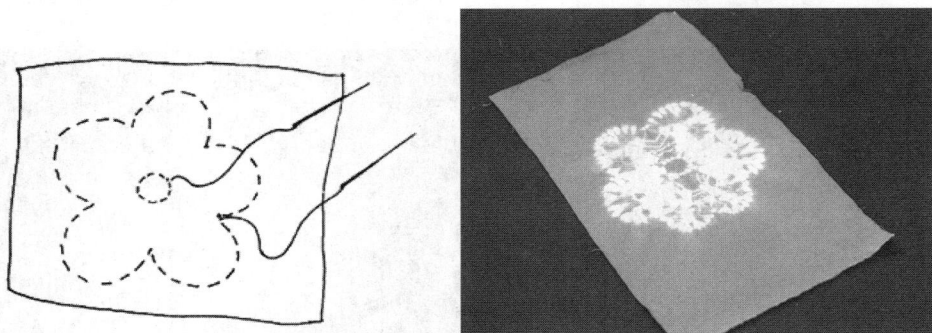

图 7-5　方胜串缝针迹及染色效果

（四）十字花扎

十字花在古代为太阳崇拜的象征寓意。其具体操作如下：首先，将织物对折，按其中心点再次对折，压平；然后，以中心点的两条直角边为起止线，用水消笔画一个大 M 形，按串缝方法进行走针；最后，待串缝完成后抽紧，并按自由塔扎法扎线捆绑。其效果如图7-6 所示，需注意的是所选面料应以轻薄为宜，且折叠层次不要过多，否则会影响染色效果。

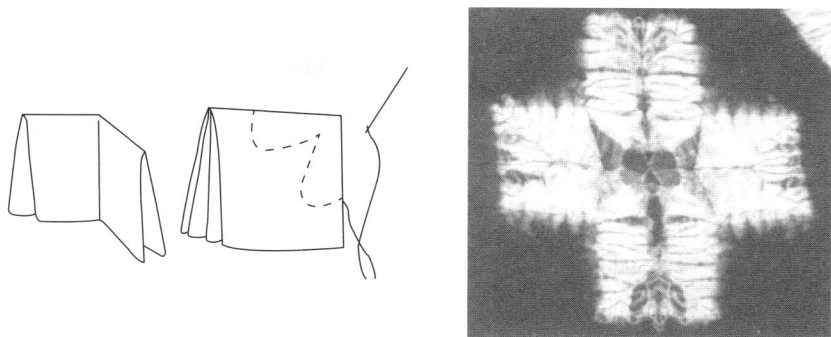

图 7-6　十字花扎缝针迹及染色效果

（五）佩兹利花

佩兹利花，又称为火腿花，源于古印度克什米尔地区，整个造型以圆弧为主，只有一个尖角，非常美丽。其具体操作如下：首先，用水消笔在面料上画出佩兹利的纹样图案，可以稍大一些，这样效果会比较明显；然后，以佩兹利花的尖角为入针点，按单层串缝的方法进行缝扎，注意收针点与入针点须在同一尖角点上；最后，将缝扎线抽紧，中间面料按自由塔扎法绕线捆紧。其效果如图 7-7 所示。

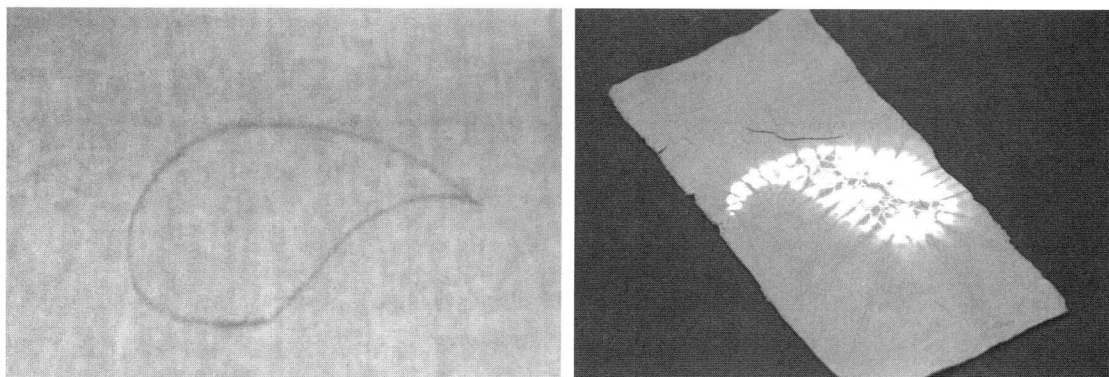

图 7-7　佩兹利花缝针迹及染色效果

（六）小蝴蝶花

在白族扎染的纹样里，我们经常能看到蝴蝶图案，象征着多子多福的寓意。其具体操作如下：首先，将面料对折后分成三等份，每个角为 60°，面料按前后方向对折；然后，从折叠后的尖角点位置向下折 1cm 左右的面料；接着，从下折后的尖角点处入针，绕过折线，重新入针在同一尖角点处，抽紧绕线，同样方法再绕针扎一次，抽紧打结即可；其效果如图 7-8 所示。

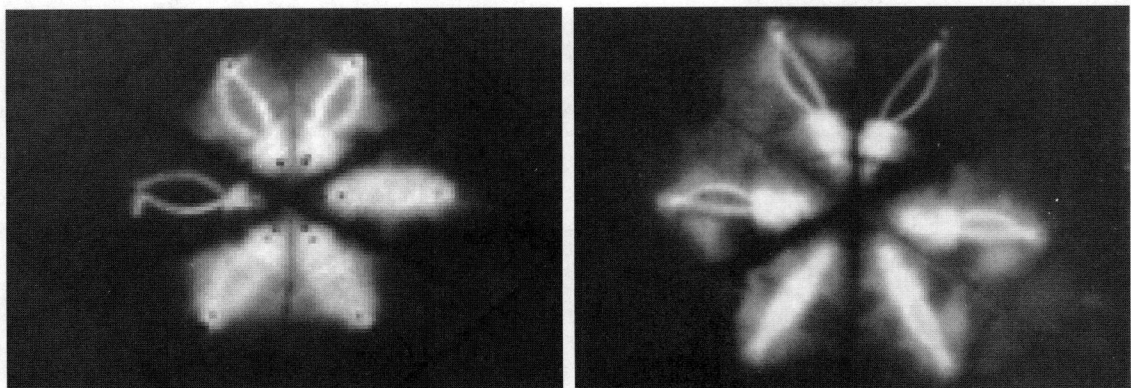

图 7-8　小蝴蝶花扎染效果

（七）包豆子花

　　将扎染面料中包入豆子、硬币或小石子等不会被染也不易腐蚀、破损的小物体，再用自由塔捆扎法将其扎紧。制作效果如图 7-9 所示。

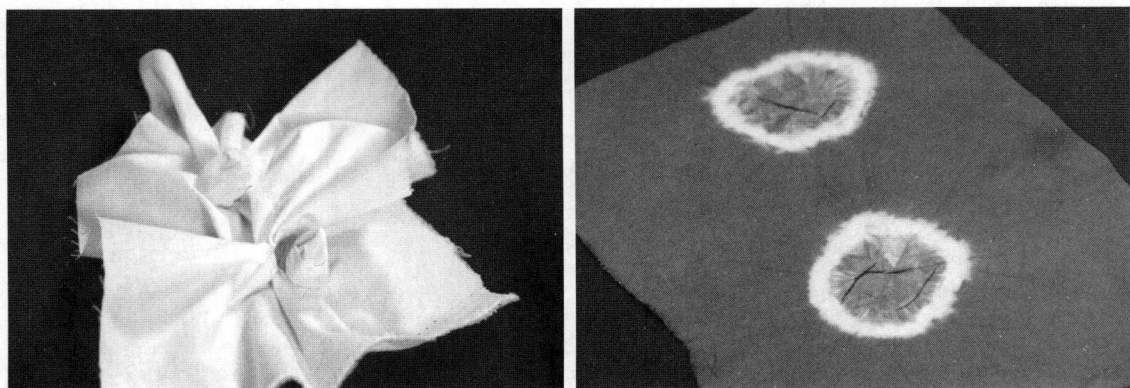

图 7-9　包豆子花扎法制作效果图

（八）打结扎法

　　将织物以对角折、百页折等不同方式进行折叠，再打结抽紧，起到阻断染液渗入的作用。打结的方式有：四角打结、斜打结、任意部位打结等。首先，将布条捋顺，可以先折叠，也可以随意一些；其次，将长条大致分成三等份，在每一段的中心处进行打结；最后，对打结力度适当调整；为了方便拆结，打结不能太紧，但也不能太松，否则可能染不上花纹，其制作效果如图 7-10 所示。

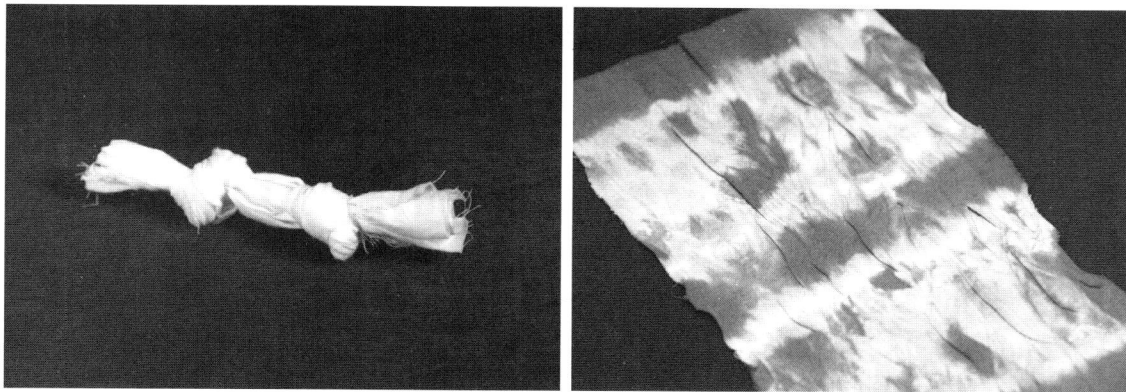

图 7-10 打结扎法效果图

（九）任意皱折法

该法可制作出类似大理石花纹效果。是将织物做任意皱折后捆紧、染色；再捆扎一次再染色（或做由浅至深的多次捆扎染色），即可产生似大理石纹理般的独特效果。其具体制作方法如下：首先，将织物任意握捏，成型后用绳线随意捆扎绑紧；其次，用活性染料蓝进行染色，染色完成后，冷水冲洗，拆线；再次，重复前面两步进行第二次捆扎与染色；最后，染色完成后先冷水洗，再高温皂洗，去除浮色后，熨平即可。其制作效果如图 7-11 所示。

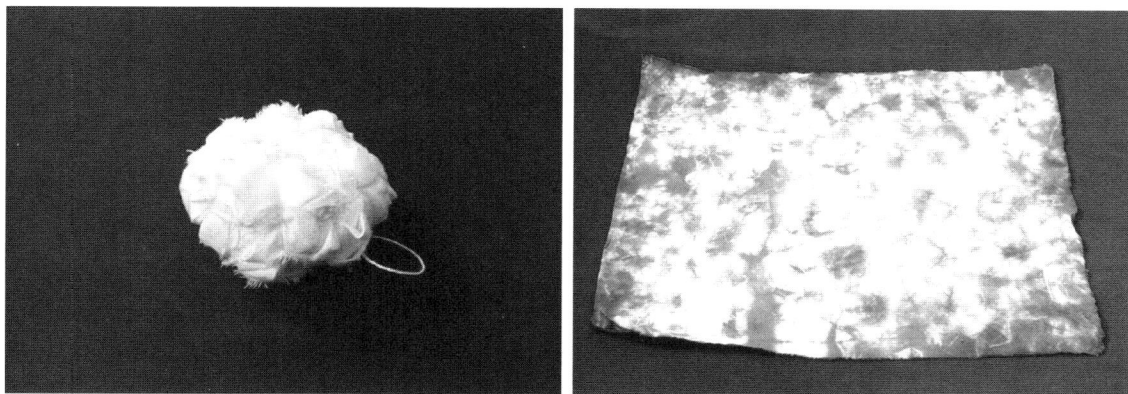

图 7-11 任意皱折法效果图

四、染色方法及染色工艺

传统的扎染常使用植物染料进行染色。化学染料问世之后，因其价格低廉、使用方便、颜色鲜艳、牢度较佳的优点，逐渐被人们接受和使用。虽然目前采用化学染料染色在扎染中使用较多，但在云南大理白族自治州等少数民族聚集地，人们仍然使用天然靛蓝染料。实际操作时，可根据成衣面料的性能以及染色效果，选择合适的染料进行染色。

（一）天然蓝靛染料

1. 染色过程

天然蓝靛染料来自植物板蓝根，色彩沉稳内敛，具有一定药用价值，长期受到人们的喜爱。在扎染中，比较常见的是蓝白花色，用蓝靛浸染而成。云南大理的白族等民族地区，一直沿用蓝靛染料进行扎染。

由前面的学习我们知道，天然蓝靛染料的染色过程比较复杂。首先要制作蓝靛染料，然后再经过浸染、还原、皂洗后处理等阶段方可完成。天然靛蓝的染色过程与还原染料相似，一般也是分为染料的还原溶解、隐色体上染、氧化及水洗后处理四个阶段。

2. 染色工艺

第一步，制备蓝靛染料。采摘新鲜的板蓝根茎叶与石灰按照大约 1∶5 的比例放入适量清水中，每天需要用木槌拍打染液至表面产生白色泡沫，经过数十天后，当茎叶全部被打烂时染液就成熟了。将染液上的清水倒掉，最后沉淀下来就是蓝靛染料。

第二步，染色。将蓝靛染料、烧碱与热水按量依次加入染杯或染缸中，放入待染织物，然后不断搅拌使织物与染液充分接触，染色时间 30~60min。

第三步，氧化。染色后取出织物平铺，使其与空气接触达到氧化的效果，晾晒大约 20min 后将织物再次放入染液中，重复之前染色步骤。

第四步，后处理。蓝靛植物染料由于在染色过程中加入了烧碱，染色结束后需将残留在织物表面的碱去除，使织物表面保持酸碱平衡，故需进行高温皂洗处理。用中性皂粉 2g/L，浴比 1∶50，配制皂洗液。将染色织物放于皂洗液中在 90℃条件下皂洗 8~10min，之后取出染色织物用 40~60℃温水淋洗 2 遍，再冷水淋洗 2 遍，直至织物表面中性洗涤剂冲洗干净为止。最后熨斗低温烫干。

（二）苏木植物染料

1. 染色机理

苏木也称苏枋、苏方木、赤木等，是我国古代著名的红色植物染料之一。苏木表面呈黄红色或棕红色，色素主要成分是苏木素和苏木精，水溶性较好，且染色工艺多样，可进行直接染色或媒染染色。由于植物染料在桑蚕丝织物上的色牢度较差，通常采用媒染染色法。明矾又称白矾，化学名称十二水合硫酸铝钾，为常用媒染剂之一。根据媒染剂加入的先后顺序不同，媒染染色方法又可分为预媒染色、同媒染色和后媒染色。其中，同媒染色是将染料与媒染剂放入同一染浴中进行染色，工艺流程较短，操作方法相对简单，目前使用较多。

植物染料因其来源于植物的茎叶，通常要先提取染液再进行染色。本文介绍苏木采用明矾同媒和预媒染色工艺。

2. 染色工艺

（1）同媒染色法。

第一步，配制苏木染液。称取 200g 苏木染料，粉碎，按照料液比 1∶10，加入蒸馏水，浸泡 24h，加热至沸，待水分蒸发至 4/5 时，趁热过滤。按此法反复浸提 3 次。此为苏木染色原液，可根据染色浓度加水稀释染液。

第二步，染色。量取一定量的苏木染液放入不锈钢染杯，加入 5g/L 白矾，搅拌溶解后放入水浴锅中加热至 80~90℃，织物润湿后在此温度下浸染 40~60min，染色结束取出染色织物。

（2）预媒染色法。

第一步，白矾预处理。量取一定量清水加入不锈钢染杯，加入 5g/L 白矾，搅拌溶解后放入水浴锅中加热至 50~60℃，将织物润湿后放入白矾溶液中浸泡 30min，取出织物。

第二步，染液配制及染色。植物染料染液配制方法与同媒法相同。量取一定量的苏木染液放入不锈钢染杯，放入水浴锅中加热至 80~90℃，织物在此温度下浸染 40~60min，染色结束取出染色织物。

（3）染后处理。苏木植物染料染色织物的后处理一般在 40~60℃ 温水中漂洗，再经清水漂洗，最后熨斗烫干即可。

五、染色设备

成衣服装等的前处理和染色一般在成衣染色机中进行。成衣染色机可分为两类：滚筒式成衣染色机和桨叶式成衣染色机。

滚筒式成衣染色机通过内胆转动，带动衣物运转，染浴相对静止。染色机内胆转动时速度较快，衣物在机器中不断滚动，衣物间产生的摩擦力较大，通常适用于机织面料服装的染色，染后的服装风格自然，兼具水洗风格。滚筒式成衣染色机如图 7-12 所示，其最大特点是染色均匀，匀染性好，尤其适合直接染料、涂料的成衣染色，染色容量在 15~250kg，既满足小批量成衣染色，又适合大件牛仔服装成衣的染色和水洗。

图 7-12　滚筒式成衣染色机

对于针织类成衣服装的染色，首先要确保成衣边缝缝制牢固、面料强力较好；其次是染色时时间不要过久，否则易造成成衣破洞、脱线等损耗。对于色泽鲜艳度要求较高的针织衫类成衣服装，建议不要选用滚筒式成衣染色机，因为衣物在滚筒式成衣染色机中转动速度快，承受的摩擦力大，染后成衣表面颜色易发灰。

桨叶式成衣染色机通过桨叶正反方向搅拌染液，使被染成衣呈浮染状态，染液渗透力强，染色均匀，适用于棉、麻、黏胶以及羊毛等成衣服装的染色，如市场上常见有 GD 型成衣染色机和 SME 型成衣染色机等，其外形如图 7-13 所示。

图 7-13　桨叶式成衣染色机外形

六、典型案例

（一）精纺羊毛衫成衣染色

1. 前处理

工艺处方：

中性洗涤剂（owf）/%	0.4~1.2
浴比	1：（30~40）

工艺条件：

处理温度/℃	60~70
处理时间/min	10~20

2. 染色工艺

染色工艺处方：

弱酸性染料（owf）/%	x
无水元明粉/（g/L）	1~2
冰醋酸（owf）/%	1~3（pH=4.5~5.5）
匀染剂/（g/L）	0.5~1.5
浴比	1：（20~40）

工艺流程：染料用冷水、温水或醋酸打浆，再用温水或沸水稀释、过滤。织物 20～30℃ 入染，采用缓慢升温至 98℃，保温 30～60min，再降温后充分水洗、烘干。

染料也可选用强酸性或中性染料。对于精纺毛织物，其结构平整、毛纱细度高，应保持充分沸染，以提高成衣的匀染及透染性。

（二）桑蚕丝服装成衣染色

桑蚕丝服装通常有双绉、素绉缎以及花软缎等品种，染色时件数不宜过多。

1. 前处理

染色前桑蚕丝成衣可以进行适当前处理，去除成衣上残留的油污及灰尘等，提高白度。处理条件需温和，不要损伤桑蚕丝的天然光泽及强力。前处理工艺处方及条件与精纺羊毛衫类似。

2. 染色工艺

染色处方：

弱酸性染料（owf）/%	x
食盐/（g/L）	1～2
冰醋酸（owf）/%	1～3
平平加 O/（g/L）	0.5～1.5
浴比	1：（30～50）

工艺曲线如图 7-14 所示。

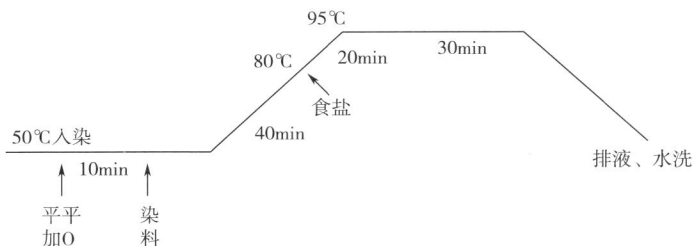

图 7-14 弱酸性染料桑蚕丝成衣染色工艺曲线

桑蚕丝成衣及其制品一般比较轻薄，对光泽要求较高，但织物长时间沸染，成衣表面易擦伤，影响手感，且易造成局部"灰伤"。所以，染色时一般不宜长时间沸染。

（三）棉纱编织衫成衣染色

1. 前处理

前处理的目的主要是去除棉纱上的天然色素及纤维素共生物。

工艺处方：

30%双氧水/（g/L）	10
氢氧化钠/（g/L）	3
硅酸钠/（g/L）	1
浴比	1：（20～40）

工艺流程：按工艺处方配制整理液，升温至 90～95℃，放入棉纱编织衫，保温处理

40~60min。结束后再降温后充分水洗、烘干。

2. 染色工艺

染色处方（还原溶解）：

蓝靛染料（owf）/%	x
纯碱/（g/L）	10~15
还原剂/（g/L）	3~5
浴比	1：（10~15）

工艺流程：按工艺处方配制染液进行还原溶解，还原溶解温度40~50℃，时间10~20min，染液逐渐由深蓝色转变为黄绿色，说明蓝靛染料已经还原溶解。将成衣放入已经还原溶解的染液中，室温染色，时间10~15min，取出在空气中悬挂氧化10~15min，再重复染色3~5次。

染色后处理：染色结束后进行高温皂洗处理，中性洗涤剂2g/L，浴比1：50，90℃以上洗涤5~10min，最后充分水洗，烘干。

七、创新设计

人们的精神需求日益提升，对个性追求和民族文化认同感的渴望如雨后春笋般在中华大地上蓬勃涌现。**党的二十大报告中明确提出，要繁荣发展文化事业和文化产业。**以传统天然染料及印染技艺为载体的"国潮"在时尚领域的存在感与日俱增，赢得了越来越多"00后"年轻人的青睐与追捧。年轻一代对传统染色技艺怀有先天的精神需求，为传统手工印染技艺的发展提供了广阔的应用市场，而文创时尚产业的发展，为传承天然植物靛蓝染色技艺提供有效途径和方式，靛蓝染色工艺已经运用在服装、家纺等多个领域，显示出良好的发展潜力。

1. 服装服饰设计

靛蓝植物染色相比于其他植物染料染色，具有色彩丰富、较易制作和色牢度高的优势，所以目前靛蓝染在服装服饰设计上的运用已经相对比较成熟。大到奢侈品牌，小到快消品牌，都有相关天然染料制作的服装服饰产品，还有一些扎染手绘个性化产品，如图7-15和图7-16所示。

图7-15 天然染料扎染服装服饰品

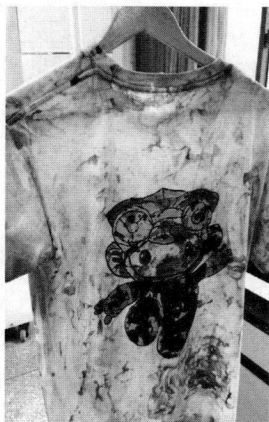

图7-16 扎染手绘T恤

2. 家纺设计

家纺类的产品需要给人营造舒适、自然、放松和平缓的心理感受，所以将靛蓝的色彩及图案巧妙融入床上用品、桌布桌旗、沙发布艺、窗帘布艺等家纺产品上符合顾客的心理使用需求。如结合中华优秀传统文化制作《兰亭集序》蓝印花布壁饰（图7-17）和《走马御史》蓝染布艺桌旗（图7-18），为家居环境增添了一份独特的文化底蕴和艺术气息。

7-3 《兰亭序》蓝印花布壁饰

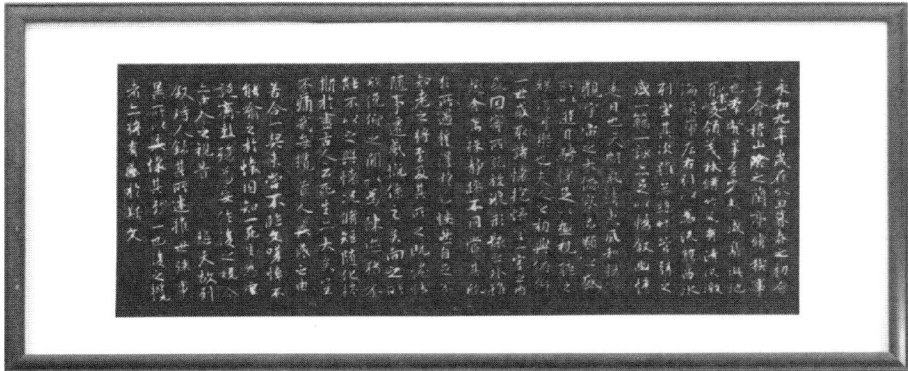

图7-17 《兰亭集序》蓝印花布壁饰

图7-18 《走马御史》天然染料染色布艺桌旗

3. 其他创意设计

靛蓝染色具有超强的设计包容性，从日用产品到文化作品，靛蓝染作品都具有强烈的艺术表现力，图7-19为学生设计与制作的布艺摆件、帆布包、门帘等布艺作品。

图 7-19　创意布艺作品

任务二　吊染

一、吊染概述

吊染作为一种特殊的防染技法，可以使纺织面料、成衣服装等呈现出由深渐浅或由浅至深的柔和、渐进、和谐的艺术和视觉效果，表达出一种简洁、优雅、淡然的审美意趣。吊染工艺会在成衣服装上产生一种"渐变染"的效果，又称"过渡色"，它是指从成衣或织物的一个部位到另一部位的颜色逐渐发生变化的一种效应。近年来，吊染工艺产生的渐变效果逐渐受到人们的青睐。

吊染染色时，根据成衣服装或纺织面料设计要求，只让成衣服装的一个部分接触染液，由于成衣服装吸入染料主要通过毛细管效应，会将随毛细管效应上升的染液吸附到织物上，且由于染料的优先吸附性，越向上染液中剩余的染料越少，因此就产生了一种由深到浅逐渐过渡的染色效果。染料上染成衣服装的原理与一般染色相同，在吊染过程中吊挂的织物必须上下摆动，目的是让更多的染料上染成衣服装。

二、吊染工艺

成衣服装的吊染一般在特殊的吊染设备中完成，其吊染工艺如下。

吊染工艺流程一般为：成衣效果图设计→上夹→吊挂→染色→洗涤→后处理→烘干→检验→包装。

吊染的工艺方法是将成衣的被染面朝外固定在丝网架上，再将丝网架逐渐浸入染槽，或者先将丝网架全部浸入染槽，之后再逐渐吊起。渐变色主要是基于成衣不同部位的染色时间渐变或染液配方的渐变，从而使服装不同部位的颜色呈现出渐变效果。吊染工艺多用于纯棉、真丝等较为高档面料和成衣的染色，一般选用环保型活性染料和酸性染料。具体的染色工艺处方可参考活性染料及酸性染料。

三、吊染设备

成衣吊染产生的渐变效果主要是基于成衣不同部位染色浓度、染色时间以及工艺的变化而形成，需在专门的成衣吊染设备中进行。设备由染槽、吊架和升降控制装置三部分组成。染色时把染液配制在染槽中，把服装绷平固定在丝网架上，再把若干个丝网架平行排列安装在吊架上，通过升降控制装置使服装按设定速度逐渐浸入染浴中，或者先使整个服装全部浸入染液中，然后再逐渐吊起。在染色过程中，可以逐渐改变染液浓度或配方形成不同的颜色渐变；服装的不同部位在染液中停留时间长短不同，会形成着色量的渐变，使不同部位颜色不同；或者颜色相同，但浓淡不同；也可以先裁成制品的各种裁片，然后进行渐变染色后，再进行成衣的拼合。在吊染中，很重要的一点是在染色的过程中吊挂的织物必须上下摆动，使织物的得色量尽量多。GY 型升降式成衣染色机为常见的一种吊染染色机，如图 7-20 所示。

图 7-20　GY 型升降式成衣染色机

四、典型案例

染一件左侧是鲜艳的黄色、右侧是咖啡色的 T 恤，质地为纯棉汗布，整件衣服为白色，采用吊染工艺。

（1）染前准备。将 T 恤右侧半边卷起，用塑料薄膜包裹后用塑料绳扎紧。T 恤另外半边染色时也是同样处理。

（2）染色工艺处方。

黄色：

活性金黄（owf）/%	2~3
元明粉/（g/L）	40~50
磷酸三钠/（g/L）	10~20

咖啡色：

活性红（owf）/%	0.7
活性金黄（owf）/%	0.8
活性深蓝（owf）/%	0.6
元明粉/（g/L）	40~50
磷酸三钠/（g/L）	10~20

（3）工艺流程。先将 T 恤左侧浸入配制好的染液中染黄色部分，设备可以用成衣染色机。在 60℃时加入染料、元明粉，染 15~20min，再加入磷酸三钠和水处理 20~30min。然后再染咖啡色，使 T 恤右侧部分放入配制好的咖啡色染液中，染色时 T 恤与染液保持运动，防止染花。染色结束后进行充分水洗和皂煮，提高染色牢度。

【实践操作】

实践操作一　纯棉 T 恤的扎染

· **情景案例**

某一成衣加工企业收到客户样衣，要求制作 200 件扎染 T 恤，需使用植物染料染色，耐皂洗色牢度及耐摩擦色牢度达到 4 级及以上，客户样衣如图 7-21 所示。

· **任务描述**

通过对该样品的分析可知，该 T 恤为纯棉针织物，采用成衣染色工艺制作。客户要求使用植物染料染色且耐水洗色牢度

图 7-21　靛蓝扎染 T 恤样衣

及耐摩擦色牢度达到 4 级及以上，所以要根据客户要求选择合适的染料及染色工艺。

　　·**方案设计**

　　应包括实验工艺处方、具体工艺条件以及染色牢度的测试方法等。实验室现有助剂、材料及检测设备，以及所需具备的知识和技能见表 7-1。

表 7-1　实践准备

主要试剂	靛蓝、还原剂（保险粉）、纯碱（碳酸钠）、渗透剂、洗衣粉等
主要仪器	电子天平、量筒（50mL）、烧杯（250mL）、刻度吸管（10mL）、成衣染色机、耐水洗色牢度仪、耐摩擦色牢度仪等
应知应会	捆扎技艺，天然靛蓝染色工艺，耐皂洗色牢度及耐摩擦色牢度检测方法

　　·**操作步骤**

　　（1）将蓝靛泥溶解于水中，加入适量热水使染液温度为 50℃，然后加入规定量的保险粉和氢氧化钠，不停搅拌 10~30min。

　　（2）待染液泛起泡沫，且颜色由深蓝色变为黄绿色，说明染料已经还原溶解，将提前扎染好的 T 恤投入染液中，浸染 20~30min。

　　（3）染色结束后取出织物，冷水中淋洗 2 遍，然后置于空气中氧化 5~10min。在空气中，织物颜色再次由黄绿色转变为深蓝色。

　　（4）可将织物再次浸入染液中进行染色和氧化，重复上述步骤 3~5 次直至达到一定的染色浓度。

　　（5）结束后织物需经充分水洗，水洗干净后熨烫干燥。

　　·**结果与讨论**

　　染色后的织物是耐皂洗色牢度及耐摩擦色牢度为多少？将原始实验数据记录在表 7-2 中。

表 7-2　实验数据记录表

序号	主要助剂名称及用量				耐皂洗色牢度/级	耐摩擦色牢度/级
1						
2						
3						
⋮						

　　·**任务评价**

　　按表 7-3 中各项指标对该任务进行评价。

表7-3 扎染T恤任务评价表

项目	指标	要求	分值	自我评价	教师评价
准备工作	面料分析	能够准确分析织物规格	5		
	扎染	选择合适的捆扎技艺	5		
	原因分析	精准判断面料所用染化料及助剂	10		
过程	操作步骤	准确且条理清晰	10		
	实践器材	规范使用	5		
	染色质量	表观色深与染色牢度	5		
结果	原始记录单	报告完整	10		
	数据记录	规范、清晰	10		
	结论	准确、合理	20		
职业素养	态度	遵守课堂纪律、学习积极	10		
	团队合作	能相互配合，顺利完成任务	5		
	7S	台面清洁无杂物、规范等	5		

实践操作二 纯棉T恤的吊染

· 情景案例

设计并制作一件吊染T恤，要求T恤至少包含两种颜色，且染色后T恤的耐皂洗色牢度及耐摩擦色牢度达到4级及以上，参考设计如图7-22所示。

图7-22 吊染T恤样衣

·任务描述

通过对该样品的分析可知，该 T 恤为纯棉针织物，采用吊染工艺制作。客户要求染色后 T 恤耐水洗色牢度及耐摩擦色牢度达到 4 级及以上，故可选择染色牢度较好的活性染料进行 T 恤的吊染染色。

·方案设计

应包括实验工艺处方、具体工艺条件以及染色牢度的测试方法等。实验室现有助剂、材料及检测设备，以及所需具备的知识和技能见表 7-4。

表 7-4　实践准备

主要试剂	活性染料、硫酸钠（元明粉）、碳酸钠（纯碱）、洗衣粉等
主要仪器	电子天平、小轧车、量筒（50mL）、烧杯（250mL）、刻度吸管（10mL）、成衣吊染机、耐水洗色牢度仪、耐摩擦色牢度仪等
应知应会	吊染工艺、活性染料染色机理、活性染料染色工艺、染色制品的染色牢度测定方法等

·操作步骤

（1）称取适量的活性染料，加入一定量水至染料完全溶解，将配制好的染液加入成衣吊染机染槽中。

（2）设置成衣吊染机染色程序，将待染 T 恤挂在机器中按程序完成染色。

（3）染色结束后取出织物经冷水洗，然后皂洗（洗衣粉 2g/L，浴比 1∶50，95℃，5～10min），再热水洗、冷水洗、烘干。

·结果与讨论

测试染色后织物的耐水洗色牢度及耐摩擦色牢度。将原始实验数据记录在表 7-5 中。

表 7-5　实验数据记录表

序号	主要助剂名称及用量				耐皂洗色牢度/级	耐摩擦色牢度/级
1						
2						
3						
⋮						

·任务评价

按表7-6中各项指标对该任务进行评价。

表7-6　任务评价表

项目	指标	要求	分值	自我评价	教师评价
准备工作	面料分析	能够准确分析织物规格	5		
	吊染	吊染设备及工艺	5		
	原因分析	精准判断面料所用染化料及助剂	10		
过程	操作步骤	准确且条理清晰	10		
	实践器材	规范使用	5		
	染色质量	表观色深及染色牢度	5		
结果	原始记录单	报告完整	10		
	数据记录	规范、清晰	10		
	结论	准确、合理	20		
职业素养	态度	遵守课堂纪律、学习积极	10		
	团队合作	能相互配合，顺利完成任务	5		
	7S	台面清洁无杂物、规范等	5		

【思考题】

1. 成衣染色的特点有哪些？简述成衣染色的方法。
2. 扎染的常用工具有哪些？举例说明典型的扎染技艺及其效果。
3. 吊染的效果是什么？简述其原理。
4. 成衣染色设备有哪些？简述其特点。

项目八　荧光增白剂

【学习目标】

知识目标：

1. 掌握荧光增白剂的概念，明白荧光增白剂作用机理。
2. 了解荧光增白剂的化学结构特点，理解荧光增白剂在纺织纤维中的应用条件。

能力目标：

1. 会根据被染物或面料的特点合理选用荧光增白剂。
2. 会利用信息化手段评价荧光增白纺织类产品的质量。

思政目标：

1. 培养学生低碳环保、绿色发展理念。
2. 培养学生科技创新思维。

情感目标：

1. 培养学生团队协作与沟通的能力。
2. 培养学生终身学习的能力。

【学习任务】

　　为了进一步提高纺织面料的白度，或为了增加某些浅色织物的鲜艳度，通常采用一类能发荧光的有机化合物对织物进行处理，这类化合物称为荧光增白剂。荧光增白剂飞速发展，其与活性染料和有机颜料（DPP）的问世并称为染料界在 20 世纪后期的三大成就。荧光增白剂可以看作是一种无色的荧光染料，用其处理过的白色或浅色纺织品，不仅可以改善外观和品质，而且还可以提高商业价值。近年来，荧光增白剂在纺织面料的使用量逐年增加，应用涉及面也越来越广，包括棉、麻、毛、丝、黏胶、涤纶、腈纶、维纶、醋酯、锦纶等纤维及其混纺织物。

　　在中国，荧光增白剂最先被划分为印染助剂类产品，后又被划分为染料类产品。由于其特有的性质和大量的用量需求，已从上述两个行业中独立出来，成为单独的一类精细化工产品。国内荧光增白剂的第一大用户是洗涤剂，第二大用户是纸张，而纺织品为第三大用户。

任务一　荧光增白剂的增白机理

一、荧光增白剂的概念

荧光增白剂（fluorescent whitening agent，FBA）是指织物经漂白后，为了进一步获得满意的白度，或增加浅色织物的鲜艳度而采用的一种无色荧光染料。荧光增白剂能吸收波长范围在 300~400nm 之间紫外光，再发射出人肉眼可见的波长在 420~480nm 范围的蓝紫色荧光，发射出的荧光与基质上的黄光互补，从而具有增白效果。

1929 年，德国人克雷斯（Krais）首先采用七叶树素的浸出液处理黏胶和半漂白亚麻，以获得增白效果。但是，因为七叶树素溶液对纤维素纤维没有亲和力，被它处理过的材料耐光性和耐洗性都很差，并没有实际应用。直到 1940 年德国 IG 公司研发出了具有实用性的荧光增白剂后，其商品化历程才真正开始。特别在 20 世纪 60 年代到 21 世纪初，荧光增白剂的结构类型随着新型纤维、新型洗涤剂、高级纸张和新颖化妆品等的快速开发而不断创新。据不完全统计，经过 90 多年的不断发展，各种不同结构的荧光增白剂已超过 500 种，而不同形态的商品已超过了 3000 种。**党的二十大报告提出，要发展绿色低碳产业，健全资源环境要素市场化配置体系，加快节能降碳先进技术研发和推广应用，倡导绿色消费，推动形成绿色低碳的生产方式和生活方式**。因此，研发高效、节能、环保的荧光增白剂是目前的研究热点之一。同时，提高荧光增白剂的染色牢度，特别是耐日晒色牢度，以及提高其在合成纤维上的耐升华色牢度，也是重要的研究方向。

二、荧光增白剂的增白机理及结构特征

（一）荧光增白剂的增白机理

1852 年，英国物理学家乔治·加布里·斯托克斯（George Gabriel Stokes）首次从理论上阐述了荧光现象，奠定了荧光增白新方法的理论基础。荧光增白剂是一类含有共轭双键，且具有良好平面性特殊结构的有机化合物。在日光照射下，它能够吸收光线中肉眼不能看见的紫外线（波长为 300~400nm），使分子激发；当分子再回复到基态时，紫外线能量便消失一部分，进而转化为能量较低的蓝紫光（波长为 420~480nm）发射出来。因此，被染物上的蓝紫光的反射量便得以增加，从而抵消了原物体上因黄光反射量多而造成的黄色感，在视觉上产生洁白、耀目的效果。荧光增白剂的作用机理如图 8-1 所示。

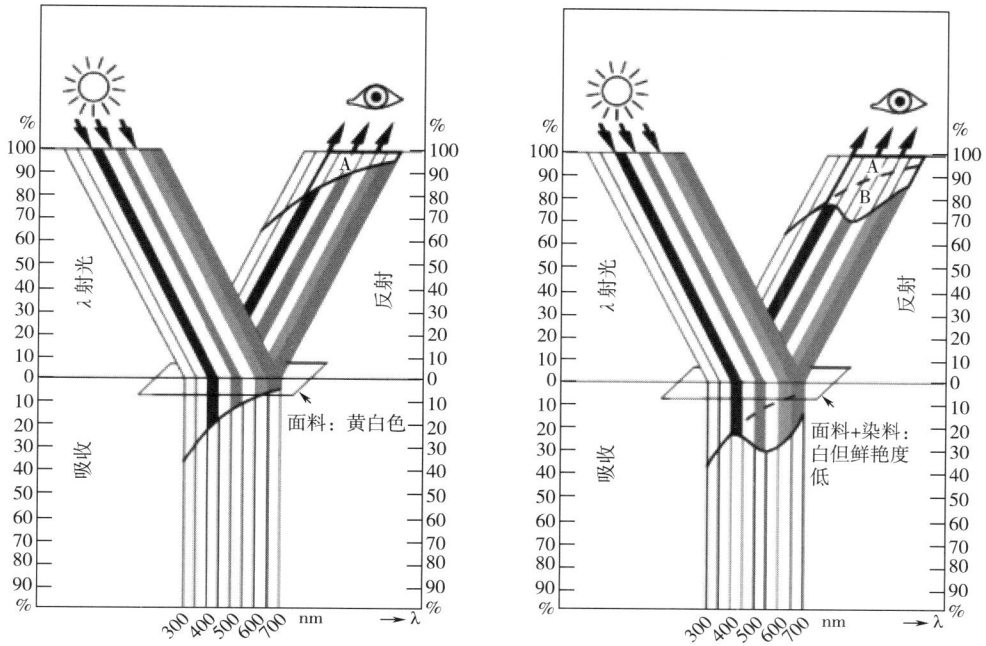

（a）一般面料的光线反射

（b）染色面料的光线反射

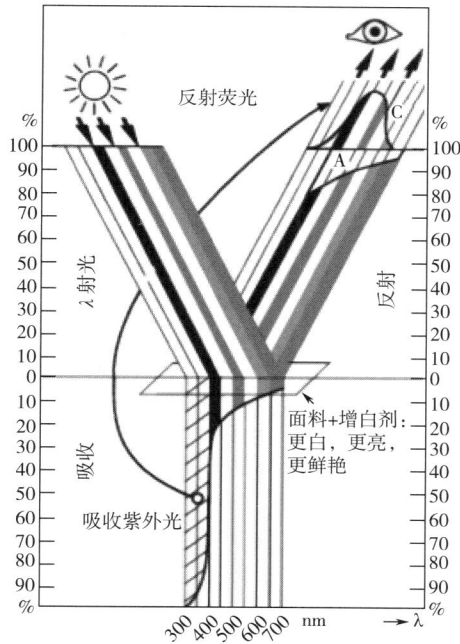

（c）荧光增白剂处理后面料的光线反射

图 8-1 荧光增白剂的增白机理

但是，荧光增白剂的增白只是光的混合产生的增亮补色作用，并不能代替化学漂白给予织物真正的"白"。因此，含有色素或地色深暗的织物，若不经漂白而单用荧光增白剂处理，就不能获得满意的白度。一般的化学漂白剂是强氧化剂，纤维经过漂白处理后，纤维组织在一定程度上会受到损伤；而荧光增白剂的增白作用是一种光学作用，故不会对纤维组织造成损伤。

值得注意的是，荧光增白剂只有在日光下才具有柔和耀目的荧光色泽，而在白炽灯光下不会像日光下洁白耀眼，这主要是因为白炽灯的光没有紫外线。

（二）荧光增白剂的结构特征

荧光增白剂的增白特性是由其化学结构的特殊结构决定的。它的发色基团具有可发生 $\pi \rightarrow \pi^*$ 跃迁的共轭体系，这些体系最常见的有苯环、萘环、三嗪环、乙烯基、五元杂环和其他一些稠环体系。共轭程度小的电子体系一般只吸收很短波长的光，随着共轭体系增大，可吸收光的波长增大，电子就越容易被激发，增白剂的荧光效率越大，从而满足荧光增白剂的要求。

为了改善荧光增白剂综合使用性能，还需引入助色基团，包括供电子基（如烷氧基、烷基、取代氨基等）和吸电子基（如磺酸基、氰基、羧基等），这些基团会影响荧光的性质与强度。部分基团对发色系统的影响较小，可改变荧光增白剂的应用性能及对纤维、塑料等的亲和力；但是，在荧光增白剂的结构中不能含硝基、亚硝基或重氮基团，虽然这些基因能提高耐日晒色牢度，但其会减弱甚至完全猝灭荧光。

不同商品荧光增白剂的荧光色光色也不同，这取决于其吸收紫外光的波长范围，吸收波长335nm以下的紫外光，则荧光偏红；吸收波长365nm以上的紫外光，则荧光偏绿。这种变化也是取决于分子结构上取代基的性质，必要时可以加入染料校正。

任务二 荧光增白剂的分类

荧光增白剂种类繁多，可以按使用用途或母体化学结构等对其进行分类。根据用途可分为：洗涤剂用荧光增白剂、纺织品用荧光增白剂、造纸用荧光增白剂、塑料和合成材料用荧光增白剂以及其他用途的荧光增白剂。根据其母体化学结构大致可分为碳环类、三嗪基氨基二苯乙烯类、二苯乙烯三氮唑类、苯并噁唑类、呋喃、苯并呋喃和苯并咪唑类、香豆素类、萘酰亚胺类和其他类等。

一、碳环类

碳环类荧光增白剂是指构成分子的母体中不含杂环，同时母体上的取代基也不含杂环的一类荧光增白剂。组成碳环类荧光增白剂的母体主要有三种化学结构，分别为1,4-二苯乙烯苯、4,4′-二苯乙烯联苯和4,4′-二乙烯基二苯乙烯，它们的化学结构如图8-2所示。

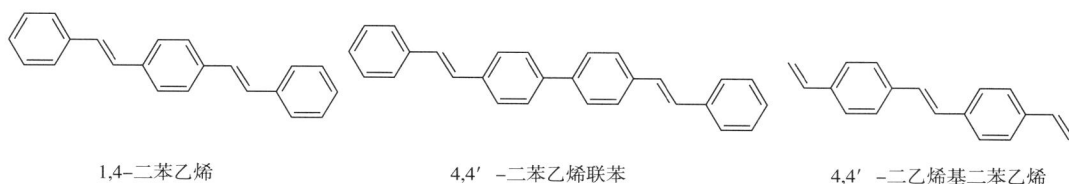

1,4-二苯乙烯　　　　　　　　4,4′-二苯乙烯联苯　　　　　　4,4′-二乙烯基二苯乙烯

图 8-2　碳环类荧光增白剂母体化学结构

这三种分子中均含有二苯乙烯的结构。二苯乙烯又称芪，其结构如图 8-3 所示。

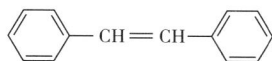

图 8-3　二苯乙烯化学结构

在这一类荧光增白剂中，氰基取代的二苯乙烯苯具有相当高的荧光量子产率，对底物的增白效果很好，是聚酯、聚酰胺、醋酸等纤维和塑料等的优异荧光增白剂。其中，两端都是邻位上取代的氰基的荧光增白剂最为重要，商业名称是荧光增白 ER liq. 330%。它是用于聚酯纤维增白的主流产品，可溶于大多数有机溶剂中，对阳离子型柔软剂稳定，可与次氯酸钠、双氧水或还原性漂白剂同浴使用，色光纯正，增白强度高，适用于多种增白工艺，特别适用于低温吸附固着法增白。

二、三嗪基氨基二苯乙烯类

三嗪基氨基二苯乙烯类荧光增白剂是由 4,4′-二氨基二苯乙烯-2,2′-二磺酸（DSD 酸）与三氯氰的缩合物，其化学结构如图 8-4 所示。具有该结构类型的荧光增白剂是市场上最重要的荧光增白剂类别，主要用于棉、黏胶、毛、麻、丝、锦纶等纤维及其织物，是纺织纤维荧光增白剂主要品种之一，也能应用在洗涤剂、纸、纸浆和涂层等。

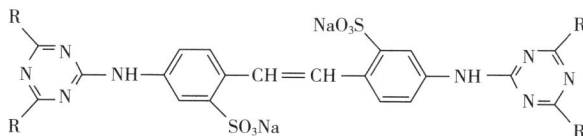

图 8-4　对称型双三嗪氨基二苯乙烯二磺酸类荧光增白剂的化学结构

目前，市场上供应的 20 余种此类荧光增白剂基本上都为对称型结构，根据增白剂结构中均三嗪基上的取代基性质可分成带有磺酸基取代基和不带有磺酸基取代基两类。二者都具有增白效果好、荧光量子产率高和耐光色牢度适宜的特点。结构中带磺酸基取代基的荧光增白剂适用 pH 范围广，但其耐漂白牢度低且不耐亚氯酸盐溶液。

三、二苯乙烯三氮唑类

二苯乙烯三氮唑类荧光增白剂问世较早。它是由三氮唑环（或苯并三氮唑环、萘并三氮唑环）与二苯乙烯结合产生的杂环类二苯乙烯类荧光增白剂。其改善了三嗪基氨基二苯乙烯类荧光增白剂不耐氯的缺点，对次氯酸钠稳定，且耐氯漂色牢度很高，具有中等荧光增白性能，对棉和锦纶有很好的亲和力，常用于棉和锦纶的增白。但由于荧光色调偏绿，对纤维增白的白度不够高，现已退出市场。

四、苯并噁唑类

由于苯并噁唑环不仅能增强共轭体系的荧光，而且能把荧光最大值转移到更长的波长，故苯并噁唑类荧光增白剂在产量上仅次于三嗪基氨基二苯乙烯类，是一类高性能荧光增白剂，其价格远远高于三嗪基氨基二苯乙烯类的荧光增白剂。苯并噁唑类荧光增白剂具有良好的耐日晒、耐热、耐氯漂和耐迁移等性能，其分子中不含磺酸基等水溶性基团，可用于聚酯、聚酰胺、醋酯纤维和加入纺丝原液中，还可用于聚苯乙烯、聚烯烃、聚氯乙烯等塑料的增白。苯并噁唑基团非常容易引入分子中，能通过在分子中参与电子的共轭，从而延长分子的共轭链。该类非离子型荧光增白剂适用于聚酯纤维的增白，具有高耐光色牢度，可采用高温高压法或热溶法进行加工。该类荧光增白剂的化学结构如图 8-5 所示。其在我国的商品名称为荧光增白剂 OB-1，具有对称结构，被广泛用于涤纶树脂的原液增白，化学结构如图 8-6 所示。

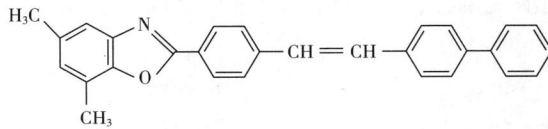

图 8-5　单苯并噁唑基二苯乙烯类荧光增白剂的化学结构

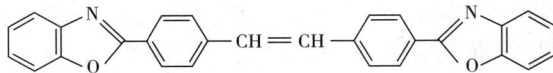

图 8-6　荧光增白剂 OB-1 的化学结构

五、呋喃、苯并呋喃和苯并咪唑类

呋喃、苯并呋喃本身不是荧光增白剂的母体，但其分子共平面性好，可作为合成共轭荧光化合物的结构单元，与碳环和/或杂环结合形成共轭系统，组成性能良好的荧光增白剂，且具有白度高、色牢度佳和对亚氯酸盐稳定等性能。含磺酸基团的此类荧光增白剂具有很好的水溶性，特别适合锦纶和纤维素纤维的增白。典型化合物的结构如图 8-7 所示。

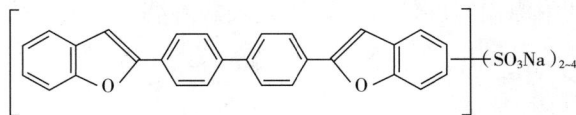

图 8-7　含磺酸基的呋喃类荧光增白剂的化学结构

苯并咪唑环也是扩展共轭体系的一种良好的端基。苯并咪唑基团与呋喃环或苯并呋喃环、苯并噁唑环等可构成一类不溶于水的荧光增白剂，其化学结构如图 8-8 所示。

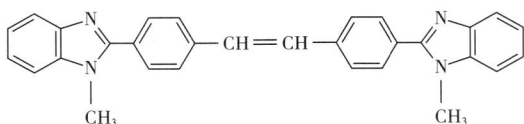

图 8-8　苯并咪唑类荧光增白剂的化学结构

六、香豆素类

香豆素类荧光增白剂是最早被发现和使用的荧光增白剂。香豆素又称香豆满酮，化学名称为 α-苯并吡喃酮，其化学结构图 8-9 所示。

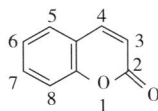

图 8-9　香豆素的化学结构

香豆素本身就具有非常强烈的荧光，在它的 4 位、7 位上引入各种取代基团可使其形成具有实用价值的荧光增白剂。香豆素类荧光增白剂适用于蛋白质纤维、醋酯纤维、聚酰胺、聚酯聚丙烯腈纤维，具有良好的增白效果；同时，由于其毒性较小，还可用于化妆品（防晒保护剂）和食品增白。新开发的产品荧光增白剂 OM，化学名称为 3-苯基-5,6-萘并-α-吡喃酮，主要用于聚酯、醋酸及其他合成纤维的增白，其化学结构如图 8-10 所示。

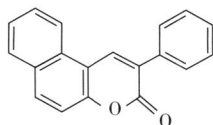

图 8-10　荧光增白剂 OM 的化学结构式

七、萘酰亚胺类

萘酰亚胺类荧光增白剂的优点是具有良好的耐光色牢度、耐热色牢度和亚氯酸盐稳定性，唯一的缺点是摩尔消光系数低，其化学结构如图 8-11 所示。

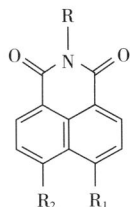

图 8-11　萘酰亚胺类荧光增白剂的化学结构

近年该类产品的研究和开发不多，目前使用的萘二甲酰亚胺类荧光增白剂主要是在 4 位或 4 位、5 位上用烷氧基取代，它们可用于聚酯、聚丙烯腈等纤维和塑料的增白。典型的品种有 Mikawhite AT，其在我国未见有生产，化学结构如图 8-12 所示。

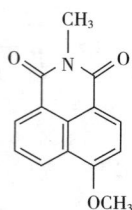

图 8-12　荧光增白剂 Mikawhite AT 的化学结构

八、其他类型

（一）复配型荧光增白剂

由于开发新结构、新品种的荧光增白剂需要大量的成本，投入高、周期长、见效慢，故近年来开始对现有荧光增白剂进行复配研究。复配一方面可以促增白剂进入纤维内部，从而提高其吸附和扩散能力，拓宽吸收紫外光和发射荧光的能力，提高增白效果，减少使用量；另一方面又能使白色在一个较宽的范围内变化，以满足不同应用对象对荧光色调的要求，还能提高耐气候色牢度和耐热色牢度等性能。目前，荧光增白剂的复配方法主要有两种。

（1）物理性复配。它是将若干种荧光增白剂按一定的原理，如各组分荧光增白剂的结构不同、离子性互不干扰、光学行为互不干扰且能相互叠加等，以一定的比例混合，然后机械地调制成均匀的混合物。

（2）化学性复配。制备某些结构（如二苯乙烯基苯类结构、双苯并噁唑基二苯乙烯类结构、双均三嗪氨基二苯乙烯二磺酸类结构等）的荧光增白剂时，通过控制合成过程中的条件，生成两种或多种同分异构体或不同取代基的荧光增白剂混合物。

（二）反应性荧光增白剂

荧光增白剂与纤维素纤维结合一般是通过分子间的亲和力，即范德瓦耳斯引力和氢键力等，故存在耐洗性能较差的问题。为了提高耐洗性能，希望荧光增白剂可以像活性染料，与纤维素纤维之间形成共价键结合。但这种方式又可能会对增白的效果及匀染性产生不利影响。国内外研究学者一直致力于解决这类问题。近年，国外开发出一种含有磺酸基且能与纤维反应的阴离子型反应型香豆素类荧光增白剂，可适用于棉和聚酰胺纤维等，具有良好耐洗性的反应型荧光增白剂，其化学结构式如图 8-13 所示。国内的上海合丽亚精细化工公司和浙江传化公司均于 2009 年开发了反应性液状荧光增白剂，结构中含有乙烯砜硫酸酯活性基，在纤维素纤维上具有类似活性染料的吸附和固着反应机理，可赋予纯棉织物较好的白度和良好的耐水洗性。

（三）聚合型荧光增白剂

该类型增白剂是由荧光单体与其他单体聚合制成，且聚合后荧光单体发色基团结构不变，仍保持荧光增白性能。由于发色基团与高分子链之间存在共价键，该类荧光增白剂的荧光量

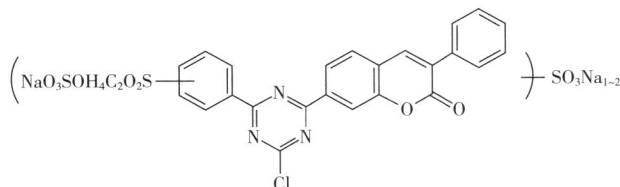

图 8-13　阴离子型反应型香豆素类荧光增白剂的化学结构

子产率显著提高，其稳定性、耐光性、耐湿处理性和耐有机溶剂性等多种性能明显改进。例如，将苯乙烯、甲基丙烯酸甲酯、丙烯腈等聚合单体与 1,8-萘酰亚胺类衍生物共聚，可制备聚合型萘酰亚胺类荧光增白剂，其化学结构如图 8-14 所示。

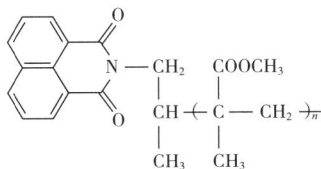

图 8-14　聚合型萘酰亚胺类荧光增白剂的化学结构

任务三　荧光增白剂的应用

荧光增白剂主要应用在纺织、洗涤剂和造纸行业，有时还被加入塑料中。针对不同的应用对象，增白剂的应用方式和性能要求也不同。一般情况下，对于白度较差的基质，如未漂白的纺织品或不清洁的物品等，即使采用高浓度的增白剂，也得不到良好的增白效果。荧光增白剂可与染料一样上染纺织面料，但与染料的不同之处主要有以下几个方面。

（1）荧光增白剂在低浓度使用时，它的白度与用量成正比，但是超过一定极限后，再增加用量不仅起不到提高白度的效果，反而会使织物带黄色，即泛黄。

（2）染料染色越深，越能遮盖织物上的疵点，然而荧光增白剂恰恰相反，增白效果越好，疵点会越明显。

（3）荧光增白剂本身及它的水溶液在日光下的荧光效果不明显，只有上染到纤维上才会呈现出强烈的增白效果。

一、荧光增白剂的应用

荧光增白剂的用途非常广泛，从最初应用于纺织品领域逐渐扩展到造纸、洗涤剂、塑料、涂料、油墨、皮革等领域，发展十分迅速。目前，在非纺织品上的用量远超过在纺织品上的用量。以下主要介绍荧光增白剂在纺织品、洗涤剂和造纸中的应用。

（一）纺织纤维及纺织品

荧光增白剂最初被应用于纺织纤维领域。在使用荧光增白剂时，必须先了解纤维的化学组成和物理性能，才可以准确地选择合适的荧光增白剂，从而达到满意的增白效果。用于纺织纤维行业的荧光增白剂至少应满足以下条件。

（1）对纺织纤维无损伤，且有较好的亲和力。

（2）具有较好的水溶性。

（3）有良好的化学稳定性。

（4）有较好的均匀增白性。

（5）对人体和环境无害等。

荧光增白剂对纺织面料的应用工艺与染料染色工艺相似，只是荧光增白剂不会将纺织纤维染色。例如，棉、麻纺织面料的荧光增白剂浸轧工艺一般流程为：配制荧光增白剂溶液→浸轧→烘干→后处理→烘干。荧光增白剂溶液通常包含 $1\sim5g/L$ 荧光增白剂、$0.5\sim1g/L$ 渗透剂和 $10\sim20g/L$ 碳酸钠（$pH=7\sim9$）。

（二）洗涤剂

洗涤剂是人们日常生活中的必需品。随着生活水平的提高，消费者对洗涤用品外观、质量以及对衣物清洁卫生要求不断提高，荧光增白剂在洗涤用品的作用越来越重要。表面活性剂和助剂是洗涤剂的主要成分，也决定了洗涤剂的性能。

在洗涤剂中添加适量的荧光增白剂，不但可以改善洗涤剂的外观，同时还能增加被洗涤织物的白度或鲜艳度，改善洗涤效果。因此荧光增白剂已成为织物类洗涤剂配方中不可缺少的重要助剂之一。添加于洗涤剂的荧光增白剂至少应满足以下条件。

（1）直染性好。荧光增白剂添加到洗涤剂中，一般在常温或稍微加热条件下浸泡就能起到增白、增艳效果。

（2）对多种纤维有较好的亲和性。

（3）有良好的化学稳定性。

（4）有较好的均匀增白性。

（5）对人体和环境无害等。

用于洗涤剂行业的荧光增白剂一般也可用于纺织业、造纸业，目前使用较多的主要有荧光增白剂 VBL、荧光增白剂 31#、荧光增白剂 33#、荧光增白剂 BL 和荧光增白剂 CBS。

（三）造纸助剂

在造纸工业中，荧光增白剂是非常重要的添加剂之一，有人形象地把荧光增白剂比作造纸工业的"味精"，是生产高白度、高品质纸产品必须使用的功能性染料。添加了荧光增白剂后制备的纸张，白度可提高10%以上。因为纸的主要成分是纤维素纤维，对纸进行增白时，通常应用在打浆、施胶、表面涂布的造纸过程中，且不同的工艺，应选用性能不同的荧光增白剂。用于造纸工业的荧光增白剂至少应满足以下条件。

（1）与各种造纸用化学试剂有良好的相容性，即荧光增白剂的加入不会导致纸品质量下降。

（2）能耐一定的酸碱度，能耐化学漂白后纸品中残留氯的影响，能适应造纸工艺过程的需要，即要有良好的化学稳定性。

（3）对纸纤维有亲和力，有较高的白度，对环境无害等。

目前，可用于造纸工业的荧光增白剂品种很多，型号也不少，但由于双三嗪氨基二苯乙烯类荧光增白剂的增白效果好且价格低廉，故在造纸工业中得到了广泛的使用。

（四）其他领域

随着塑料工业的蓬勃发展，人们对塑料制品的外观性能要求也随之提高，因此使用荧光增白剂来改善塑料制品的外观也越来越受到关注。除此之外，荧光增白剂还能应用在珍珠增白、涂料、皮革等领域。使用时应根据具体应用情况而选取合适类型的荧光增白剂，且要充分考虑增白剂的应用条件，如 pH、温度、湿度以及增白效果等，才能达到理想的增白效果。

二、荧光增白剂的发展趋势

荧光增白剂作为一种重要的精细化工产品，广泛应用于纺织品、塑料、包装材料、造纸、食品等方面。目前，国内外研究学者正致力于荧光增白剂的研究工作，如开发荧光不褪色、原料易得、合成简单、无污染等实用性强的荧光增白剂。此外，关于荧光增白剂的毒性及安全性等也受到人们的关注。

虽然荧光增白剂的发展速度很快，但结构类型基本保持稳定，目前国外对荧光增白剂的研发主要集中在以下几方面。

（1）研究兼具抗氧化和紫外线防护功能的荧光增白剂，以及通过研究新型光稳定剂与返黄抑制剂来提高荧光增白剂的光稳定性和返黄抑制效果。

（2）研究金属对荧光增白剂的影响。

（3）开发耐光性和聚合型荧光增白剂专用产品。

（4）开发能在强酸强碱条件下使用的荧光增白剂。

（5）研发环保低毒、生物相容性好、抗菌的多功能荧光增白剂。

【思考题】

1. 简述荧光增白剂的概念及其作用原理。
2. 简述荧光增白剂的分类及特点。
3. 比较荧光增白剂在洗涤剂和织物上应用的异同点。

参考文献

[1] 沈志平. 染整技术（染色分册）[M]. 北京：中国纺织出版社，2014.

[2] 冒亚红. 染色工艺与质量控制 [M]. 北京：中国纺织出版社，2014.

[3] 陈英，管永华. 染色原理与过程控制 [M]. 北京：中国纺织出版社，2018.

[4] 蔡再生，葛凤燕. 染整概论 [M].3 版. 北京：中国纺织出版社，2020.

[5] 于颖. 天然染料及其染色应用 [M]. 北京：中国纺织出版社，2020.

[6] 高树珍，赵欣，王海东. 染料化学及染色 [M]. 北京：中国纺织出版社，2019.

[7] 何瑾馨. 染料化学 [M]. 北京：中国纺织出版社，2016.

[8] 董永春. 纺织助剂化学 [M]. 上海：东华大学出版社，2010.

[9] 蔡再生. 染色物理化学 [M]. 北京：中国纺织出版社，2023.

[10] 高建荣，叶青，贾建洪. 染料化学工艺学 [M]. 北京：化学工业出版社，2021.

[11] 王开苗. 染整技术基础 [M]. 上海：东华大学出版社，2015.

[12] 路艳华. 染料化学 [M]. 北京：中国纺织出版社，2009.

[13] 李媛媛. 颜料化学与工艺学 [M]. 北京：化学工业出版社，2020.

[14] 刘仁. 功能涂料 [M]. 北京：化学工业出版社，2019.

[15] 刘仁礼. 合成纤维及其混纺制品染整 [M]. 北京：中国纺织出版社，2015.

[16] 董振礼. 测色与计算机配色 [M].3 版. 北京：中国纺织出版社，2017.

[17] 杨晓红. 测色配色应用技术 [M]. 北京：中国纺织出版社，2010.

[18] 郑元林. 颜色科学 [M]. 北京：化学工业出版社，2021.

[19] 赵涛. 染整工艺与原理 [M].2 版. 北京：化学工业出版社，2020.

[20] 杭伟明. 纤维化学及面料 [M]. 北京：中国纺织出版社，2009.

[21] 钱建栋. 染色打样技术 [M].2 版. 上海：东华大学出版社，2009.

[22] 张红鸣，徐侃衍. 毛皮染料和染色（五）[J]. 上海染料，2023，51（1）：1-15.

[23] 宋心远. 表面活性剂与染料的相互作用及受控染色（一）[J]. 印染，2004，8：39-41.

[24] 宋心远. 表面活性剂与染料的相互作用及受控染色（二）[J]. 印染，2004，9：44-47.

[25] 宋心远. 表面活性剂与染料的相互作用及受控染色（三）[J]. 印染，2004，10：39-42.

[26] 宋心远. 表面活性剂与染料的相互作用及受控染色（四）[J]. 印染，2004，11：42-45.

[27] 宋心远. 表面活性剂与染料的相互作用及受控染色（五）[J]. 印染，2004，12：42-46.

[28] 胡钒，张红娟，王际平. 涤纶分散染料无水染色研究进展 [J]. 针织工业，2023，2：84-89.

[29] 郑环达，郑禹忠，岳成君，等. 超临界二氧化碳流体染色工程化研究进展 [J]. 精细化工，2018，35（9）：1449-1471.

[30] 裴刘军，施文华，张红娟，等．非水介质活性染料染色关键技术体系及其产业化研究进展 [J]．纺织学报，2022，43（1）：122-130.

[31] 刘江坚．气流染色机的现状与发展 [J]．纺织导报，2010 11，：31-36.

[32] 王济永．浅议染整装备技术开发应用现状及未来发展趋势 [J]．纺织导报，2016 11，：58-65.

[33] 易菁源，裴刘军，张红娟，等．无水少水染色技术发展及应用分析 [J]．纺织导报，2023 4，：70-76.

[34] 韩莹莹，赵海浪，刘宇．生态纺织品标准与 Oeko-Tex Standard 100 对比 [J]．针织工业，2022 4，：76-80.

[35] 张长欢，陈丽华．生态纺织品及其标准的发展 [J]．防护装备技术研究，2009 1，：27-32.

[36] 唐增荣．固色剂的研制与应用探讨 [J]．印染助剂，2006，23（3）：15-17.

[37] 杜鹃，冯见，陈水林．聚阳离子固色剂对直接染料的固色 [J]．印染助剂，2005，22（4）：27-30.

[38] 裘柯槟，陈维国，周华，等．成像技术在纺织品颜色测量中的应用进展 [J]．纺织学报，2020，41（9）：155-161.

[39] 王丽华．DigiEye 数码测色系统在纺织品色牢度评级中的应用 [J]．染整技术，2017，39（9）：54-60.

[40] 姚超明，谷小辉，吴小孟．数字图像技术评级在纺织品色牢度试验中的应用 [J]．中国纤检，2023 7，：84-89.

[41] 刘永庆．成衣的艺术吊染 [J]．染整技术，2010，32（12）：8-10.

[42] 覃余敏．成衣染色的现状与发展 [J]．江苏丝绸，2006 6，：21-23.

[43] 胡欣蕊．现代扎染成衣及其设计的研究 [D]．无锡：江南大学，2007.

[44] 李珂，许志忠，冯海见．纯棉织物的活性染料湿短蒸染色 [J]．印染，2016 20，：24-27.

[45] 陈荣圻．低碳经济下再论活性染料短流程湿蒸车染染色工艺 [J]．染整技术，2012，34（12）：1-16.

[46] 苗志芳．纯棉织物活性染料湿短蒸染深色工艺探讨 [J]．染整技术，2014，31（11）：45-47.

[47] 颜怀成．玉米纤维针织物染整工艺探讨 [J]．染整技术，2023，45（11）：10-14.

[48] 张京彬，张鑫磊，刘淑云．T800 纤维的染色工艺 [J]．染整技术，2024，46（8）：22-25.

[49] 王国军，尚润玲．二醋酯纤维机织物的染色 [J]．染整技术，2024 8，：7-9.

[50] 杨栋梁．超细旦和新合纤织物的染整加工（一）[J]．印染，1993，19（6）：32-35.

[51] 杨栋梁．超细旦和新合纤织物的染整加工（二）[J]．印染，1993，19（7）：33-36.

[52] 杨栋梁．超细旦和新合纤织物的染整加工（三）[J]．印染，1993，19（7）：36-39.

[53] 杨栋梁．超细旦和新合纤织物的染整加工（四）[J]．印染，1993，19（8）：29-34.

[54] 杨栋梁．超细旦和新合纤织物的染整加工（五）[J]．印染，1993，19（9）：33-37.

[55] 杨栋梁. 超细旦和新合纤织物的染整加工（六）[J]. 印染，1993，19（10）：35-38.

[56] 杨栋梁. 超细旦和新合纤织物的染整加工（七）[J]. 印染，1993，19（11）：32-35.

[57] 杨栋梁. 超细旦和新合纤织物的染整加工（八）[J]. 印染，1993，19（11）：32-37.

[58] 杨栋梁. 超细旦和新合纤织物的染整加工（七）[J]. 印染，1993，19（11）：32-35.

[59] 王晨. 纺织化学品的品种与市场 [J]. 精细与专用化学，2016，24（2）：1-4.

[60] 方颂，沈建亮，江芳. G100天丝梭织面料的染整工艺 [J]. 印染，2024，50（2）：26-27.

[61] 梅士英，唐人成. 新型多组分纤维纺织品染整（一）[J]. 印染，2009，35（15）：42-46.

[62] 梅士英，唐人成. 新型多组分纤维纺织品染整（二）[J]. 印染，2009，35（16）：46-49.

[63] 梅士英，唐人成. 新型多组分纤维纺织品染整（三）[J]. 印染，2009，35（17）：43-46.

[64] 梅士英，唐人成. 新型多组分纤维纺织品染整（四）[J]. 印染，2009，35（18）：47-50.

[65] 梅士英，唐人成. 新型多组分纤维纺织品染整（五）[J]. 印染，2009，35（19）：37-41.

[66] 梅士英，唐人成. 新型多组分纤维纺织品染整（九）[J]. 印染，2009，35（23）：41-45.

[67] 芦长椿. 多组分纤维的技术与应用新进展 [J]. 纺织导报，2018，4：45-50.

[68] 蔡再生，符嘉琳，刘子强，等. 2020中国国际纺织机械展览会暨ITMA亚洲展览会染色机械述评 [J]. 针织工业，2021，7：28-34.

[69] 徐维敬. 2020中国国际纺织机械展览会暨ITMA亚洲展览会针织印染前处理机械述评 [J]. 针织工业，2021，7：18-27.

[70] 夏建明. 发展中的无水、少水印染技术 [J]. 纺织导报，2010，11：28-30.

[71] 陈英，宋富佳，李成红，等. 少水及无水染色技术的研究进展 [J]. 纺织导报，2021，11：26-30.

[72] 李培玲. 纺织品监督抽查常见问题及注意事项 [J]. 染整技术，2024，46（4）：31-34.